冶金专业教材和工具书经典传承国际传播工程

Project of the Inheritance and International Dissemination
of Classical Metallurgical Textbooks & Reference Books

高职高专"十四五"规划教材

冶金工业出版社

西门子 S7-1200 PLC 应用技术项目教程

主编　李传鸿　许　进

扫码输入刮刮卡密码
查看数字资源

电子课件
和习题答案

北　京
冶金工业出版社
2025

内 容 提 要

本书依据职业岗位能力需求，从工程实际应用出发，以项目形式系统地介绍了西门子 S7-1200 PLC 的基本结构、安装接线、工作原理、指令系统、模拟量控制、通信、程序设计及应用。主要内容包括认识 S7-1200 的硬件组态及 TIA 博途软件、S7-1200 PLC 基本指令的应用、S7-1200 顺序控制的应用、S7-1200 扩展指令的应用、S7-1200 扩展模块的应用、S7-1200 PLC 通信的应用等。

本书可作为高职高专院校电气自动化技术、机电一体化技术、工业过程自动化技术、工业机器人技术、智能控制技术等相关专业的教学用书，也可作为相关工程技术人员的培训和自学参考书。

图书在版编目（CIP）数据

西门子 S7-1200 PLC 应用技术项目教程／李传鸿，许进主编. -- 北京：冶金工业出版社，2025. 7. --（高职高专"十四五"规划教材）. -- ISBN 978-7-5240 -0210-9

Ⅰ. TM571. 61

中国国家版本馆 CIP 数据核字第 2025DA2045 号

西门子 S7-1200 PLC 应用技术项目教程

出版发行	冶金工业出版社	电　话	(010)64027926
地　　址	北京市东城区嵩祝院北巷 39 号	邮　编	100009
网　　址	www.mip1953.com	电子信箱	service@mip1953.com

策划编辑　杜婷婷　责任编辑　杜婷婷　王　颖　美术编辑　吕欣童
版式设计　郑小利　责任校对　葛新霞　责任印制　禹　蕊
三河市双峰印刷装订有限公司印刷
2025 年 7 月第 1 版，2025 年 7 月第 1 次印刷
787mm×1092mm　1/16；12.25 印张；273 千字；182 页
定价 49.00 元

投稿电话　（010）64027932　投稿信箱　tougao@cnmip.com.cn
营销中心电话　（010）64044283
冶金工业出版社天猫旗舰店　yjgycbs.tmall.com
（本书如有印装质量问题，本社营销中心负责退换）

冶金专业教材和工具书经典传承国际传播工程
总　序

　　钢铁工业是国民经济的重要基础产业，为我国经济的持续快速增长和国防现代化建设提供了重要支撑，做出了卓越贡献。当前，新一轮科技革命和产业变革深入发展，中国经济已进入高质量发展新时代，中国钢铁工业也进入了高质量发展的新时代。

　　高质量发展关键在科技创新，科技创新离不开高素质人才。党的二十大报告指出："教育、科技、人才是全面建设社会主义现代化国家的基础性、战略性支撑。必须坚持科技是第一生产力、人才是第一资源、创新是第一动力，深入实施科教兴国战略、人才强国战略、创新驱动发展战略，开辟发展新领域新赛道，不断塑造发展新动能新优势。"加强人才队伍建设，培养和造就一大批高素质、高水平人才是钢铁行业未来发展的一项重要任务。

　　随着社会的发展和时代的进步，钢铁技术创新和产业变革的步伐也一直在加速，不断推出的新产品、新技术、新流程、新业态已经彻底改变了钢铁业的面貌。钢铁行业必须加强对科技进步、教育发展及人才成长的趋势研判、规律认识和需求把握，深化人才培养体制机制改革，进一步完善相应的条件支撑，持续增强"第一资源"的保障能力。中国钢铁工业协会《"十四五"钢铁行业人力资源规划指导意见》提出，要重视创新型、复合型人才培养，重视企业家培养，重视钢铁上下游复合型人才培养。同时要科学管理，丰富绩效体系，进一步优化人才成长环境，造就一支能够支撑未来钢铁行业高质量发展的人才队伍。

高素质人才来源于高水平的教育和培训，并在丰富多彩的创新实践中历练成长。以科技创新为第一动力的发展模式，需要科技人才保持知识的更新频率，站在钢铁发展新前沿去思考未来，系统性地将基础理论学习和应用实践学习体系相结合。要深入推进职普融通、产教融合、科教融汇，建立高等教育+职业教育+继续教育和培训一体化行业人才培养体制机制，及时把钢铁科技创新成果转化为钢铁从业人员的知识和技能。

一流的专业教材是高水平教育培训的基础，做好专业知识的传承传播是当代中国钢铁人的使命。20世纪80年代，冶金工业出版社在原冶金工业部的领导支持下，组织出版了一批优秀的专业教材和工具书，代表了当时冶金科技的水平，形成了比较完备的知识体系，成为一个时代的经典。但是，由于多方面的原因，这些专业教材和工具书没能及时修订，导致内容陈旧，跟不上新时代的要求。反映钢铁科技最新进展和教育教学最新要求的新经典教材的缺失，已经成为当前钢铁专业人才培养最明显的短板和痛点。

为总结、提炼、传播最新冶金科技成果，完成行业知识传承传播的历史任务，推动钢铁强国、教育强国、人才强国建设，中国钢铁工业协会、中国金属学会、冶金工业出版社于2022年7月发起了"冶金专业教材和工具书经典传承国际传播工程"（简称"经典工程"），组织相关高校、钢铁企业、科研单位参加，计划用5年左右时间，分批次完成约300种教材和工具书的修订再版和新编，以及部分教材和工具书的对外翻译出版工作。2022年11月15日在东北大学召开了工程启动会，率先启动了高等教育和职业教育教材部分工作。

"经典工程"得到了东北大学、北京科技大学、河北工业职业技术大学、山东工业职业学院等高校，中国宝武钢铁集团有限公司、鞍钢集团有限公司、首钢集团有限公司、河钢集团有限公司、江苏沙钢集团有限公司、中信泰富特钢集团股份有限公司、湖南钢铁集团有限公司、包头钢铁（集团）有限责任公司、安阳钢铁集团有限责任公司、中国五矿集团公司、北京建龙重工集团有限公司、福建省三钢（集团）有限责任公司、陕西钢铁集团有限公司、酒泉钢铁（集团）有限责任公司、中冶赛迪集团有限公司、连平县昕隆实业有限公司等单位的大力支持和资助。在各冶金院校和相关钢铁企业积极参与支持下，工程相关工作正在稳步推进。

　　征程万里，重任千钧。做好专业科技图书的传承传播，正是钢铁行业落实习近平总书记给北京科技大学老教授回信的重要指示精神，培养更多钢筋铁骨高素质人才，铸就科技强国、制造强国钢铁脊梁的一项重要举措，既是我国钢铁产业国际化发展的内在要求，也有助于我国国际传播能力建设、打造文化软实力。

　　让我们以党的二十大精神为指引，以党的二十大精神为强大动力，善始善终，慎终如始，做好工程相关工作，完成行业知识传承传播的使命任务，支撑中国钢铁工业高质量发展，为世界钢铁工业发展做出应有的贡献。

中国钢铁工业协会党委书记、执行会长

2023 年 11 月

前　　言

PLC 控制技术是电气工程师、机电设备设计或调试人员必须掌握的关键技术，也是高职高专院校机电一体化技术、电气自动化技术、工业机器人技术、智能机电技术和工业互联网应用等专业的必修课程。西门子系列 PLC 在我国市场份额较高，其中 S7-1200 PLC 在中小型 PLC 应用十分广泛，特别是其基于以太网编程和通信的特点，进一步给使用者带来了便捷。

本书围绕 S7-1200 PLC 展开，以通用项目为载体，详细介绍了 TIA 博途组态环境、PLC 硬件结构、基本逻辑指令、模拟量采集和标度变换、通信编程、数值计算和以太网通信等内容，覆盖了 S7-1200 PLC 的主要知识点，以期达到必需、实用、好用的效果。

本书为理论与实践一体化教材，以西门子 S7-1200 PLC 中的 CPU 1214C AC/DC/Rly 为代表，将 S7-1200 PLC 的相关指令安排在 29 个任务点中介绍，目标明确，针对性强，很好地实现了知识学习与实践操作的有机融合。

本书秉承"以学生发展为起点，以职业标准为依据，以职业能力为核心"的理念，从职业能力培养的角度出发，力求体现职业培养的规律，满足职业教育课程、企业岗位、职业技能等级证书的需求，本书特点如下。

（1）以铸魂育人为纲，深入挖掘育人资源。通过"课程思政"栏目将讲故事与讲道理相结合，融入我国科学技术的飞速发展和为此做出贡献的人物事迹，浅显易懂、富有感染力，可极大地激发学生的求知欲和爱国情怀；将传授专业知识与提升职业技能相结合，引导学生树立正确的人生观、价值观，塑造职业精神、工匠精神，落实立德树人的根本任务。

（2）职业能力和职业素质并重，校企共同开发编写。根据智能制造对 PLC 应用人才的需求，以实际工程应用为脉络，校企合作团队共同研究，选用典型企业和生产案例，设置了合理的项目目标和切合实际的项目导入，让学生在实践中由浅入深地掌握 PLC 的硬件结构、软件组态、数据存储、基本逻辑指令、模拟量处理、以太网通信等内容。在任务拓展环节，引入部分工程实例分析，扩宽学生工程实践认知面，提高学生分析问题和解决问题的能力。

（3）以数字化为辅，助力线上、线下混合式教学。遵循职业院校学生认知规律和成长特点，将 S7-1200 PLC 较难理解的知识点和技能操作转化为通俗易懂的语言，便于学生高效掌握。此外，本书提供相关编程及仿真软件视频，并配有电子课件、习题答案等丰富实用的教学资源，使学生能够融会贯通、学做一体，提高自学能力和效果。

（4）以必需、够用为原则，追求实用、好用。编写时降低了理论深度，精选了教材内容，省略了复杂的控制系统设计过程，增加了应用场景、任务实施、仿真调试等环节，注重理论联系实际，使教材内容实用、好用。

本书入选中国钢铁工业协会、中国金属学会和冶金工业出版社组织的"冶金专业教材和工具书经典传承国际传播工程"第一批立项教材。

本书由伊春职业学院李传鸿教授、许进老师担任主编，伊春职业学院张旭、李志民、杨志强担任副主编，建龙西林钢铁有限公司卢远华、张晓伟参编，建龙西林钢铁有限公司刘维、刘亚洲、姜海龙、丛晓月提供了企业应用案例并指导编写。编写分工为：项目 1 由李志民副教授编写，项目 2 由许进老师编写，项目 3 由李传鸿教授编写，项目 4 由张旭副教授编写，项目 5 由企业专家卢远华、张晓伟编写，项目 6 由杨志强老师编写。全书由许进老师统稿，李传鸿教授审定。

本书在编写过程中参考了有关文献资料，在此向文献资料的作者表示衷心的感谢！

由于编者水平所限，书中不妥之处，敬请广大读者批评指正。

编 者

2025 年 1 月

目　　录

项目 1　认识 S7-1200 的硬件组态及 TIA 博途软件

课程思政

科学无国界，科学家有祖国。爱国是科学家精神之魂，也是立德之源、立功之本。

1947 年，36 岁的钱学森成为美国麻省理工学院教授，拥有许多人一辈子梦寐以求的地位、名誉和生活。但他清楚地知道，美国只是他人生的一个驿站，祖国才是他的家园。为让同胞过上有尊严的幸福生活，1955 年 9 月，钱学森突破重重困难，登上了归国的航船。"我作为一名中国的科技工作者，活着的目的就是为人民服务。"这是他一生践行的信念。

一片丹心为报国。中国科学院院士、"两弹一星"功勋王希季说："在太空这个世界各国争夺的新领域，中国不仅要有一席之地，更要扩大到一片之地。"为国家需求，他多次转行，在探空火箭、返回式卫星、载人航天等领域完成了多项首创工作，为祖国航天事业作出了贡献。

20 世纪五六十年代，响应国家研制"两弹一星"的战略决策号召，像钱学森、王希季一样，许多优秀的科技工作者怀着对新中国的满腔热爱，义无反顾地投身到这一神圣而伟大的事业中。

爱国是最高的道德，报国是最大的成功。胸怀祖国、服务人民的爱国精神，生动展示了我国科学家的高尚情怀和优秀品质，他们的一生追求与祖国需要紧紧联系在一起。他们的事业，因自觉与国家需要和民族命运相结合而倍显光辉。

科学探索永无止境，创新就要勇攀高峰、敢为人先。

在一间仅有 6 m² 的简陋房间里，陈景润攻克了世界著名数学难题"哥德巴赫猜想"中的"1+2"，让人类距离数论皇冠上的明珠"1+1"只有一步之遥。世界数学大师、美国学者阿威尔称赞道："陈景润的每一项工作，都好像是在喜马拉雅山山巅行走。"

时光跨越几十载，爱国、创新的精神代代相传。古基因组学是个新学科，为紧跟国际前沿，中国科学院古脊椎动物与古人类研究所研究员付巧妹直面挑战，组建起一支国际化团队。她带领团队主导的研究，填补了东方尤其是中国地区史前人类遗传、演化、适应的重要信息缺环，成为古 DNA 学科不可忽视的力量。

创新既是科研工作的内在要求，也是不可或缺的精神特质。从人工合成结晶牛胰岛素到量子计算机，从汉字激光照排到载人航天，基础科学和工程技术上一系列举世瞩目的成果，无不说明我国具有强大的创新底蕴和实力。

创新意味着攻坚克难。过去，敢为天下先、勇闯"无人区"的实践，让我们收获了创新的自信和勇气，铸就了勇攀高峰的信念。如今，从根本上改变我国关键核心技术受制于人的局面，必须立足自主创新、自立自强。

勇于创新、不断创新是科技工作者实干报国、奋斗圆梦的根本途径。中国科学技术协会有关负责人表示，家国情怀与科技强国实践相融合，坚持"四个面向"，勇于创新争先，科技工作者一定能肩负起历史赋予的科技创新重任，在创新中建功立业，书写人生精彩篇章。

任务 1.1　认识 S7-1200 系列 PLC

1.1.1　任务引入

熟悉 S7-1200 系列 PLC 的外部结构、技术规范、外部接线，了解 PLC 的工作过程和分类。

1.1.2　知识背景

1.1.2.1　S7-1200 系列 PLC

S7-1200 主要由 CPU、信号板、信号模块、通信模块和编程软件组成，硬件部分组合到一个设计紧凑的主机中，如图 1-1 所示；CPU 模块各接口及运行状态监控，如图 1-2 所示。

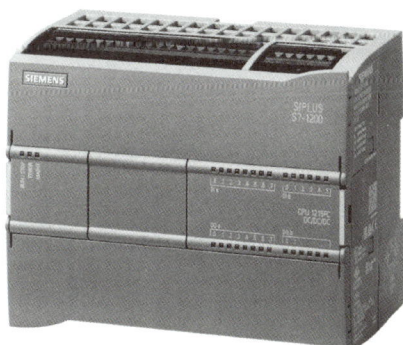

图 1-1　S7-1200 PLC 主机

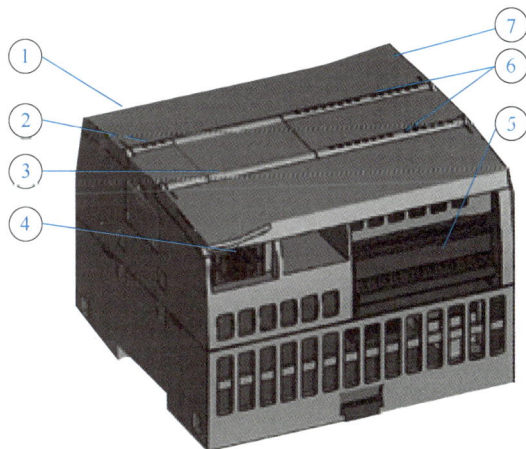

图 1-2　CPU 的结构

①—电源接口（上部保护盖下面）；②—三个指示 CPU 运行状态的 LED 灯，分别为 RUN/STOP（运行/停止，绿灯/黄灯）、ERROR（错误，红灯）和 MAINT（维护，黄灯）；③—可插入扩展板；④—PROFINET 以太网接口的 RJ45 连接器；⑤—可拆卸用户接线连接器；⑥—集成 I/O 的状态 LED 灯；⑦—存储卡插槽（上部保护盖下面）

A　S7-1200 的技术规范

S7-1200 CPU 内可以安装一块信号板，集成的 PROFINET 接口用于与编程计算机、HMI、其他 PLC 或其他设备通信。

（1）可以使用梯形图（LAD）、函数块图（FDB）和结构化控制语言（SCL）三种编程语言。

（2）S7-1200 集成了最大 150 kB 的工作存储器、最大 4 MB 的装载存储器和 10 kB 的保持性存储器。

（3）集成的数字量输入电路的输入类型为漏型/源型，电源电压的"DC"表示直流 24 V 供电、"AC"表示交流 120~240 V 供电；输入端口电压的"DC"表示输入使用直流电压，一般为直流 24 V；输出端口类型中，"DC"为晶体管输出，"Rly"为继电器输出。

（4）点集成的模拟量输入 0~10 V，10 位分辨率。

（5）集成的 DC 24 V 电源可供传感器、编码器和输入回路使用。

（6）CPU 1215C 和 CPU 1217C 有两个带隔离的 PROFINET 以太网端口，其他 CPU 只有一个，传输速率为 10 Mbit/s /100 Mbit/s。

（7）实时时钟的保存时间通常为 20 天，40 ℃时最少为 12 天。

表 1-1 为 S7-1200 的技术规范和选型标准。

表 1-1　S7-1200 的技术规范和选型标准

型号		CPU 1211C	CPU 1212C	CPU 1214C	CPU 1215C	CPU 1217C
用户 存储器	存储器/kB	50	75	100	125	150
	装载/MB	1	1	4	4	4
	保持性/kB	10	10	10	10	10
集成 I/O	数字量	6 入/4 出	8 入/6 出	14 入/10 出	14 入/10 出	14 入/10 出
	模拟量	2 输入	2 输入	2 输入	2 输入/2 输出	2 输入/2 输出
过程映像大小		1024B 输入（I）和 1024B 输出（Q）				
位存储器（M）		4096B		8192B		
信号模块扩展个数		0	2	8		
信号板个数		1				
通信模块		3（左侧扩展）				
高速 计数器	单相	3 个 100 kHz	3 个 100 kHz 1 个 30 kHz	3 个 100 kHz 3 个 30 kHz	3 个 100 kHz 3 个 30 kHz	4 个 1 MHz 2 个 100 kHz
	正交	3 个 80 kHz	3 个 80 kHz 1 个 20 kHz	3 个 80 kHz 3 个 20 kHz	3 个 80 kHz 3 个 20 kHz	3 个 1 MHz 3 个 100 kHz
脉冲输出（最多 4 点） /kHz		100	100/30	100/30	100/30	1/100
传感器电源可用电流 （DC 24 V）/mA		最大 300		最大 400		
SM 和 CM 总线可用电流 （DC 5 V）/mA		最大 750	最大 1000	最大 1600		
数字量输入消耗电流/mA		每点 4				
PROFINET		1 个以太网接口		2 个以太网接口		
执行速度	布尔运算	0.08 μs/指令				
	移动字	0.12 μs/指令				
	实数运算	2.3 μs/指令				

B PLC 的外部接线

图 1-3 所示为 S7-1200 CPU1214C AC/DC/Rly（继电器）的外部接线图，输入回路如果使用 CPU 内置的 DC 24 V 传感器电源，去除图 1-3 中标有②的外接 DC 电源，漏型输入时 1 M 端子连接传感器电源的 M 端子。源型输入时将传感器电源的 L+端子连接到 1 M 端子。

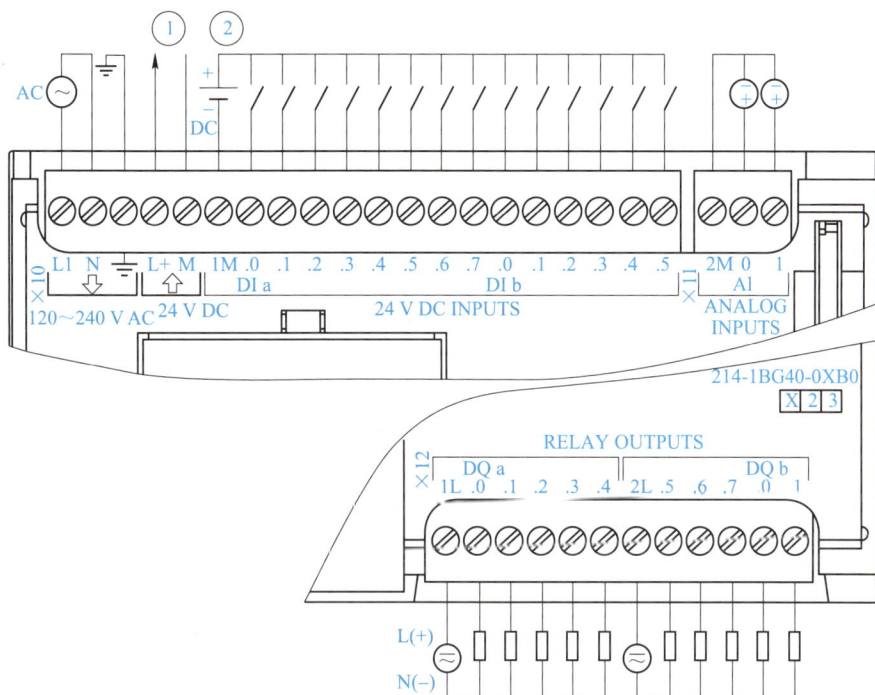

图 1-3 S7-1200 CPU1214C AC/DC/Rly 外部接线图

输入输出每种类型用斜线分割成三部分，分别表示 CPU 电源电压、输入端口的电压及输出端口器件的类型。电源电压的"DC"表示直流 24 V 供电，"AC"表示交流 120～240 V 供电；输入端口电压的"DC"表示输入使用直流电压，一般为直流 24 V；输出端口类型中，DC 为晶体管输出，Rly 为继电器输出。每个 PLC 主机都印有 CPU 的电源类型，如图 1-4 所示。

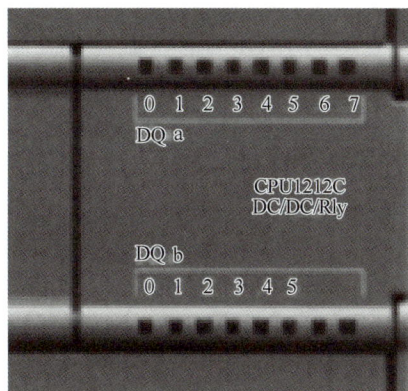

图 1-4 CPU1212C DC/DC/Rly 主机标识

C   PLC 的输入输出结构

输入输出（IO）模块是 PLC 和外界的沟通桥梁，PLC 输入、输出接口采用光电隔离，实现了 PLC 的内部电路与外部电路的电气隔离，减小了电磁干扰。输入信号接通时，对应地址的输入映像寄存器位置 1，并带有输入信号的状态显示，主机点亮对应的状态位；输入接口将按钮、行程开关或传感器等产生的信号，转换成数字信号送入主机。图 1-5 所示为 PLC 的输入接口电路，除传递信号外，还有电平转换和隔离的作用。

图 1-5 PLC 的输入接口电路

输出接口的作用是将主机向外输出的信号转换成可以驱动外部执行电路的信号，以便控制接触器线圈等电器通断电。另外，输出电路也使计算机与外部强电隔离，如图 1-6 所示。输出接口电路按照 PLC 的类型不同，一般分为继电器输出型、晶体管输出型和晶闸管输出型三类，以满足各种用户的需求。其中，继电器输出型为有触点的输出方式，可用于直流或低频交流负载；晶体管输出型和晶闸管输出型都是无触点输出方式，前者适用于高速、小功率直流负载，后者适用于高速、大功率交流负载。

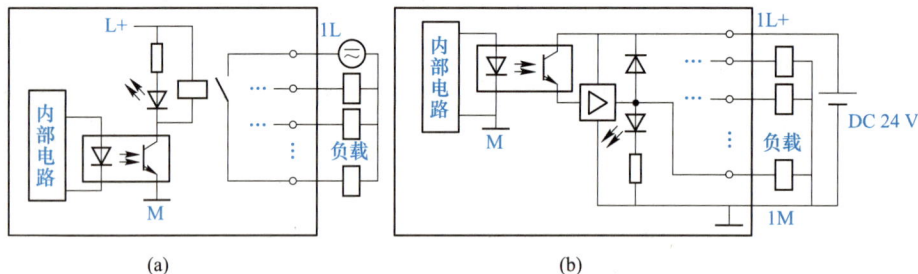

图 1-6   输出接口电路
（a）继电器输出接口电路；（b）晶体管输出接口电路

1.1.2.2   S7-1200 PLC 的工作过程

PLC 的工作方式为循环扫描，其工作过程大致分为输入采样、程序执行和输出刷新三个阶段。CPU 有 STOP（停止）、STARTUP（启动）和 RUN（运行）三种工作模式，包括开机启动自检过程及运行过程，如图 1-7 所示。

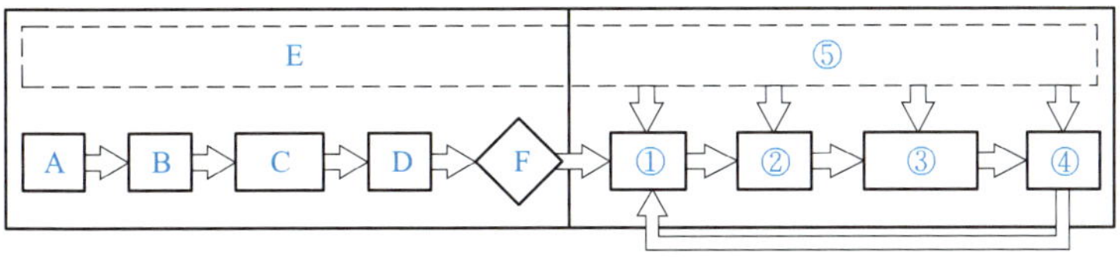

图 1-7　PLC 启动自检运行过程

（1）启动过程包括 A～F 六个步骤。

阶段 A：清除过程映像输入区（I 区）。

阶段 B：使用组态的零、最后一个值或替换值初始化过程映像输出区（Q 区）。

阶段 C：将非保持性 M 存储器和数据块初始化为初始值，并启用组态的循环中断和时间事件，执行启动 OB。

阶段 D：将物理输入的状态复制到过程映像输入区（I 区）。

阶段 E：将所有中断事件存储到要在进入 RUN 模式后处理的队列中。

阶段 F：将过程映像输出区（Q 区）的值写入外设输出。

（2）运行过程。启动阶段结束后，进入 RUN 模式。PLC 在 RUN 模式进行循环扫描工作，每个扫描周期都包括写入输出、读取输入、执行用户程序指令以及执行系统维护或后台处理。

阶段①：将 Q 存储器写入物理输出。

阶段②：将物理输入的状态复制到过程映像输入区（I 区）。

阶段③：执行程序循环 OB。

阶段④：执行自检诊断。

阶段⑤：在扫描周期的任何阶段都处理中断和通信。

1.1.2.3　PLC 分类

PLC 按结构分为整体式 PLC 和模块式 PLC 两种，整体式 PLC 也称为 PLC 的基本单元，在基本单元的基础上可以加装扩展模块以扩大其使用范围，适合常规电气控制。模块式 PLC 是把 CPU、输入接口、输出接口等做成独立的单元模块，具有配置灵活、组装方便的优势，适合输入/输出点数差异较大或有特殊功能要求的控制系统。按 I/O 点的总数分，128 点以内的为小型机、129～512 点的为中型机、512 点以上的为大型机。

S7-1200 属于整体式小型 PLC。

任务 1.2 S7-1200 的存储器与数据类型

1.2.1 任务引入

了解 S7-1200 存储器的分类，掌握常用的数据类型。

1.2.2 知识背景

1.2.2.1 S7-1200 的存储器

S7-1200 的系统存储区根据功能分为输入映像寄存器（I）、输出映像寄存器（Q）、位存储器（M）、临时局部存储器（L）和数据块（DB）。在 I/O 点的地址或符号地址的后面附加 "：P"，可以立即读外设输入或立即写外设输出，例如，I0.3：P 和 Q0.4：P。写外设输入点是被禁止的，即 I_：P 访问是只读的，用 I_：P 访问外设输入不会影响过程映像输入区中的对应值。

外设输出 Q0.3：P 可以立即写外设输出点，同时写给过程映像输出。读外设输出点是被禁止的，即 Q_：P 访问是只写的。

位存储器区（M 存储器）用于存储运算的中间操作状态或其他控制信息，数据块用来存储代码块使用的各种类型数据。

临时存储器用于存储代码块被处理时使用的临时数据，所有的代码块都可以访问 M 存储器和数据块中的数据。在 OB、FC 和 FB 的接口区生成的临时变量只能在生成它们的代码块内使用，不能与其他代码块共享。只能通过符号地址访问临时存储器，可以按位、字节、字或双字读/写位存储器区、数据块和临时存储器，见表 1-2。

表 1-2 S7-1200 的系统存储器

存储区	标识符	说　明	地址范围	地址举例
过程映像输入	I	读取物理输入	0~1023	I0.2、IB2、IW100、ID5
	I_：P	立即读取物理输入		I0.2：P、IB2：P
过程映像输出	Q	写入物理输出	0~1023	Q0.0、QB2、QW100、QD1
	Q_：P	立即写入物理输出		Q0.2：P、QB2：P
位存储器	M	存储操作的中间状态或其他控制信息	0~8191	M0.0、MB2、MW2000
临时存储器	L	存储块的临时数据	不限	L0.2、LB2、LD20
数据块	DB	数据存储器或函数块 FB 的参数存储器	不限	DB1.、DBX0.、DB2.、DBB0

1.2.2.2 S7-1200 的数据类型

A 基本数据类型

（1）二进制数。二进制数的 1 位只能为 0 和 1，用 1 位二进制数表示开关量的两种不同状态。如果该位为 1，梯形图中对应的位编程元件的线

西门子PLC
数据类型

圈通电、常开触点接通、常闭触点断开，称该编程元件为 TRUE 或 1 状态；反之，该位为 0 则称该编程元件为 FALSE 或 0 状态。二进制位的数据类型为 BOOL（布尔）型。

（2）多位二进制数。多位二进制数用来表示大于 1 的数字，从右往左的第 n 位（最低位为第 0 位）的权值为 2^n。例如，2#1101 对应的十进制数为 13。

（3）十六进制数。十六进制数用于简化二进制数的表示方法，16 个数为 0~9 和 A~F（10~15），1 位十六进制数对应于 4 位二进制数。例如，2#0001 0011 1010 1111 可以转换为 16#13 AF 或 13 AFH。

十六进制数"逢 16 进 1"，第 n 位的权值为 16^n。例如，16#2E 对应的十进制数为 46。

B　数据类型

数据类型用于描述数据的长度（二进制的位数）和属性，S7-1200 PLC 支持的数据类型包括位、字节、字、双字、整型、浮点型等，见表1-3。

表 1-3　S7-1200 的基本数据类型

变量类型	数据类型	位数	数值范围	常数举例	地址举例
位	Bool	1	1、0	2#1、1	I1.0、M0.7、DB1.DBX2.3
字节	Byte	8	B#16#0~B#16#FF 或 16#0~16#FF	B#16#BF 16#E8	IB2、MB10、DB1.DBB4
字	Word	16	W#16#0~W#16#FFFF 或 16#0~16#FFFF	W#16#BF12 16#E812	MW10、DB1.DBW2
双字	DWord	32	DW#16#0~DW#16#FFFF_FFFF 或 16#0~16#FFFF_FFFF	DW#16#BF12_EF23 16#E812_2323	MD10、DB1.DBD8
无符号短整数	USInt	8	0~255	12	MB0、DB1.DBB4
有符号短整数	SInt	8	−128~127	−13	
无符号整数	UInt	16	0~65535	234	MW2、DB1.DBW2
有符号整数	Int	16	−32768~32767	−320	
无符号双整数	UDInt	32	0~4294967295	345	MD6、DB1.DBD8
有符号双整数	DInt	32	−2147483648~2147483647	123456、−123456	
浮点数（实数）	Real	32	±1.175495e−38~±3.402823e+38	3.1416、1.0e−5	MD100、DB1.DBD8
长浮点数	LReal	64	±2.2250738585072014e−308~ ±1.7976931348623158e+308	1.123456789e40、1.2e+40	—

（1）位和位字符串。位（Bool），二进制的 1 位，软件用 TRUE/FALSE 表示 1 和 0。I3.4 中的"I"表示输入，字节地址为 3、位地址为 4。数据类型 Byte（字节）、Word（字）、Dword（双字）统称为位字符串，分别由 8 位、16 位和 32 位二进制数组成。需要注意以下两点：

1）用组成双字的编号最小字节 MB100 的编号作为双字 MD100 的编号；

2）组成双字 MD100 的编号最小字节 MB100 为 MD100 的最高位字节，编号最大的字节 MB103 为 MD100 的最低位字节，字也有类似的特点，如图 1-8 所示。

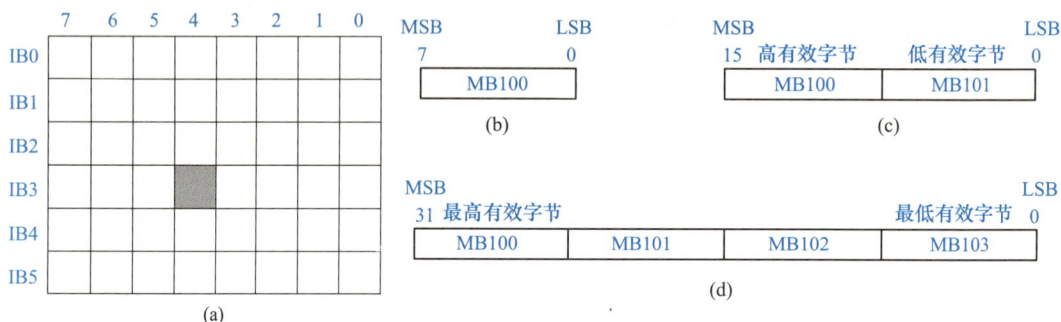

图 1-8　位、字节、字、双字数据类型
（a）位 I3.4；（b）MB100；（c）MW100；（d）MD100

（2）整数（Int）。S7-1200 有六种整数类型，所有整数的数据类型符号中都有 Int。符号中带 U 的为无符号整数，不带 U 的为有符号整数；带 S 的为短整数（8 位整数），带 D 的为 32 位的双整数，不带 S、D 的为 16 位整数。短整数的变量地址如 MB0、DB1.DBB3 等，16 位整数的变量地址如 MW2、DB1.DBW2 等，32 位双整数的变量地址如 MD4、DB1.DBD4 等。

（3）浮点数（Real）。浮点数又称为实数（Real），具有 32 位，最高位（第 31 位）为浮点数的符号位，正数时为 0、负数时为 1。长浮点数 LReal 具有 64 位，不支持直接寻址，可在 OB、FB 或 FC 块接口中或 DB 中进行分配。

C　复杂数据类型

S7-1200 支持时间与日期数据类型及数组（Array）数据类型，见表 1-4。

"Time"是有符号双整数，其单位为"ms"，能表示的最大时间为 24 天 20 小时 31 分钟。

"Date"（日期）为 16 位无符号整数，无符号双整数 TOD（TIME_OF_DAY）为从指定日期 0 时算起的毫秒数。

数据类型 DTL 的 12 个字节为年（占 2B），月、日、星期的代码、小时、分、秒（各占 1B）和纳秒（占 4B），均为 BCD 码。星期日、星期一至星期六的代码分别为 1~7。

数组是由固定数目的同一种数据类型元素组成的数据结构，允许使用除 Array 外的所有数据类型作为数组元素，最多为 6 维。

表 1-4　S7-1200 的复杂数据类型

变量类型	数据类型	位数	数值范围	常数举例
IEC 时间	Time	32	T#-24d_20h_31m_23s_648ms~T#24d_20h_31m_23s_647ms	T#2h10m25s30ms Time#10d20h30m20s630ms 500h10000ms
IEC 日期	Date	16	D#1990-1-1~D#2168-12-31	D#2021-12-31 Date#2021-12-31 2021-12-31
实时时间 TOD	Time_Of_Day	32	TOD#0：0：0.0~TOD#23：59：59.999	TOD#10：20：30.400 TIME_OF_DAY#10：20：30.40 23：10：1
长格式日期和时间	DTL	12B	DTL#1970-01-01-00：00：00.0~DTL#2262-04-11：23：47：16.854775807	DTL#2021-12-16-20：30：20.250
数组	Array	索引：-32768~32767	Name［index1_min..index1_max, index2_min..index 2_max］of <数据类型>	Array［1..100］of Int

任务 1.3 TIA 博途软件入门

1.3.1 任务引入

了解博途软件的安装与卸载，应用两台电动机顺序启动控制的例子介绍 PLC 硬件的组态、软件编程、上传与下载、仿真运行调试及在线运行调试。

1.3.2 知识背景

1.3.2.1 博途软件的安装与卸载

A 博途软件的安装

（1）安装 TIA 博途 V16 对计算机的要求是处理器主频 3.4 GHz 或更高，内存 16 GB（最小 8 GB），固态硬盘 SSD（最小 50 GB 的自由空间），15.6″宽屏显示器（分辨率 1920×1080 或更高），系统为非家用版的 64 位 Windows 7 SP1、64 位 Windows 10 以及 64 位 Windows Server 2012 版本以上，如图 1-9 所示。

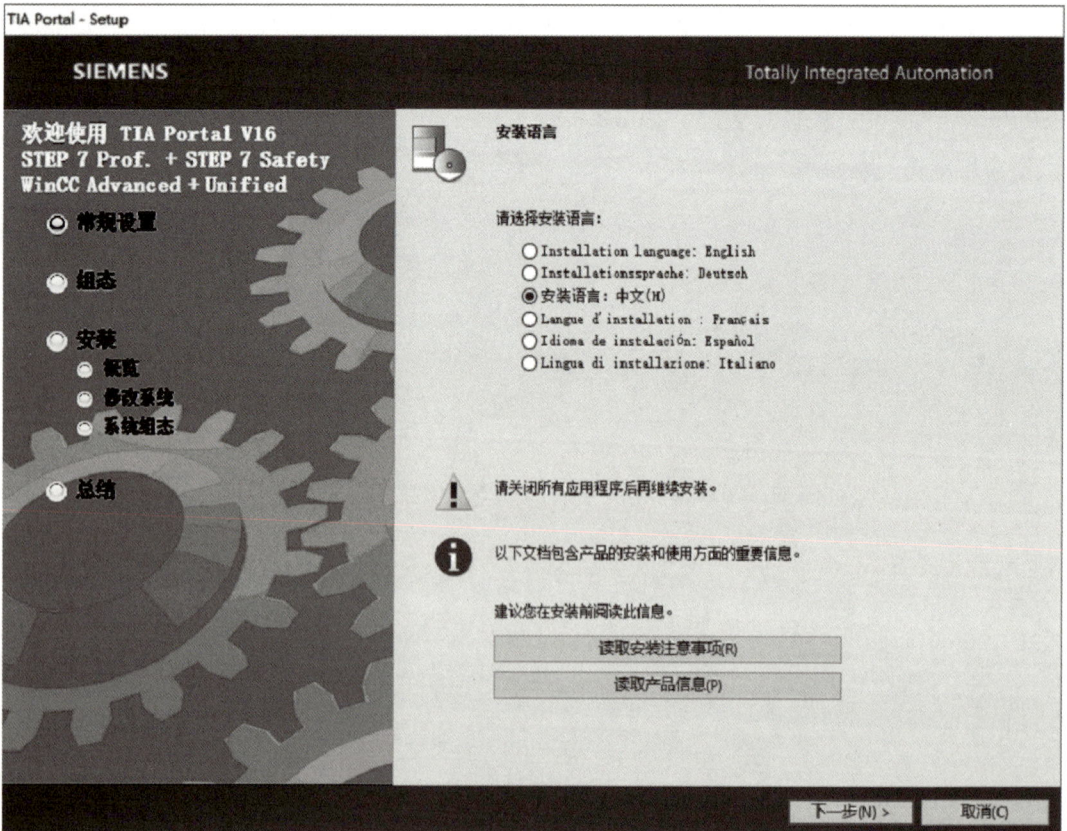

图 1-9 博途 V16 安装初始界面

（2）STEP 7 和 WinCC 的安装。如果要求重启计算机，则打开计算机的注册表，删除"\ HKEY_LOCAL_MACHINE \ SYSTEM \ CurrentControlSet \ Control \ Session Manager"下的"Pending File Rename Operations"。

（3）安装仿真软件 SIMATIC_S7-PLCSIM_V16，西门子 S7-1200 的仿真软件需要单独安装，从西门子自动化与驱动集团官网下载"SIMATIC_S7PLCSIM_V16"进行安装，其安装过程与 STEP 7 几乎完全相同，如图 1-10 所示。

（4）授权管理。在安装结束后使用授权管理器进行授权操作，如果有授权盘，双击桌面上的"Automation License Manager"打开授权管理器，可以通过拖曳的方式将授权从授权盘中转换到目标硬盘中。如果没有授权，可以获得 21 天的试用期。

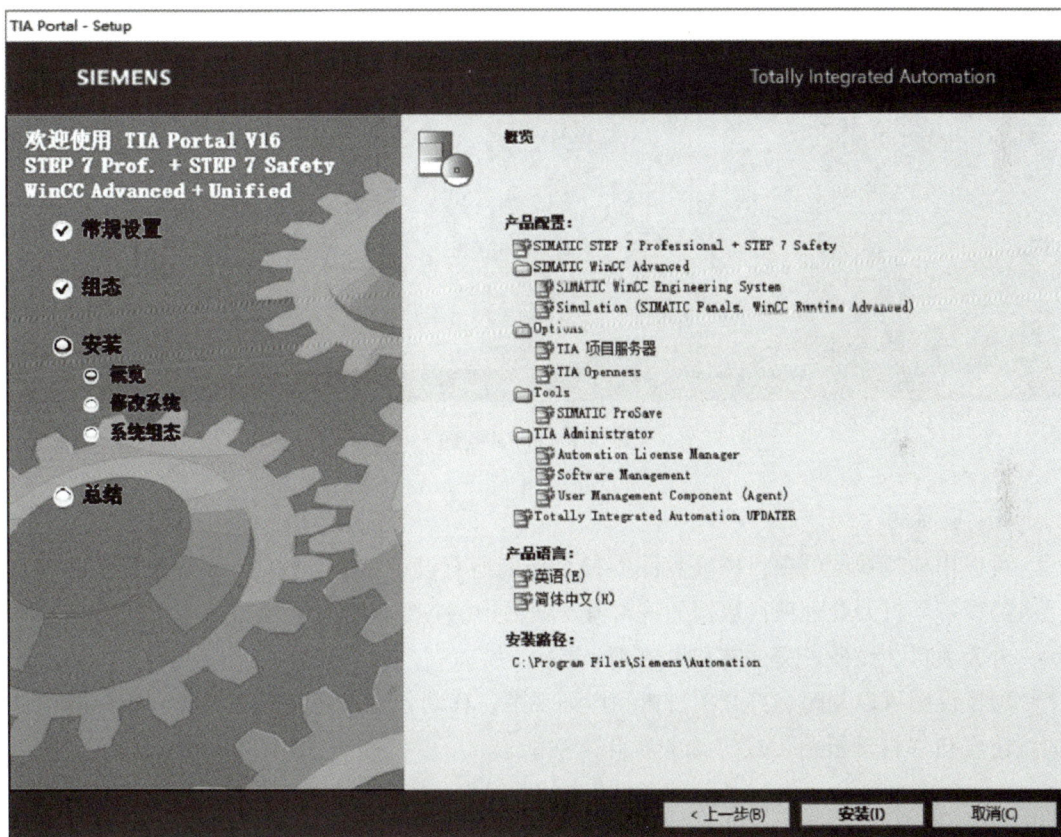

图 1-10　博途 V16 安装概览

B　博途软件的卸载

（1）通过控制面板删除所选组件；

（2）使用源安装软件删除产品。

1.3.2.2　博途视图和项目视图

A　Portal 视图与项目视图

可用 Portal 视图（见图 1-11）完成某些操作，使用最多的是项目视图，二者可切换。

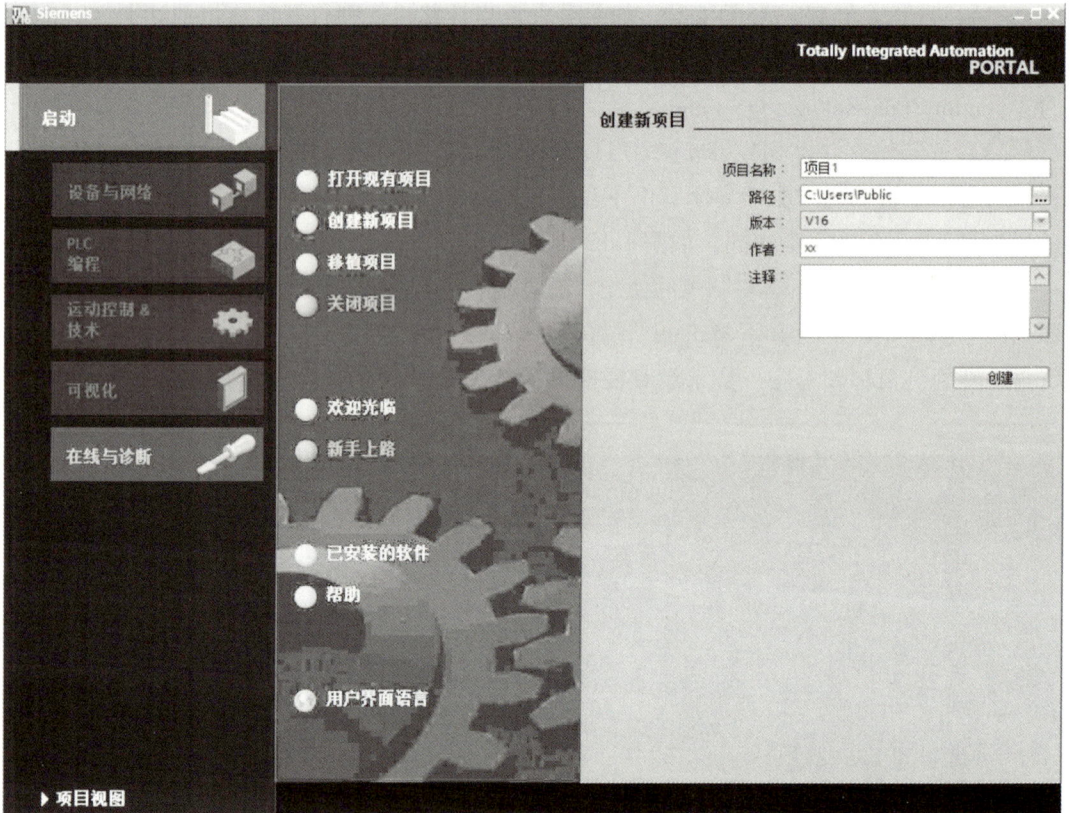

图 1-11　Portal 视图

B　项目树

可以用项目视图的项目树（见图 1-12）访问所有设备和项目数据，添加新设备，编辑已有的设备，打开处理项目数据的编辑器。项目中的各组成部分在项目树中以树型结构显示，分为项目、设备、文件夹和对象 4 个层次。

项目视图可以关闭、打开项目树和详细视图，移动各窗口之间的分界线，用标题栏上的按钮启动"自动折叠"或"永久展开"功能。

C　详细视图

选中项目树中的"默认变量表"，窗口显示出该变量表中的符号，可以将其中的符号地址拖拽到程序中的地址域，也可以隐藏、显示详细视图和巡视窗口。

D　工作区

可以同时打开几个编辑器，用编辑器栏中的按钮切换工作区显示的编辑器。单击"工具栏"上的按钮，可以垂直或水平拆分工作区，同时显示两个编辑器。

可用工作区右上角的按钮将工作区最大化，或使工作区浮动。用鼠标左键按住浮动的工作区的标题栏可以将工作区拖到画面上希望的位置。工作区被最大化或浮动后，单击"嵌入"按钮，工作区将恢复原状。

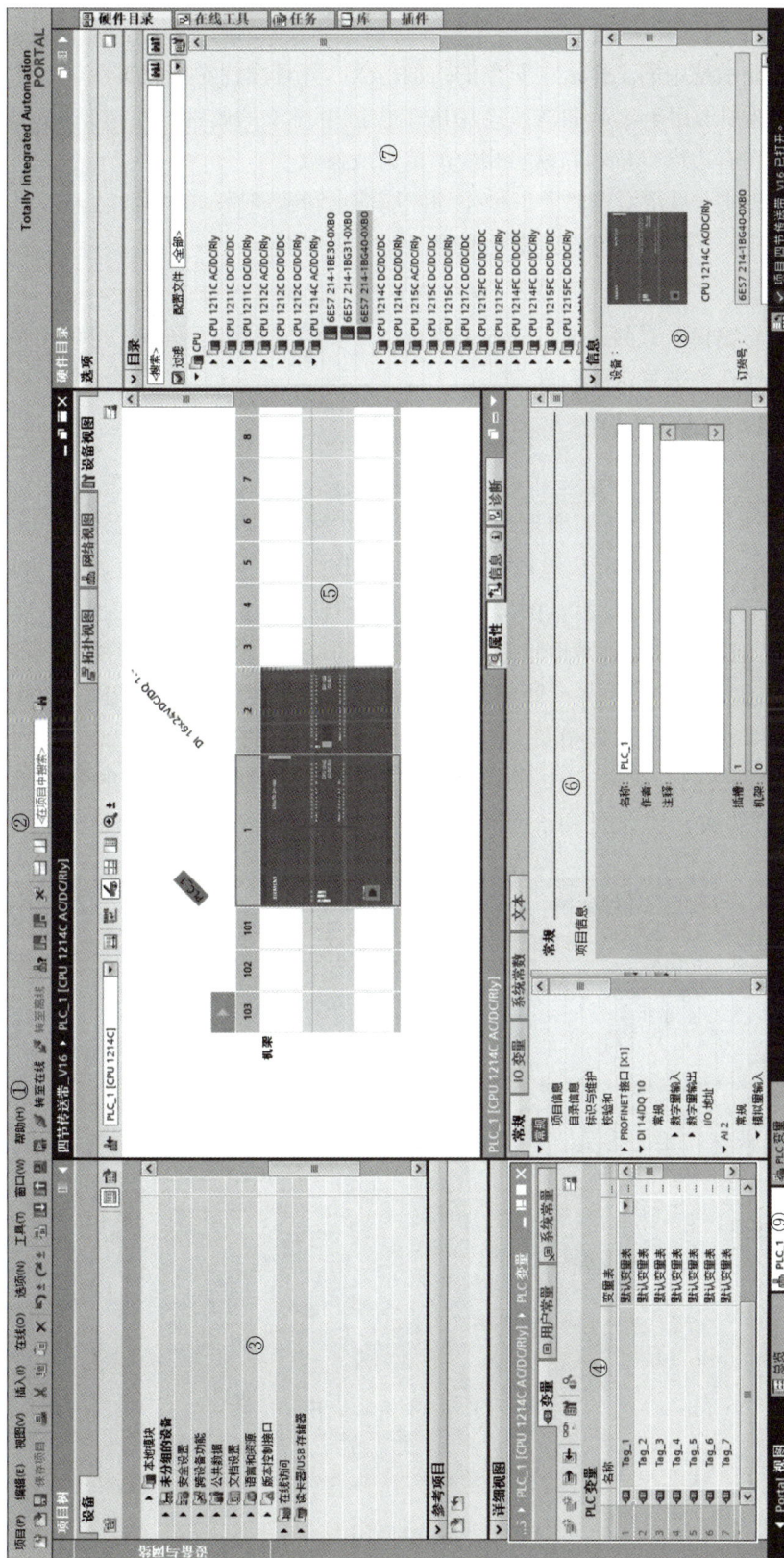

图 1-12　项目树视图

①—菜单栏；②—工具栏；③—项目树；④—详细视图；⑤—工作区；⑥—巡视窗口；⑦—任务卡；⑧—"信息"窗口；⑨—选项卡

E   巡视窗口

巡视窗口用于显示选中的工作区中对象的附加信息，并且设置对象的属性。

（1）"属性"选项卡用于显示和修改选中的工作区中对象的属性。左边是浏览窗口，选中某个参数组，在右边窗口显示和编辑相应的信息或参数。

（2）"信息"选项卡显示所选对象、操作的详细信息和编译后的报警信息。

（3）"诊断"选项卡显示系统诊断事件和组态的报警事件。

F   任务卡

任务卡的功能与编辑器有关，通过任务卡进行进一步的或附加的操作，可以用最右边竖条上的按钮来切换任务卡显示的内容。

1.3.2.3   S7-1200 属性的组态

A   以太网地址组态

MAC 地址是以太网接口设备的物理地址，分为 6 个字节，用十六进制数表示，例如 00-05-BA-CE-07-0C，产品上有 MAC 地址。IP 地址由 4B 组成，用十进制数表示，控制系统一般使用固定的 IP 地址。CPU 默认的 IP 地址为 192.168.0.1。子网掩码是一个 32 位二进制数，用于将 IP 地址划分为子网地址和子网内节点的地址。二进制的子网掩码的高位是连续的 1、低位是连续的 0，例如，255.255.255.0。IP 路由器用于连接子网，路由器的子网地址与子网内节点的子网地址相同，传输速率（波特率）的单位为 bit/s。

打开 PLC 的设备视图，双击 CPU 的以太网接口，选中巡视窗口左边的"以太网地址"，采用右边窗口默认的 IP 地址和子网掩码，如图 1-13 所示。

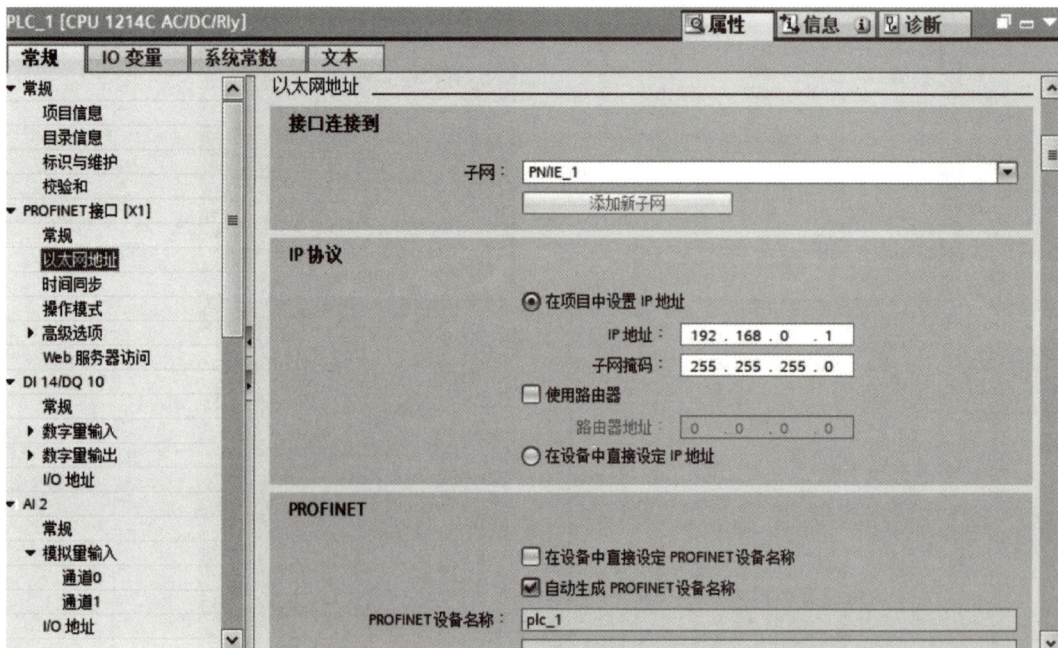

图 1-13   以太网地址组态

B　I/O 地址组态

（1）信号模块与信号板的地址分配。打开 PLC_1 的设备视图，再打开从右到左弹出的"设备概览"视图，可以看到 CPU 集成的 I/O 模块和信号模块的字节地址。I、Q 地址是自动分配的，如图 1-14 所示。可以关闭"设备概览"视图，或移动它左侧的分界线。双击设备概览中某个插槽的模块，可以修改自动分配的 I、Q 地址。

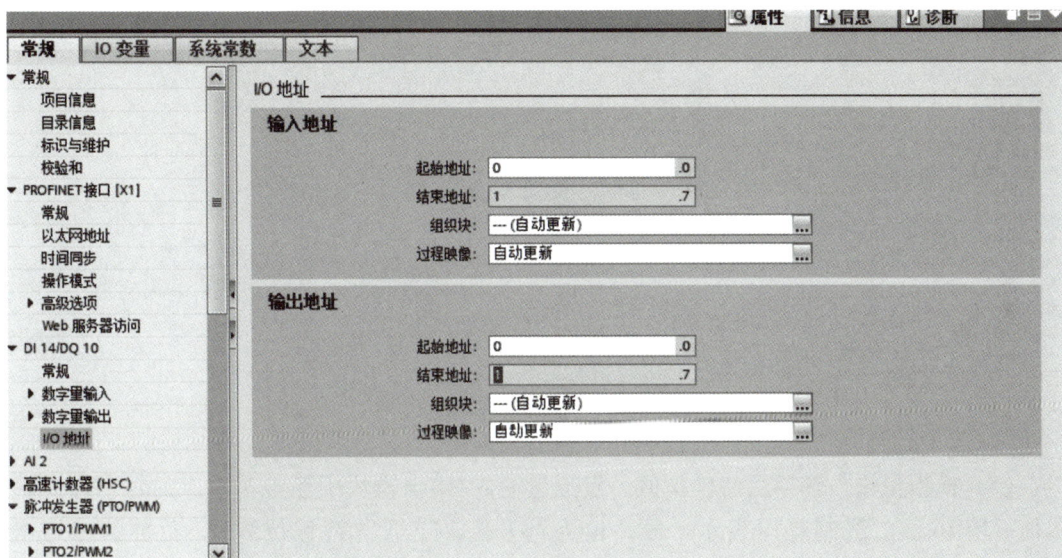

图 1-14　数字量 IO 组态

（2）数字量输入点的参数设置。首先选中设备视图或设备概览中的 CPU 或有数字量输入的信号板，然后选中巡视窗口的"属性"→"常规"→"数字量输入"中的某个通道，可以设置输入滤波器的输入延时时间，启用各通道的上升沿中断、下降沿中断和脉冲捕捉功能，以及设置产生中断事件时调用的硬件中断组织块。脉冲捕捉功能暂时保持窄脉冲的 1 状态，直到下一次刷新输入过程映像。不能同时启用中断和脉冲捕捉功能，DI 模块只能组态 4 点 1 组的输入滤波器的输入延时时间。

（3）数字量输出点的参数设置。选中设备视图或设备概览中的 CPU、数字量输出模块或信号板，用巡视窗口选中"数字量输出"后，可以选择在 CPU 进入 STOP 模式时，数字量输出保持为上一个值，或者使用替代值。选中后者时，勾选复选框表示替代值为 1，反之为 0。

（4）模拟量输入模块的参数设置，如图 1-15 所示。积分时间与干扰抑制频率成反比，积分时间越长，精度越高，快速性越差，一般选择可抑制工频干扰噪声的时间为 20 ms，测量类型可选电压或电流。滤波可选"无、弱、中、强"4 个等级，滤波等级越高，滤波后的模拟值越稳定；但是，测量的快速性越差，可以选择是否启用断路和溢出诊断功能。

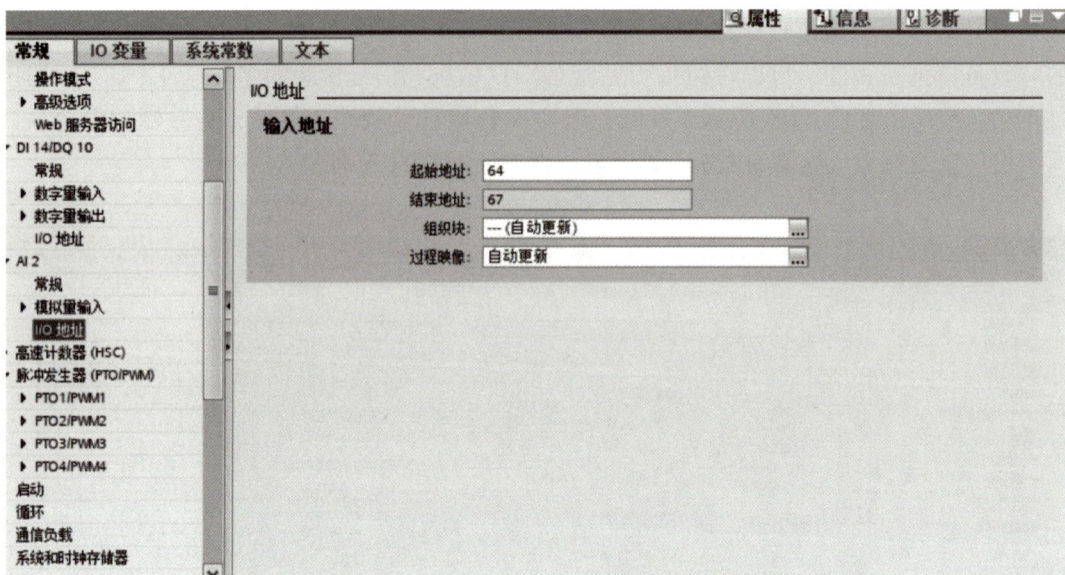

图 1-15　模拟量 IO 组态

（5）模拟量输入转换后的模拟值。模拟量输入/输出模块中模拟量对应的数字称为模拟值，用 16 位二进制补码表示。最高位为符号位，正数的符号位为 0，负数的符号位为 1。

模拟量经 A-D 转换后得到的数值位数（包括符号位）如果小于 16 位，转换值被自动左移，使其最高的符号位在 16 位字的最高位，左移后未使用的低位则填入"0"。这种处理方法的优点是与转换值原始的位数无关，便于后续的处理。

双极性模拟量量程的上下限（100% 和 −100%）对应于模拟值 27648 和 −27648，单极性模拟量量程的上下限（100% 和 0）对应于模拟值 27648 和 0，热电偶和热电阻模块输出的模拟值每个数值对应于 0.1 ℃。

C　上电启动组态

选中巡视窗口的"属性"→"常规"→"启动"，可组态上电后 CPU 的 3 种启动方式，如图 1-16 所示。

（1）不重新启动，保持在 STOP 模式；

（2）暖启动，进入 RUN 模式；

（3）暖启动，进入断电之前的操作模式。

可以设置当预设的组态与实际的硬件不匹配（不兼容）时，是否启动 CPU。

D　系统和时钟存储器组态

打开 PLC 的设备视图，选中 CPU，再选中巡视窗口的"属性"→"常规"→"系统和时钟存储器"，用复选框启用系统存储器字节和时钟存储器字节，一般采用它们的默认地址 MB1 和 MB0，应避免同一地址同时重复使用，如图 1-17 所示。

图 1-16 上电启动组态

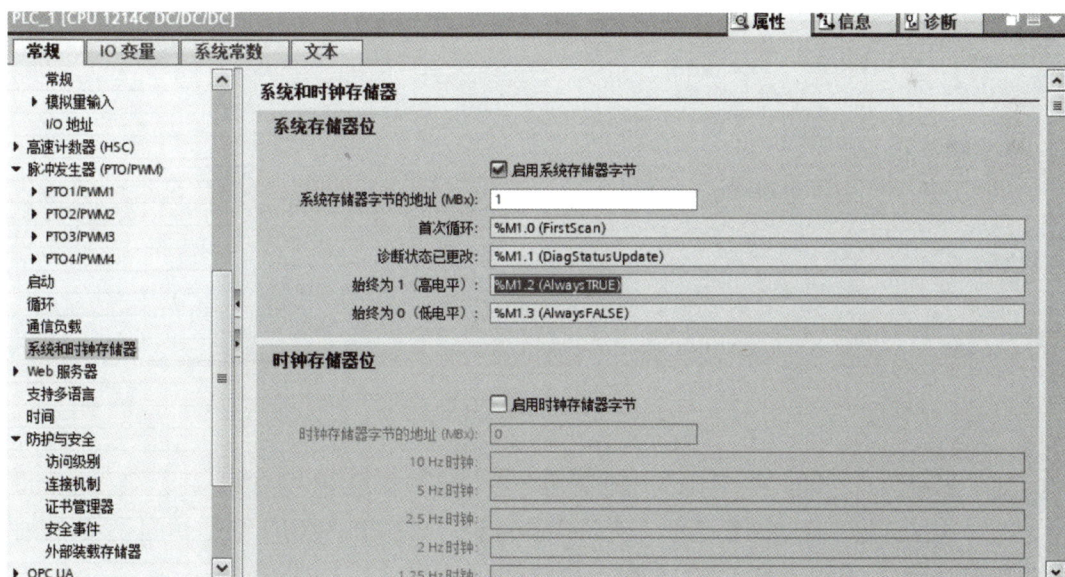

图 1-17 系统和时钟存储器组态

M1.0 为首次循环位，M1.1 为诊断状态已更改，M1.2 总是为 TRUE，M1.3 总是为 FALSE。时钟存储器的各位在一个周期内为 FALSE 和 TRUE 的时间各为 50%。

时钟存储器字节复选后，其对应的周期和频率见表 1-5。

表 1-5　时钟存储器字节各位对应的周期与频率

位	7	6	5	4	3	2	1	0
周期/s	2	1.6	1	0.8	0.5	0.4	0.2	0.1
频率/Hz	0.5	0.625	1	1.25	2	2.5	5	10

E　防护和安全组态

选中巡视窗口的"属性"→"常规"→"保护",可以选择 4 个访问级别。其中,绿色的"√"表示在没有该访问级别密码的情况下可以执行的操作。如果要使用该访问级别没有打勾的功能,需要输入密码。HMI 列的"√"表示允许通过 HMI 读写 CPU 的变量。完全访问权限:允许所有用户进行读写访问,读访问权限只能读取不能写入,需要设置"完全访问权限"的密码。

如果选中了 HMI 访问权限,至少需要设置第一层的密码(有 3 种权限),可以在第二层设置密码,该密码没有写入的权限。各层的密码不能相同,如图 1-18 所示。

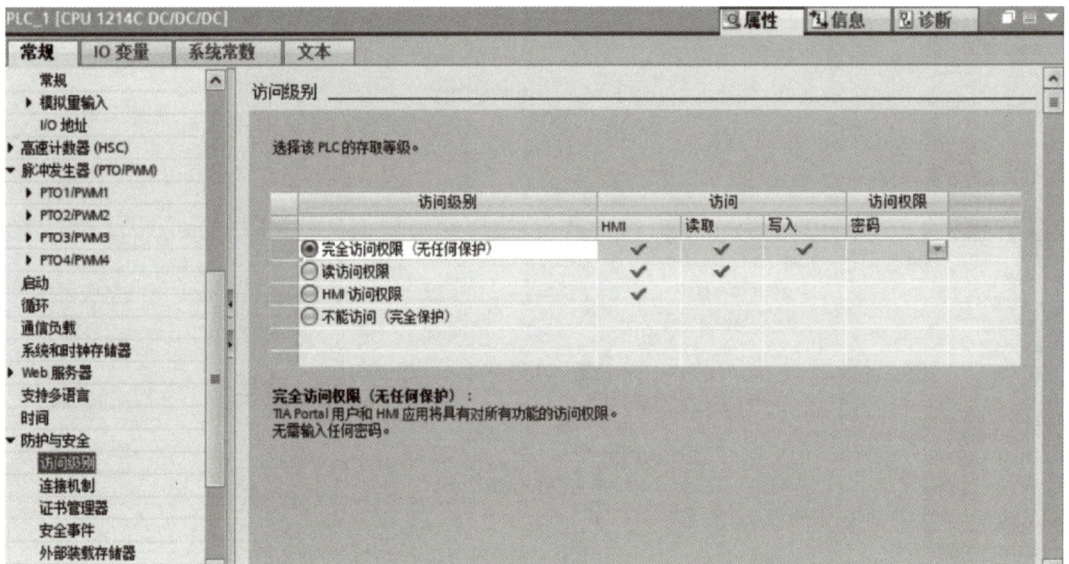

图 1-18　防护和安全组态

如果 S7-1200 的 CPU 在 S7 通信中作为服务器,必须在选中"保护"后,在右边窗口下面的"连接机制"区勾选复选框"允许来自远程对象的 PUT/GET 通信访问",远程对象包括其他 PLC、HMI、OPC 等,如图 1-19 所示。

1.3.2.4　创建变量的方法

A　生成和修改变量

双击项目树中的"默认变量表",打开变量编辑器,如图 1-20 所示。选项卡"变量"用于定义 PLC 的变量,选项卡"系统常数"中是系统自动生成的与 PLC 的硬件和中断事件有关的常数值。

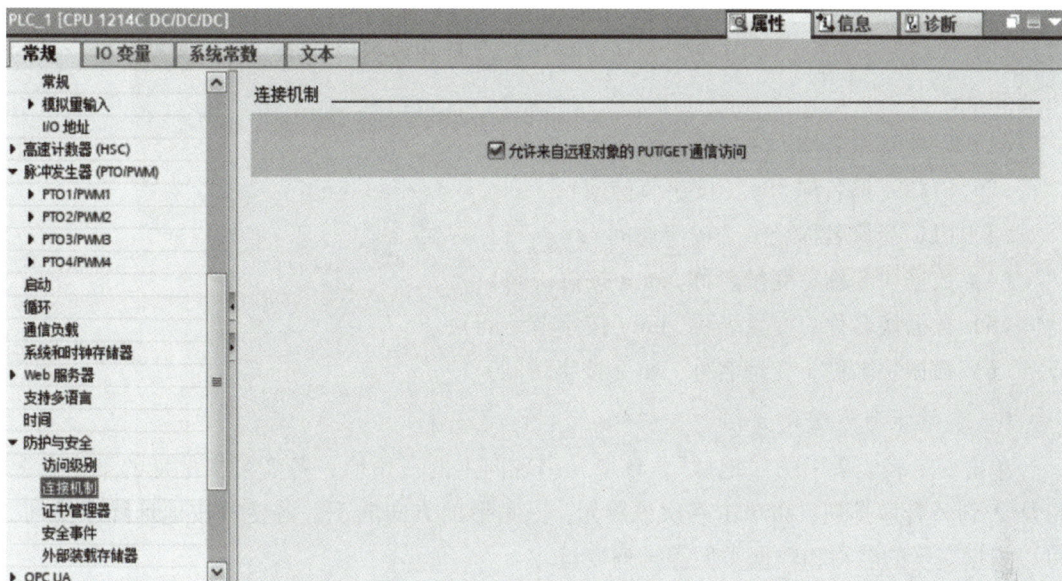

图 1-19　连接机制复选

图 1-20　默认变量表

在"变量"选项卡空白行的"名称"列输入变量的名称，单击"数据类型"列右侧隐藏的按钮，设置变量的数据类型。在"地址"列输入变量的绝对地址，"%"是自动添加的 Byte. %Start. End 访问一个变量数据类型的"片段"。

可以根据大小按位、字节或字级别访问 PLC 变量和数据块变量，访问此类数据片段的语法如下：

（1）PLC 变量名称 . xn（按位访问）；

（2）PLC 变量名称 . bn（按字节访问）；

（3）PLC 变量名称 . wn（按字访问）；

（4）数据块名称 . 变量名称 . xn（按位访问）；

（5）数据块名称 . 变量名称 . bn（按字节访问）；

（6）数据块名称 . 变量名称 . wn（按字访问）。

B　变量表中变量的排序

单击变量表表头中的"地址"，该单元出现向上的三角形，各变量按地址的第一个字母从 A 到 Z 升序排列；再单击一次该单元，三角形的方向向下，各变量按地址降序排列，可以根据变量的名称和数据类型等排列变量。

C　快速生成变量

用鼠标右键单击变量"电源接触器"，在该变量上面出现一个空白行。单击"接触器"最左边的单元，选中变量"接触器"所在的整行。将光标放到该行的标签列单元左下角的小正方形上，光标变为深蓝色的小十字；按住鼠标左键不放，向下移动鼠标，在空白行生成新的变量"接触器_1"。

D　设置变量的保持型功能

单击工具栏上的"保持型"按钮，可以用打开的对话框设置 M 区从 MB0 开始的具有保持型功能的字节数。

E　设置变量表中地址的显示方式

可以用与程序编辑器相同的方法设置地址的显示方式。右键单击 TIA 博途软件中的表格灰色的表头，执行快捷菜单中的"调整所有列宽度"命令，可以使表格各列的排列尽量紧凑。

F　全局变量与局部变量

PLC 变量表中的变量为全局变量，可以用于所有的代码块。在程序中，全局变量被自动添加双引号，局部变量只能在它被定义的块中使用。在程序中，局部变量被自动添加"#"号。

G　设置块的变量只能用符号访问

用右键单击"项目树"中的某个全局数据块、FB 或 FC，打开"属性"视图，勾选其中的"优化的块访问"复选框，此后声明的变量在块内没有固定的绝对地址，只有符号名。变量以优化的方式保存，可以提高存储区的利用率。

H　使用帮助功能

（1）弹出项。将鼠标的光标放在 STEP 7 的文本框、工具栏上的按钮和图标等对象上，如在设置 CPU 的"周期"属性的"循环周期监视时间"时，单击文本框，出现黄色背景的弹出项方框，方框内是对象的简要说明或帮助信息。设置循环周期监视时间时，如果输入的值超过了允许范围，按回车键后，出现红色背景的错误信息。

（2）层叠工具提示。将光标放在程序编辑器的收藏夹的"空功能框"按钮上，出现黄色背景的层叠工具提示框中的三角形图标表示有更多信息。单击该图标，层叠工具提示框出现图中第二行的蓝色有下划线的层叠项，它是指向相应帮助主题的链接。单击该链接，将会打开帮助，并显示相应的主题。

（3）帮助系统。可以通过以下方式打开帮助系统：

1）执行菜单命令"帮助→显示帮助"；

2）选中某个对象（如某条指令）后按〈F1〉键；

3）单击层叠工具提示框中的链接，直接转到帮助系统中的对应位置。

使用信息系统的"索引"和"搜索"选项卡，可以快速查找到需要的帮助信息，也可以通过目录查找到感兴趣的帮助信息。单击"收藏类"选项卡的"添加"按钮，可以将右边窗口打开的主题保存到收藏夹。

1.3.2.5　PLC 的编程语言和程序编辑器

A　PLC 编程语言的国际标准

IEC 61131-3 中有 5 种编程语言。S7-1200 使用梯形图 LAD、函数块图 FBD 和结构化控制语言 SCL。输入程序时在地址前自动添加"%"，梯形图中一个程序段可以放多个独立电路。

PLC入门梯形图程序

B　梯形图

梯形图由触点、线圈和用方框表示的指令框组成，可以为程序段添加标题和注释，用按钮关闭注释。利用"能流"这一概念，可以借用继电器电路的术语和分析方法，帮助我们更好地理解和分析梯形图，能流只能从左往右流动，如图 1-21 所示。

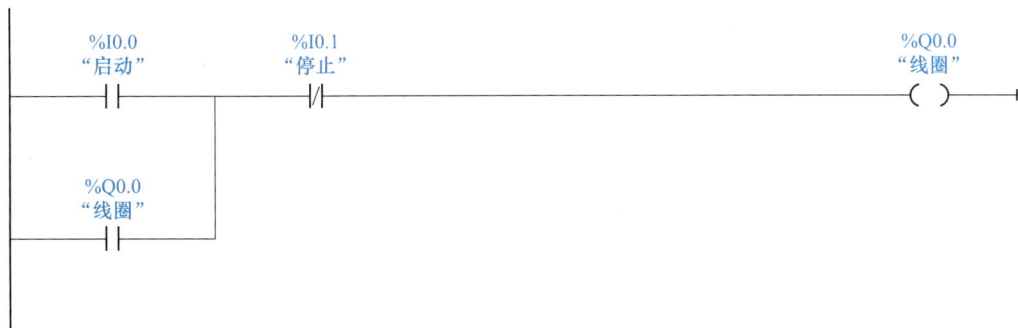

图 1-21　梯形图语句

C   函数块图

函数块图（FBD）使用类似数字电路的图形逻辑符号来表示控制逻辑，国内很少有人使用。用鼠标右键单击"项目树"中的某个代码块，选中快捷菜单中的"切换编程语言"，LAD 和 FDB 语言可以相互切换。

D   结构化控制语言

结构化控制语言 SCL 是一种基于 PASCAL 的高级编程语言，特别适用于数据管理、过程优化、配方管理和数学计算、统计任务，只能在"添加新块"对话框中选择 SCL 语言。

程序编辑器窗口如图 1-22 所示。

1.3.3   任务实施

1.3.3.1   硬件组态与编程

A   组态硬件

（1）创建新项目"1-1 顺序启动控制"。

（2）双击"项目树"下的"添加新设备"，选择"控制器"→"SIMATIC S7-1200"→"CPU"→"CPU 1214C AC/DC/Rly"→"6ES7 214-1BG40-0XB0"，版本号 V4.2。

（3）在巡视窗口中，依次单击"属性"→"常规"→"PROFINET 接口［X1］"→"以太网地址"，使用默认 IP 地址为 192.168.0.1，子网掩码为 255.255.255.0。

B   定义变量

（1）在"项目树"下，依次展开"顺序启动控制"→"PLC_1"→"PLC 变量"，双击"添加新变量表"，添加一个变量表，将其命名为"项目变量"。

（2）展开"项目树"下的"程序块"，双击"添加新块"，在打开的界面中单击"数据块"，再单击"确定"，则生成一个"数据块_1［DB1］"的数据块，创建图 1-23 所示的变量。

C   编写用户程序

在"项目树"下，依次展开"顺序启动控制"→"PLC_1"→"main（OB1）"，编写电机顺序启动梯形图，如图 1-24 所示。

1.3.3.2   仿真运行

（1）S7-1200 仿真的条件：固件版本为 V4.0 及以上，S7-PLCSIM 为 V13 SP1 及以上，不支持计数、PID 和运动控制工艺模块，不支持 PID 和运动控制工艺对象。

（2）选中项目树中的"PLC_1"，单击工具栏上的"开始仿真"按钮，出现 S7-PLCSIM 的精简视图。如果出现"扩展的下载到设备"对话框，设置"PG/PC 接口的类型""PG/PC 接口"，单击"开始搜索"按钮，"目标子网中的兼容设备"列表中显示出搜索到的仿真 CPU 的以太网接口的 IP 地址。

（3）单击"下载"按钮，出现"下载预览"对话框；编译组态成功后，勾选"全部覆盖"复选框，单击"下载"按钮，将程序下载到 PLC。

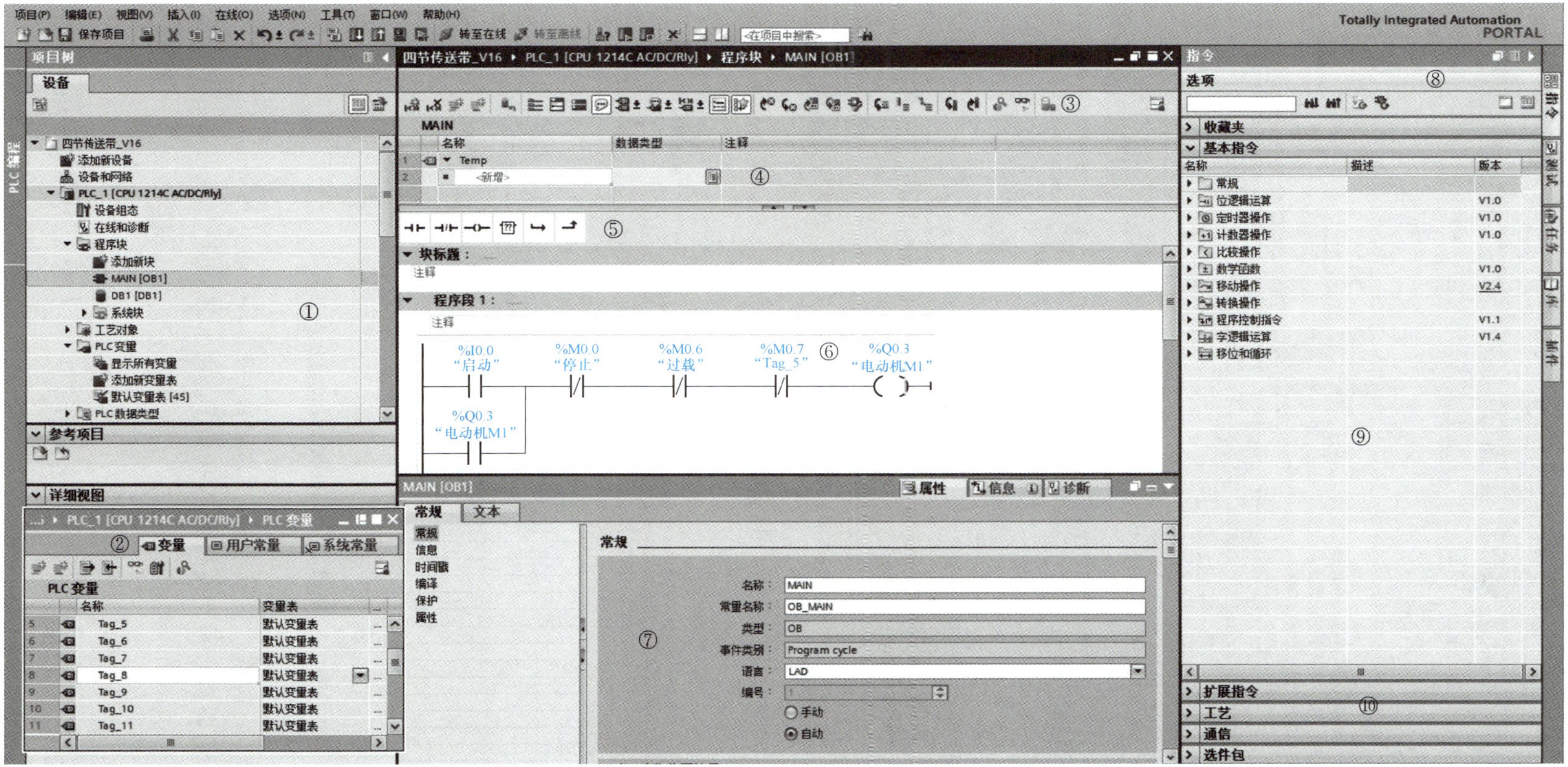

图 1-22 程序编辑器窗口

①—项目树；②—详细视图；③—程序编辑器的工具栏；④—代码块的接口参数区；⑤—指令的收藏夹，用于快速访问常用的指令；
⑥—程序编辑区，在此区域中可以编写用户程序；⑦—打开的程序块的巡视窗口；⑧—收藏夹，⑤中显示该收藏夹中的指令；
⑨—任务卡中的指令列表；⑩—打开编辑器的选项卡

图 1-23　项目变量

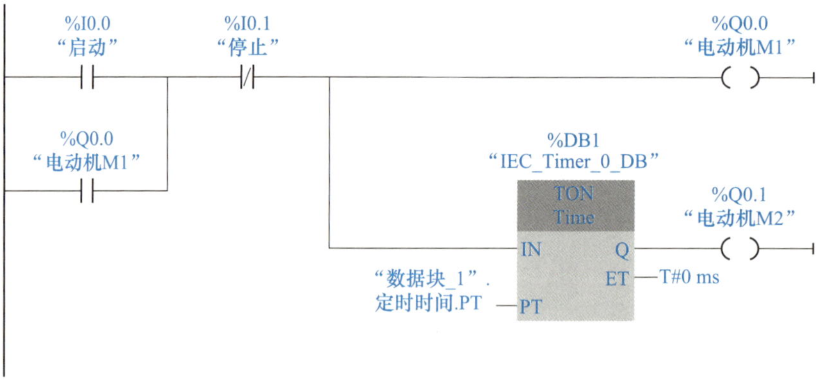

图 1-24　电机顺序启动梯形图

（4）下载结束后，出现"下载结果"对话框，勾选其中的"全部启动"复选框，单击"完成"按钮，仿真 PLC 被切换到 RUN 模式，如图 1-25 所示。

（5）双击仿真界面中的"SIM 表格_1"，在名称下分别单击![图标]，单击"SIM 表格_1"工具栏中的"加载项目标签"，添加项目所有的变量。

（6）单击工具栏中的启动图标或右边"操作面板"下的"RUN"按钮，使 PLC 运行，如图 1-26 所示。

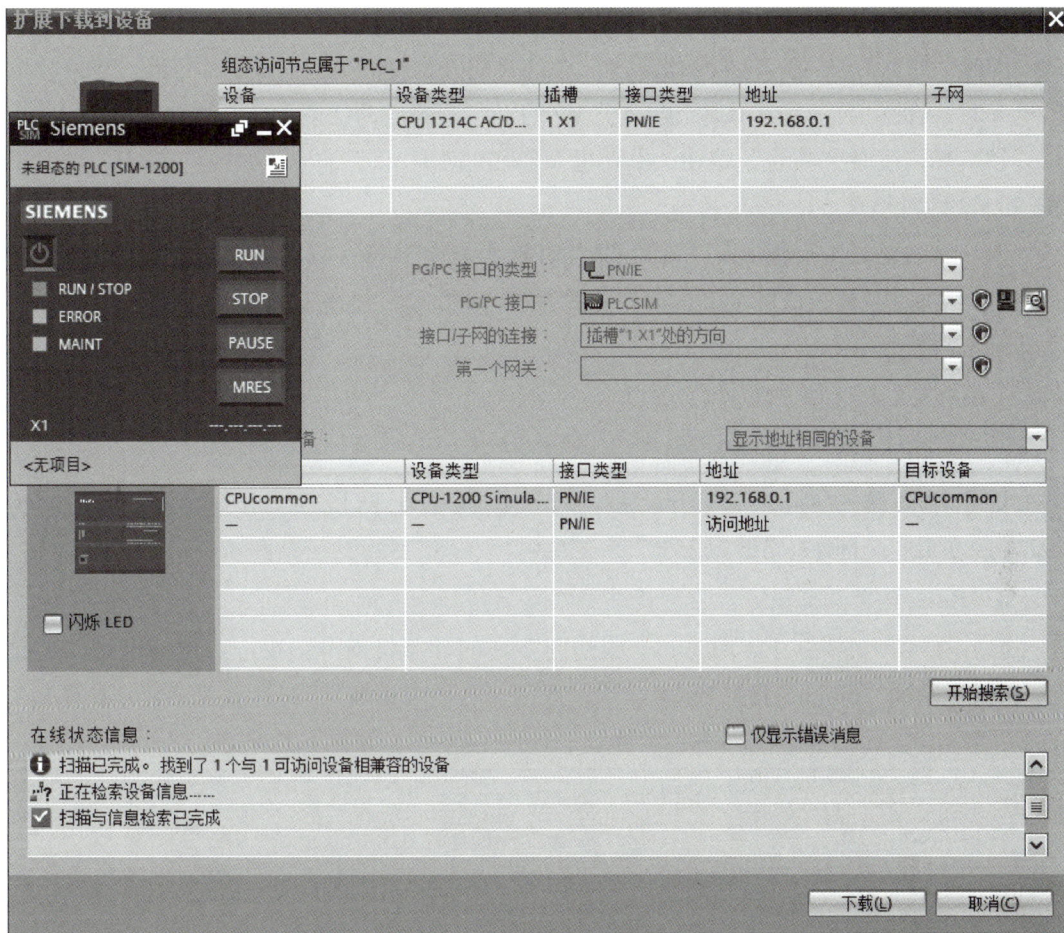

图 1-25 S7-PLCSIM 精简视图

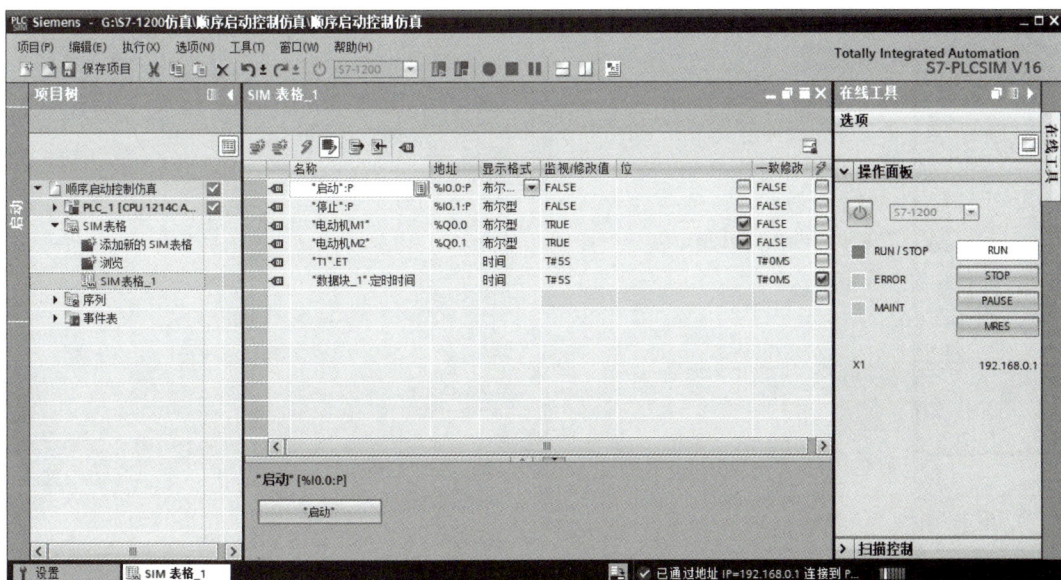

图 1-26 S7-PLCSIM 变量表

（7）单击 SIM 表格下"启动"按钮，变量"电动机 M1"为"TRUE"，电动机 M1 启动。同时，"T1. ET"的"监视/修改值"中的时间开始计时。延时 5 s 时间到，变量"电动机 M2"后的"位"为 TRUE，电动机 M2 启动，顺序启动结束。

（8）单击变量"停止"按钮，电动机 M1 和电动机 M2 后框中的"√"消失，电动机 M1 和 M2 同时停止。

（9）单击仿真工具栏中的"启用/禁用非输入修改" ，修改变量"数据块_1. 定时时间"的"监视/修改值"列下的值（如修改为 T#10 s），则电动机 M1 启动后经过 10 s，电动机 M2 启动。

1.3.3.3　上载和下载

A　设置计算机的 IP 地址和子网掩码

将计算机网卡的 IP 地址设为与 PLC 在同一个网段中，比如，IP 地址设为 192.168.0.100，子网掩码设为 255.255.255.0。

B　PLC 型号和固件版本号的确认

（1）在"项目树"下，单击"在线访问"你的计算机网卡，双击"更新可访问的设备"，则会显示"plc_1［192.168.0.1］"；双击"在线和诊断"，打开界面，可以查看 PLC 的型号为 CPU1214C AC/DC/Rly、固件版本号为 V4.2.3，如图 1-27 所示。

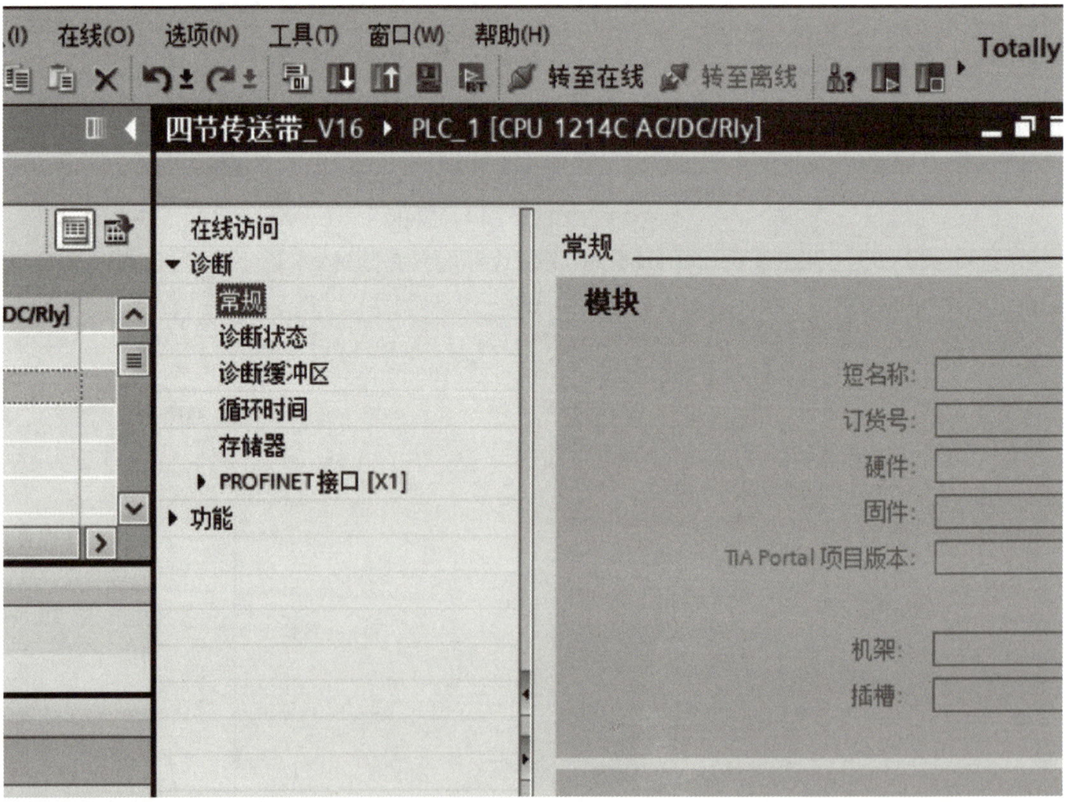

图 1-27　PLC 在线访问设备型号

（2）如果需要修改 PLC 型号或固件版本号，可以在"项目树"下的"PLC_1"站点上单击右键，单击"更改设备"，选择与实际硬件型号和版本号一致的 PLC。

C 下载项目

选中"项目树"中的"PLC_1"，单击工具栏上的"下载"按钮，出现"扩展的下载到设备"对话框。

用"PG/PC 接口"下拉式列表设置实际使用的网卡。单击"开始搜索"按钮，经过一定的时间后，在"目标子网中的兼容设备"列表中，出现网络上的 S7-1200 CPU 和它的 IP 地址，对话框中计算机与 PLC 之间的连线由断开变为接通。CPU 所在方框的背景色变为实心的橙色，表示 CPU 进入在线状态。

如果网络上有多个 CPU，选中列表中的某个 CPU，勾选"闪烁 LED"复选框，对应的硬件 CPU 上的 LED 将会闪动。

单击"下载"按钮，出现"下载预览"对话框。编译成功后，勾选"全部覆盖"复选框，单击"下载"按钮，开始下载。下载结束后，出现"下载结果"对话框，勾选"全部启动"复选框，单击"完成"按钮，完成下载，PLC 切换到 RUN 模式，如图 1-28 所示。

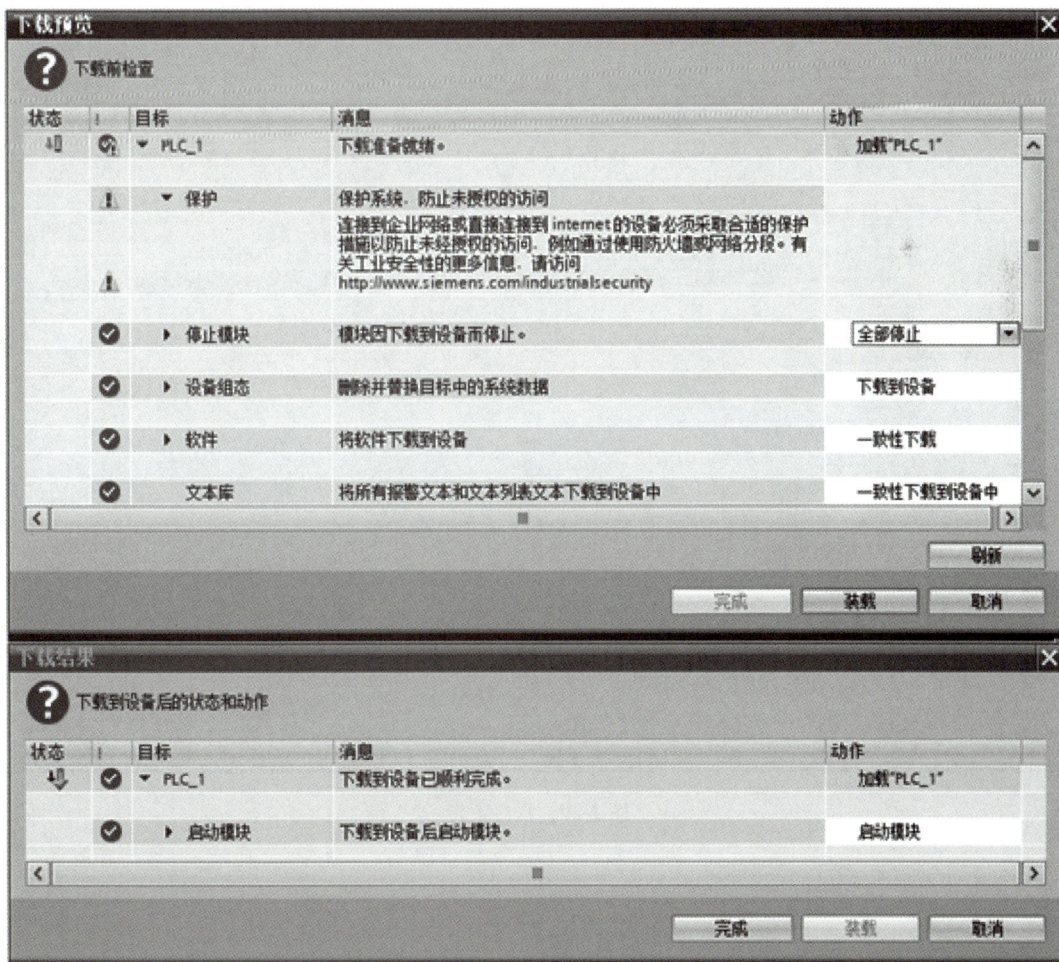

图 1-28 下载预览

可以用"在线"菜单中的命令或右键快捷菜单中的命令启动下载操作，也可以在打开某个代码块时，单击工具栏上的"下载"按钮，下载该代码块。

D　下载时找不到连接 PLC 的处理方法

下载时如果找不到可访问的设备，应勾选"显示所有兼容的设备"多选框，再单击"开始搜索"按钮。

E　上传设备作为新站

做好计算机与 PLC 通信的准备工作后，生成一个新项目，选中项目树中的项目名称，执行菜单命令"在线→将设备作为新站上传（硬件和软件）"，出现"将设备上传至 PG/PC"对话框，用"PG/PC 接口"下拉式列表选择实际使用的网卡。

单击"开始搜索"按钮，经过一定的时间后，在"所选接口的可访问节点"列表中，出现连接的 CPU 和它的 IP 地址。选中可访问节点列表中的 CPU，单击对话框下面的"从设备上传"按钮，上传成功后，可以获得 CPU 完整的硬件配置和用户程序，如图 1-29 所示。

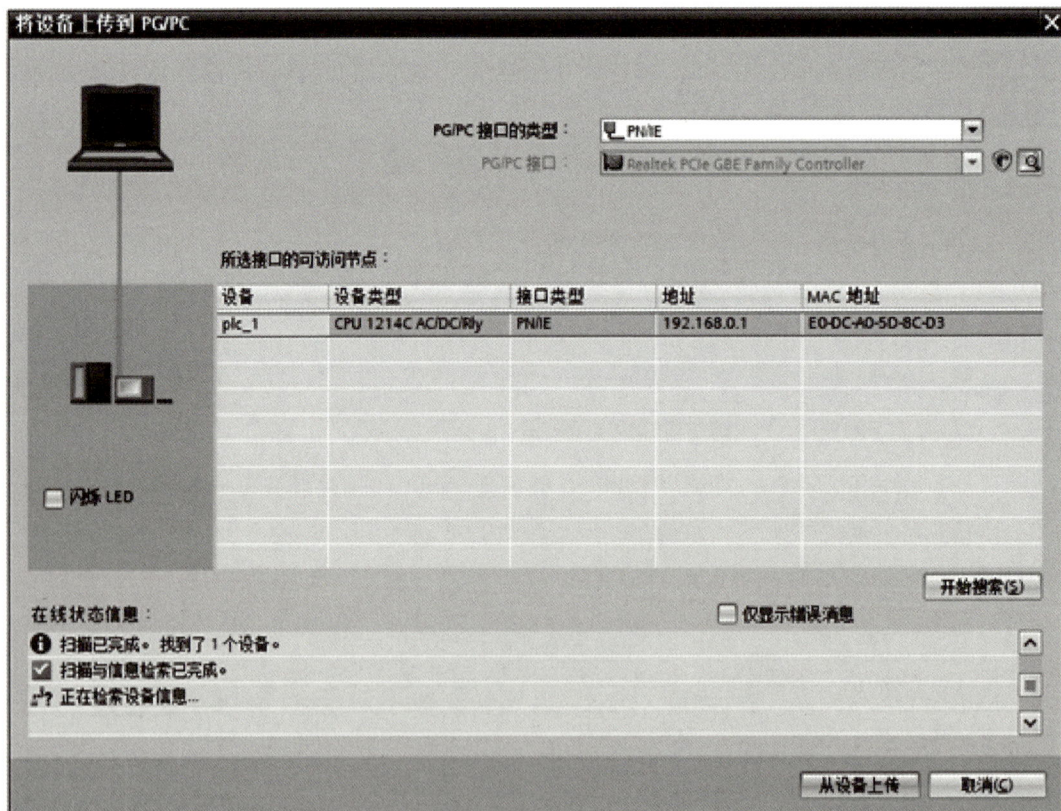

图 1-29　程序上传

1.3.3.4　运行调试

A　程序状态监控

（1）单击程序编辑器工具栏中的"启用/禁用监视"　。

（2）按下"启动"按钮 I0.0、Q0.0 线圈通电自锁，电动机 M1 启动；经过 5 s，Q0.1 线圈通电，电动机 M2 启动，如图 1-30 所示。

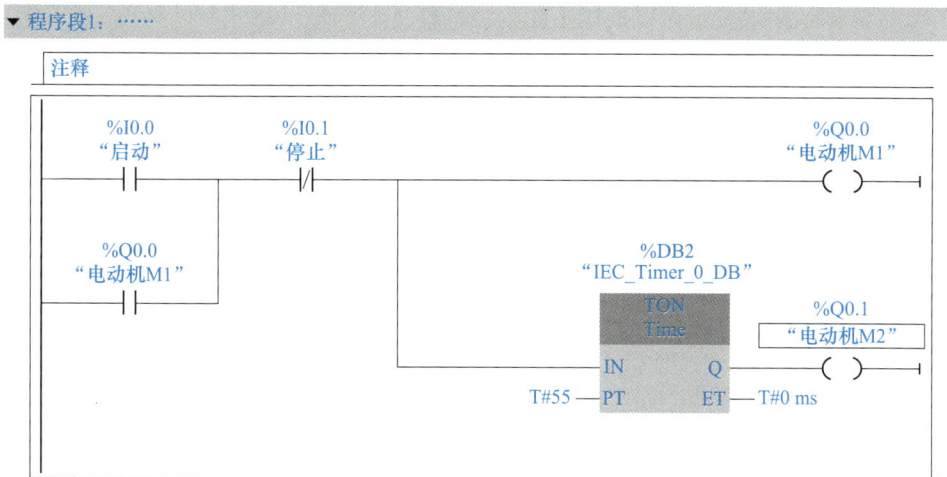

图 1-30　运行程序监控

（3）按下"停止"按钮 I0.1，Q0.0 和 Q0.1 线圈同时断电，电动机 M1 和 M2 同时停止。

（4）在变量"数据块_1.定时时间"上单击右键，选择"修改→修改操作数"，将数值修改为 10 s，则电动机 M1 启动后经过 10 s，电动机 M2 才启动。

在某个变量上单击鼠标右键，可以修改该变量的值或变量的显示格式。对于 Bool 变量，执行"修改→修改为 1"，可以将该变量置 1；执行"修改→修改为 0"，可以将该变量复位为 0。注意：不能修改连接外部硬件的输入值（I）。如果被修改变量同时受到程序控制（如受线圈控制的触点），则程序控制作用优先。

B　用监控表监控

（1）在项目树下，展开"监控与强制表"，双击"添加新监控表"，添加一个"监控表_1"。

（2）通过复制、粘贴将项目变量表中的变量粘贴到监控表中，添加图 1-31 所示的变量。

图 1-31　运行变量监控

（3）单击监控表工具栏中的"全部监视"按钮，位变量为"TRUE"时，"监视值"列的方形指示灯为绿色；位变量为"FASLE"时，指示灯为灰色。可以使用监控表"显示格式"默认的显示格式，也可以通过下拉列表选择需要的显示格式。

（4）按下"启动"按钮 I0.0，变量"电动机 M1"的"监视值"列显示绿色，电动机 M1 启动；经过 5 s，变量"电动机 M2"的"监视值"列显示绿色，电动机 M2 启动。

（5）在"数据块_1. 定时时间"的"修改值"列输入"10 s"，单击监控表工具栏中的"立即一次性修改所有选定值"按钮，将定时时间修改为"10 s"。

（6）在变量"电动机 M1"上单击右键，执行"修改→修改为1"，则电动机 M1 启动后，经过 10 s，电动机 M2 启动。

C　强　制

（1）单击底部的"Main［OB1］"选项卡，再单击博途工具栏中的"水平拆分编辑器空间"，同时显示 OB1 和强制表，如图 1-32 所示。

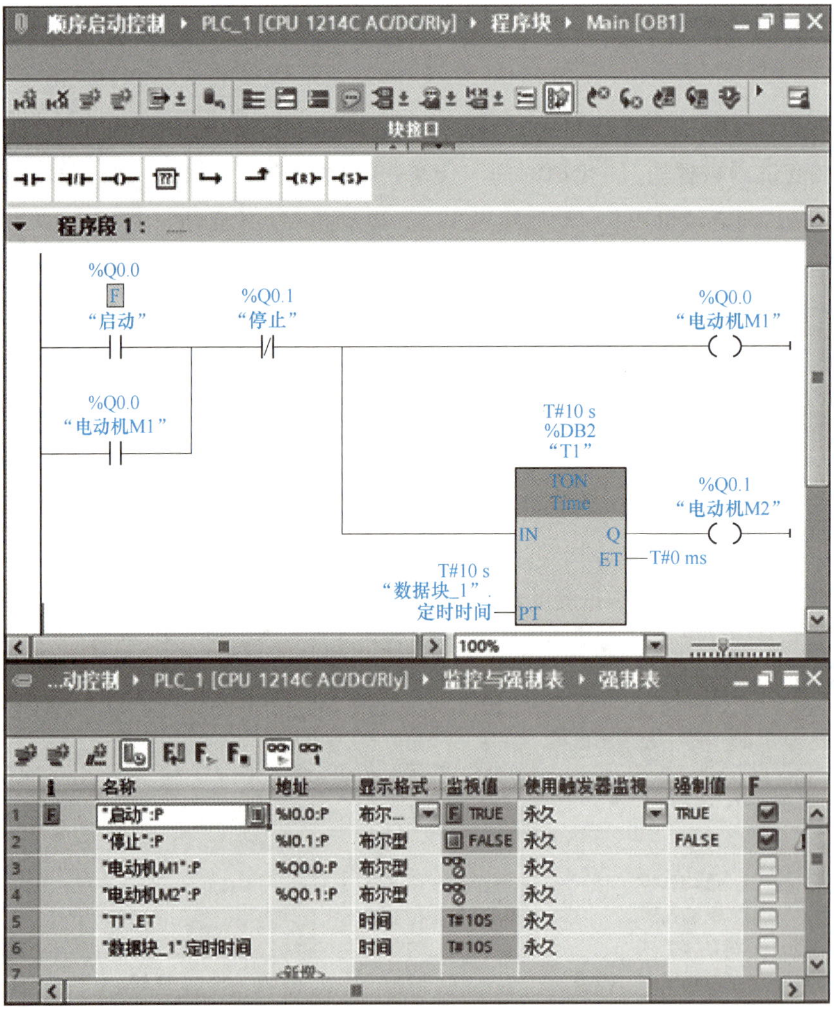

图 1-32　强制变量表

（2）单击程序编辑器工具栏上的 🔍，启动程序状态监视功能。

（3）单击强制表工具栏中 🔍，启动强制表监视功能。

（4）在变量"启动"上单击右键，选择"强制→强制为 1"，将"I0.0：P"强制为"TRUE"，在弹出的"是否强制"对话框中单击"是"按钮进行确认。变量"启动"前出现被强制的符号，同时梯形图中 I0.0 的下面也出现被强制的符号。Q0.0 线圈通电，PLC 面板上的 Q0.0 对应的 LED 灯亮，电动机 M1 启动。经过 10 s，Q0.1 线圈通电，电动机 M2 启动。进行强制时，PLC 的 MAINT 指示灯亮。

（5）在变量"停止"上单击右键，选择"强制→强制为 1"，Q0.0 和 Q0.1 线圈同时断电，电动机 M1 和 M2 同时停止。

（6）单击强制表工具栏中的"停止所有强制"按钮，停止对所有地址的强制。在使用强制时，要特别注意的是，最后一定要取消所有的强制。

┌─────────────────┐
│   习   题   │
└─────────────────┘

1-1   填空

（1）CPU 1214C 最多可以扩展＿＿＿＿＿个信号模块、＿＿＿＿＿个通信模块。信号模块安装在 CPU 的＿＿＿＿＿边，通信模块安装在 CPU 的＿＿＿＿＿边。

（2）CPU 1214C 有集成的＿＿＿＿＿点数字量输入、＿＿＿＿＿点数字量输出、＿＿＿＿＿点模拟量输入，＿＿＿＿＿点高速输出、＿＿＿＿＿点高速输入。

（3）二进制数 2#0100 0001 1000 0101 对应的十六进制数是 16#＿＿＿＿＿，对应的十进制数是＿＿＿＿＿，绝对值与它相同的负数补码是 2#＿＿＿＿＿＿＿＿＿＿。

（4）二进制补码 2#1111 1111 1010 0101 对应的十进制数为＿＿＿＿＿。

（5）Q4.2 是输出字节＿＿＿＿＿的第＿＿＿＿＿位。

（6）MW 4 由 MB ＿＿＿＿＿和 MB ＿＿＿＿＿组成，MB ＿＿＿＿＿是它的高位字节。

（7）MD104 由 MW ＿＿＿＿＿和 MW ＿＿＿＿＿组成，MB ＿＿＿＿＿是它的最低位字节。

1-2   S7-1200 的硬件主要由哪些部件组成？

1-3   信号模块是哪些模块的总称？

1-4   怎样设置才能在打开博途软件时用项目视图打开最近的项目？

1-5   硬件组态有什么任务？

1-6   怎样设置保存项目中默认的文件夹？

1-7   怎样设置数字量输入点的上升沿中断功能？

1-8   怎样设置数字量输出点的替代值？

1-9   怎样设置时钟存储器字节，时钟存储器字节哪一位的时钟脉冲周期为 500 ms？

1-10   使用系统存储器默认的地址 MB1，哪一位是首次扫描位？

项目 2 S7-1200 基本指令的应用

课程思政

科技创新特别是原始创新，是一个不断观察、思考、假设、实验、求证、归纳的复杂过程，唯实唯真是立足之本。

钱三强做出原子三分裂的实验报告前，国际科学界普遍认为，原子核分裂只可能分为两个碎片。1946 年 11 月 18 日，钱三强领导研究小组提出原子核裂变可能一分为三，这一观点很快引起国际关注。紧接着，钱三强夫妇提出原子存在四分裂的可能性。

中国古生物学家张弥曼的老师、瑞典古生物学家雅尔维克曾断言："总鳍鱼类是包括人类在内的四足动物祖先。"这个结论一度被写进教科书。然而，张弥曼在还原"杨氏鱼"后发现：老师错了。她的较真，推动了人类对生物进化史的认知。这段"吾爱吾师，吾尤爱真理"的科学史话，擦亮了"求实"这一科学家应有的精神底色。

追求真理、严谨治学，意味着坚持解放思想、不迷信学术权威，这既是科研的态度，也是潜心研究的高尚品格。屠呦呦带领团队数十年如一日，无数次试验，一次次失败，不断筛选、改进提取方法，终于发现青蒿素。正是热爱科学、探求真理的追求，立德为先、诚信为本的底色，老一辈科学家脚踏实地，做出一个又一个了不起的成就，卓越的品格随之升华。

淡泊明志，宁静致远。科学是持之以恒的事业，只有静心笃志，肯下"十年磨一剑"的苦功夫，甘于奉献，才能创造出一流科研成果。

"苦干惊天动地事，甘做隐姓埋名人。"新中国成立以来，我国许多优秀科学家不畏困难、不慕虚荣，为科学事业舍身探索，为国家民族鞠躬尽瘁，为造福人类无私奉献，犹如一座座丰碑，令人敬仰。

邓稼先接受研制核弹重任后，他的名字连同身影都不复存在，直到 1986 年临终前，他的身份才被披露；黄旭华一"潜"30 年，为研制核潜艇不得不亏欠亲情；黄大年"加入献身者的滚滚洪流中"，用生命开拓中国的地球深部探测事业……

当前，面临激烈的国际竞争，我们更加需要弘扬求实、奉献的精神，要把原始创新能力提升摆在更加突出的位置，努力实现更多"从 0 到 1"的突破。无论是从事基础研究，瞄准世界一流，还是从事应用研究，解决实际问题，力争实现关键核心技术自主可控，都更加需要科学家们甘坐冷板凳，淡泊名利，勇做新时代科技创新的排头兵。

任务 2.1 应用位逻辑指令实现电动机的点动控制

2.1.1 任务引入

（1）按下"点动"按钮，电动机运转。
（2）松开"点动"按钮，电动机停机。

2.1.2 知识背景

2.1.2.1 电动机定子绕组的连接

电动机与 PLC 接线如图 2-1 所示，外部合上开关 QF，三相电源被引入控制电路，但电动机还不能启动。按下按钮 SB，PLC 程序控制接触器 KM 线圈通电，衔铁吸合，常开主触点接通，电动机定子接入三相电源起动运转，其中 FU1 和 FU2 为熔断器作短路或过载保护用，启动按钮接入 PLC I0.1 地址。

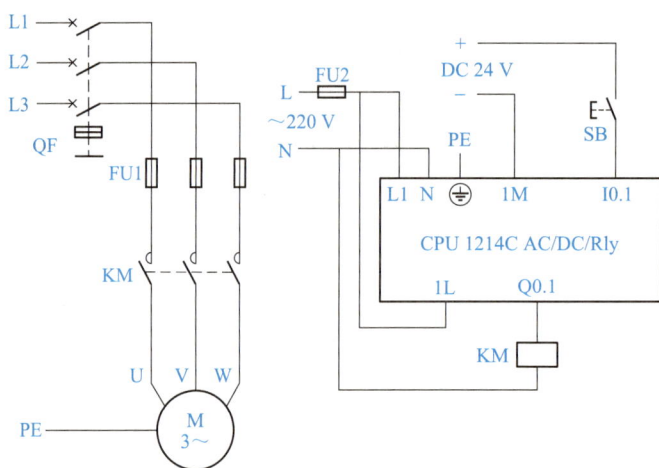

图 2-1 电动机与 PLC 接线

2.1.2.2 相关低压电器

A 低压断路器

低压断路器（见图 2-2）即低压自动空气开关，又称自动空气断路器，低压断路器的作用是既能带负荷通断电路，又能在失压、短路和过负荷时自动跳闸，保护线路和电气设备，是低压配电网络和电力拖动系统中常用的重要保护电器之一。

B 接触器

接触器（见图 2-3）是一种自动的电磁式开关，适用于远距离频繁地接通或断开交直流主电路及大容量控制电路，主要控制对象是电动机，也可用于控制其他负载。接触器的

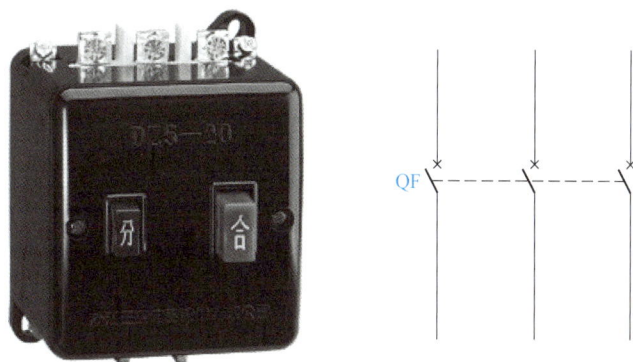

图 2-2　低压断路器外形和电气符号

特点是具有远距离、自动操作和欠电压释放保护功能，控制容量大、工作可靠、操作频率高、使用寿命长等。

C　熔断器

熔断器（见图 2-4）利用金属导体作为熔体串联在被保护的电路中，当电路发生过载或短路故障时，通过熔断器的电流超过某一规定值时，以其自身产生的热量使熔体熔断，从而自动分断电路，起到保护作用。电气设备发生轻度过载时，熔断器将持续很长时间才熔断，有时甚至不熔断。因此，除在照明电路中以外，熔断器一般不宜用作过载保护，主要用作短路保护。

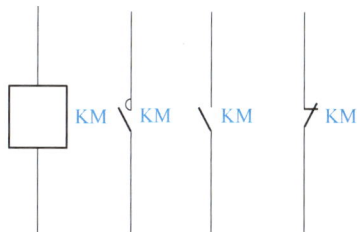

图 2-3　接触器外形和电气符号

图 2-4　熔断器外形和电气符号

D　按钮

按钮开关（见图 2-5）属于主令电器，是一种用人力（一般为手指或手掌）操作，并具有储能（弹簧）复位的一种控制开关。按钮的触点允许通过的电流较小，一般不超过 5 A。一般情况下，它不直接控制主电路，而是在控制电路中发出指令或信号控制接触器、继电器等电器，再由它们控制主电路的通断、功能转换或电气联锁，或者与 PLC 输入接口电路相连，作为控制输入信号使用。

图 2-5　按钮开关外形和电气符号

2.1.2.3　位逻辑指令

A　常开触点与常闭触点

在 LAD（梯形图）程序中，用类似继电器控制电路中的触点符号及线圈符号表示 PLC 的位元件，被扫描的操作数则标注在触点符号的上方，见表 2-1。常开触点在指定的位为 1 状态时闭合，为 0 状态时断开，常闭触点反之。两个触点串联将进行"与"运算，两个触点并联将进行"或"运算。

表 2-1　位逻辑指令

触点指令			线圈指令		
指令	LAD	说明	指令	LAD	说明
常开触点指令	<??.?> ‖	<??.?>为"1"，常开触点接通，否则断开	线圈指令	<??.?> ( )	输入为"1"，<??.?>线圈通电，否则断电
常闭触点指令	<??.?> ∦	<??.?>为"1"，常闭触点断开，否则接通	线圈取反指令	<??.?> (/)	输入为"1"，<??.?>线圈断电，否则通电
逻辑取反指令	┤NOT├	输入为"1"，输出为"0"；输入为"0"，输出为"1"			

B　取反 RLO 触点

RLO 是逻辑运算结果的简称，中间有"NOT"的触点为取反 RLO 触点，如果没有能流流入取反 RLO 触点，则有能流流出。如果有能流流入取反 RLO 触点，则没有能流流出。

C　线圈

线圈将输入的逻辑运算结果（RLO）的信号状态写入指定的地址，线圈通电时写入 1，断电时写入 0。立即触点指令可以用 Qx.x：P 的线圈将位数据值写入过程映像输出 Qx.x，同时立即直接写给对应的物理输出点。

西门子基本编程指令

2.1.3　任务实施

2.1.3.1　硬件组态与软件编程

（1）硬件组态。新建一个项目，"添加新设备 CPU1214C AC/DC/Rly"，版本号为 V4.2，保存为点动控制。

（2）创建变量。创建点动控制变量表，如图 2-6 所示。

	名称	数据类型	地址	保持	从 H…	从 H…	在 H…	注释
1	点动	Bool	%I0.1		✓	✓	✓	
2	电动机	Bool	%Q0.1		✓	✓	✓	

图 2-6　点动控制变量表

（3）编写程序。展开项目树下的"PLC_1"→"程序块"，双击"Main［OB1］"，输入图 2-7 所示的梯形图。

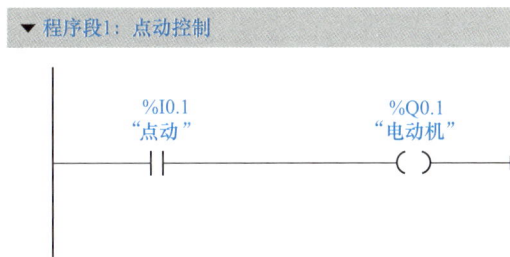

图 2-7　点动控制梯形图

2.1.3.2　仿真运行

"项目"上单击右键→选择"属性"→"保护"，选择"块编译时支持仿真"。

（1）仿真界面中，打开"SIM 表格_1"，单击■，添加项目变量。

（2）单击工具栏中的▶，使 PLC 运行。

（3）选择变量"点动"，单击"点动"按钮，"电动机"后的"位"列出现"√"，电动机启动。松开该按钮，"√"消失，电动机停止，如图 2-8 所示。

2.1.4　扩展知识

2.1.4.1　电路构成

电动机控制主电路是大电流流经的电路，是能量的传输通道，特点是电压高（380 V）和电流大。控制电路是对主电路起控制作用的电路，它是信号传输通道，特点是电压不确定（电压等级为 36 V、110 V、220 V 或 380 V）和电流小。

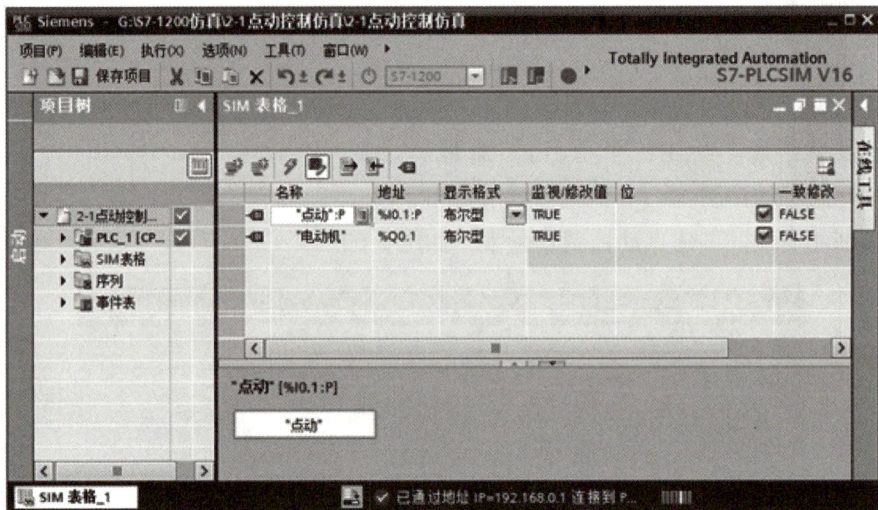

图 2-8　点动控制仿真

2.1.4.2　点动控制的执行过程

如图 2-9 所示，启动按钮 SB 连接 PLC 输入端子"I0.0"上，交流接触器接在输出端子"Q0.1"上。当按钮 SB 按下后，I0.0 的寻址结果就是 1，输入映像寄存器为高电平，常开触点闭合，经过用户程序处理使能 Q0.1，Q0.1 的值为 1，写入过程映像输出区：Q，程序执行完（一个扫描周期结束），Q0.1 的值输出到输出端子 Q0.1 上，接触器线圈得电，电机工作。

继电器控制
与 PLC 控制
对比

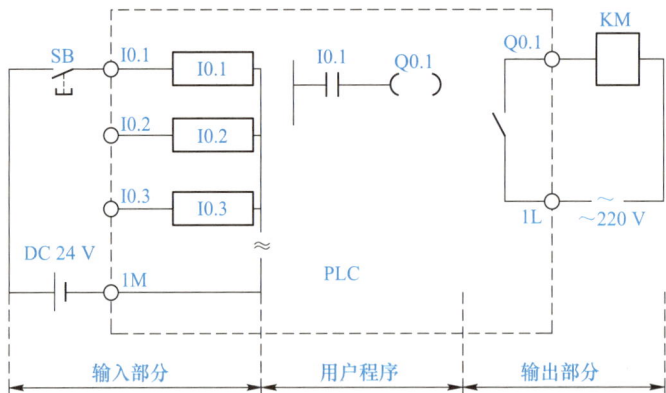

图 2-9　点动控制的执行过程

任务 2.2　应用置位复位实现电动机的连续运行

2.2.1　任务引入

（1）当按下"启动"按钮时，电动机启动并连续运转。

（2）当按下"停止"按钮或发生过载时，电动机停机。

2.2.2　知识背景

2.2.2.1　电气接线图

电动机与 PLC 接线如图 2-10 所示，主电路经开关 QF、熔断器 FU、接触器线圈 KM、热继电器 KH 三相电源被引入电动机，PLC 输入输出地址分配如图 2-10 所示。

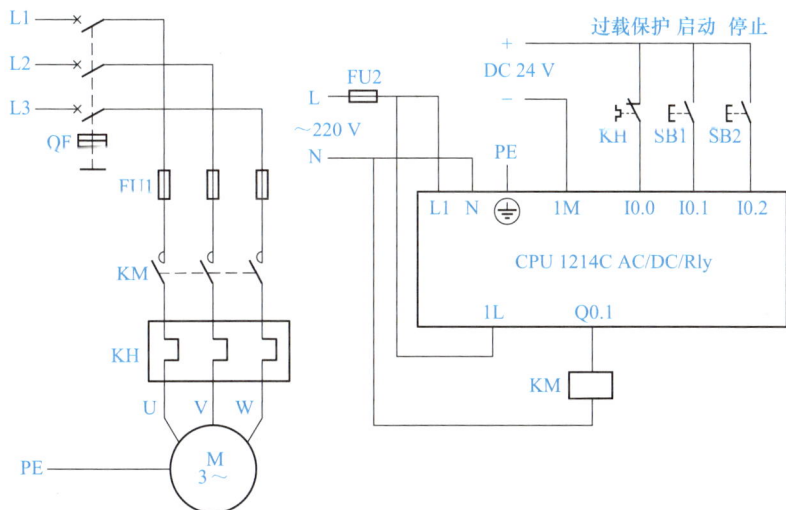

图 2-10　点动控制的执行流程

2.2.2.2　热继电器

热继电器的原理：当电流过大时，通过发热元件加热使双金属片弯曲，推动执行机构动作，主要用于电动机的过载保护、断相保护、三相电流不平衡运行的保护以及其他电气设备发热状态的控制。热继电器的结构及电气符号如图 2-11 所示。

2.2.2.3　置位复位指令

A　置位、复位输出指令

S（置位输出）、R（复位输出）指令将指定的位操作数置位和复位。

如果同一操作数的 S 线圈和 R 线圈同时断电，指定操作数的信号状态不变，置位输出指令与复位输出指令最主要的特点是有记忆和保持功能。如图 2-12 所示，如果 I0.0 的常开触点闭合，Q0.0 变为 1 状态并保持该状态。即使 I0.0 的常开触点断开，Q0.0 也仍然保

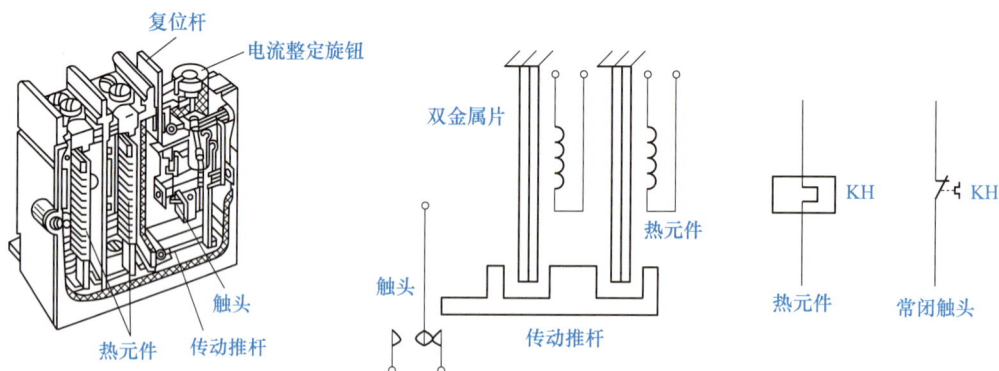

图 2-11　热继电器的结构、动作原理及电气符号

持 1 状态；如果需要将 Q0.0 复位，则需要 I0.1 的常开触点闭合。在程序状态中，用 Q0.0 的 S 和 R 线圈连续的绿色圆弧和绿色的字母表示 Q0.0 为 1 状态，用间断的蓝色圆弧和蓝色的字母表示 0 状态。

B　置位位域指令与复位位域指令

置位位域指令 "SET_BF" 将指定的地址开始连续的若干个位地址置位。如图 2-12 所示，当 I0.2 的常开触点闭合时，置位 M1.0 开始的 15 位及数据块_1 的 20 位。复位位域指令 "RESET_BF" 将指定的地址开始连续的若干个位地址复位，当 I0.3 的常开触点闭合时，复位 M1.0 开始的 15 位及数据块_1 的 15 位。

图 2-12　置位复位指令举例

C　置位/复位触发器与复位/置位触发器

SR 方框是置位/复位（复位优先）触发器，在置位 I0.4(S) 和复位 I0.5(R1) 信号同时为"1"时（见图 2-12），方框上的输出位 Q0.2 被复位为"0"。RS 方框是复位/置位（置位优先）触发器，在置位 I0.6(S1) 和复位 I0.7(R) 信号同时为"1"时，方框上的 Q0.2 置位为"1"。常用置位复位基本指令见表 2-2。

表 2-2　置位复位基本指令

指令	LAD	说明	指令	LAD	说明
置位输出指令	<??.?> ─(S)─	指令有输入，<??.?> 置位为"1"并保持	复位位域指令	<??.?> ─(RESET_BF)─ <???>	指令有输入，将从上面的位<??.?>开始指定的<???>个位复位为"0"并保持
复位输出指令	<??.?> ─(R)─	指令有输入，<??.?> 复位为"0"并保持	置位优先触发器	<??.?> RS ─R　　Q─ ─S1	R 和 S1 输入端同为"1"，Q 输出为"1"，置位优先
置位位域指令	<??.?> ─(SET_BF)─ <???>	指令有输入，将从上面的位<??.?>开始指定的<???>个位置为"1"并保持	复位优先触发器	<??.?> SR ─S　　Q─ ─R1	S 和 R1 输入端同为"1"，Q 输出为"0"，复位优先

2.2.2.4　自锁控制

启动信号 I0.1 和停止信号 I0.2 持续为"ON"的时间一般都短，为保持电动机的持续运行，需要在 I0.1 的常开触点旁边并联输出 Q0.1 的常开触点。按下启动信号 I0.1，能流从左流向 Q.1，当电动机 Q0.1 工作时，其常开触点保持高电平，完成自锁控制。停止信号 I0.2 及过载保护信号 I0.0 可以将电机关断，如图 2-13 所示。

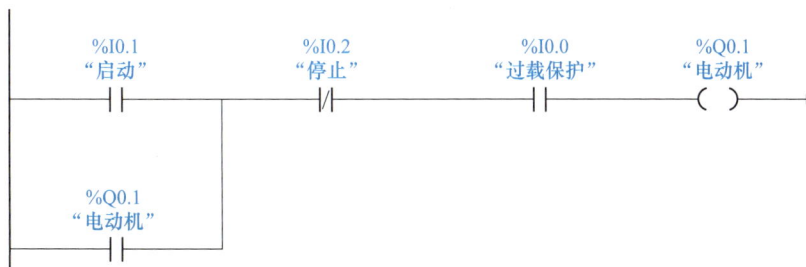

图 2-13　电动机自锁控制

2.2.3　任务实施

2.2.3.1　硬件组态与软件编程

（1）硬件组态。新建一个项目，添加新设备"CPU 1214C AC/DC/Rly"，版本号 V4.2。

（2）创建变量并编写程序。应用置位复位实现电动机的连续运行可采用两种梯形图编程方案，如图 2-14 所示。

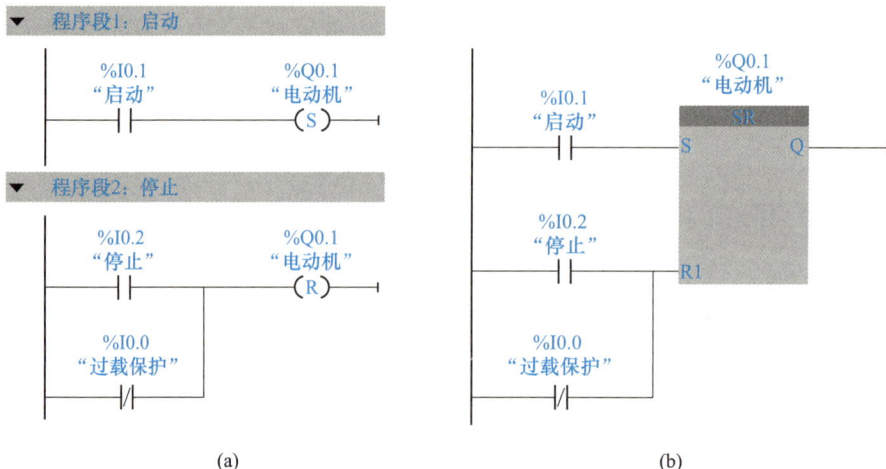

图 2-14　置位复位启动电机程序

（a）使用置位复位指令编程；（b）使用 RS 触发器编程

2.2.3.2　仿真运行

"项目"上单击右键→选择"属性"→"保护"，选择"块编译时支持仿真"。

（1）依次单击仿真按钮 ![icon]、![icon]，在新建一个仿真项目"下载预览"中单击"装载"，将"PLC_1"站点下载到仿真器中（仿真界面中）；打开"SIM 表格_1"，单击 ![icon]，添加项目变量，单击工具栏中的 ![icon]，使 PLC 运行。

（2）仿真过程中，勾选"过载保护"，选择"启动"单击"启动"按钮，"电动机"为"TRUE"，电动机启动运行；单击"停止"或取消勾选"过载保护"，"电动机"变为"FALSE"，电动机停机，如图 2-15 所示。

图 2-15　仿真变量表

2.2.4　扩展知识

点动与连续运行电路。完成电动机自锁和点动控制电气接线及梯形图，如图 2-16 和

图 2-17 所示。其中，输入 I0.0 接入热继电器的保护触点，I0.1 接入启动信号，I0.2 接入停止信号，I0.3 接入点动控制信号；输出 Q0.1 接到接触器 KM 启动电机。

图 2-16　电动机自锁和点动控制电路

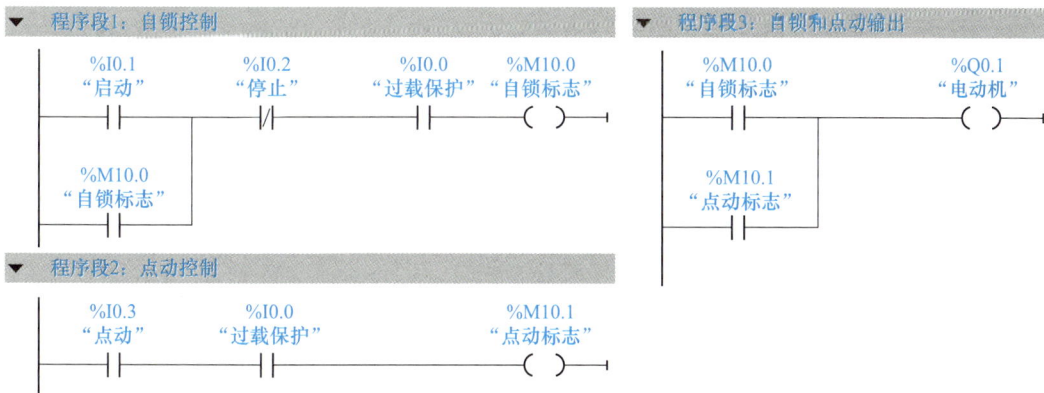

图 2-17　电动机自锁和点动控制程序

任务 2.3　应用边沿脉冲指令实现电动机的正反转控制

2.3.1　任务引入

（1）不通过停止按钮，直接按"正反转"按钮就可改变转向。

（2）为减轻正反转换向瞬间电流对电动机的冲击，适当延长变换过程，即在正转转为反转时，按下"反转"按钮，先停止正转，延缓片刻松开"反转"按钮时，再接通反转，反转转为正转的过程同理。

（3）按下"停止"按钮，电动机停止。

2.3.2　知识背景

2.3.2.1　电气接线图

图 2-18 为三相异步电动机正反转控制的主电路和继电器控制电路图。三相异步电动机实现反转方法将电动机同电源相接的三根导线中任意互换两根即可，其中 KM1 和 KM2 是交流接触器，分别控制正向旋转和反向旋转。IO 地址分配为 I0.0 过载保护、I0.1 正转信号、I0.2 反转信号、I0.3 停止信号，Q0.0 正转输出、Q0.1 反转输出，输出串联相反方向接触器的常开触点达到电气互锁的目的。

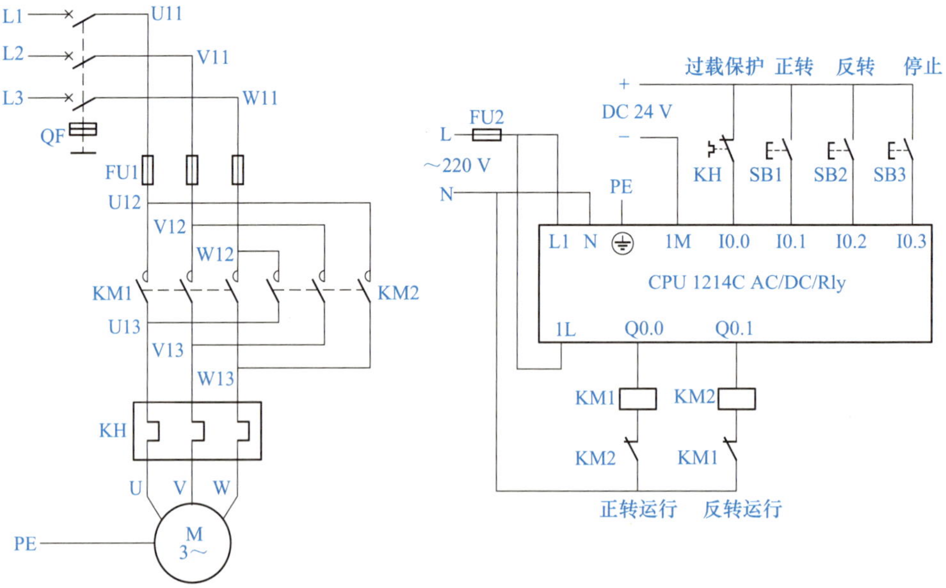

图 2-18　电动机正反转控制电路

2.3.2.2　边沿脉冲指令

A　扫描位变量的边沿指令

"-|P|-"是上升沿指令。在 I0.0 的上升沿，见图 2-19 中的程序段 1，该触点接通一

个扫描周期。M0.0 为边沿存储位，用于存储上一次扫描循环时 I0.0 的状态。通过比较 I0.0 前后两次循环的状态，来检测信号的边沿。边沿存储位的地址只能在程序中使用一次，不能用代码块的临时局部数据或 I/O 变量作为边沿存储位。如果该触点上面的位与下面的位比较，由"0"变为"1"（上升沿）时，该触点接通一个扫描周期并置位输出 Q0.0。

"-|N|-"是下降沿指令。如果将该触点上面 I0.0 的位与下面 M0.1 的位比较，见图 2-19 中的程序段 2，由"1"变为"0"（下降沿）时，该触点接通一个扫描周期并置位输出 Q0.1，该触点下面的 M0.1 为边沿存储位。

B　RLO 信号边沿置位指令

"-(P)-"是 RLO（逻辑运算结果）信号的上升沿置位指令。当该指令的输入与下面的位比较，由"0"变为"1"时，使该指令上面的位变量置位为"1"（一个扫描周期），见图 2-19 中的程序段 3、4。仅在流进该线圈的能流的上升沿，该指令的输出位 M1.0 为 1 状态。其他情况下 M1.0 均为 0 状态，M1.1 为保存 P 线圈输入端 RLO 的边沿存储位。M1.0 该触点接通一个扫描周期并置位输出 Q0.0 和 Q0.1。

"-(N)-"是 RLO 信号的下降沿置位指令。当该指令的输入与下面的位比较，由"1"变为"0"时，使该指令上面的位变量置位为"1"（一个扫描周期），见图 2-19 中的程序段 3、5。仅在流进该线圈的能流的下降沿，该指令的输出位 M1.2 为 1 状态。其他情况下 M1.2 均为 0 状态，M1.3 为边沿存储位。M1.0 该触点接通一个扫描周期并复位输出 Q0.0 和 Q0.1。

C　扫描 RLO 信号的边沿指令

P_TRIG 是扫描 RLO 信号的上升沿指令，见图 2-19 中的程序段 6。如果该指令检测到 CLK 输入端与下面的位比较，从"0"变为"1"时，该指令的输出 Q 置位为"1"（一个扫描周期）并置位 Q0.2，方框下面的 M2.0 是脉冲存储位。

N_TRIG 是扫描 RLO 信号的下降沿指令。如果该指令检测到 CLK 输入端与下面的位比较，从"1"变为"0"时，则该指令的输出 Q 置位为"1"一个扫描周期并复位 Q0.2，方框下面的 M2.1 是脉冲存储器位。注意：P_TRIG 指令与 N_TRIG 指令不能放在电路的开始处和结束处。

D　检测边沿信号指令

R_TRIG 是检测信号上升沿指令，F_TRIG 是检测信号下降沿指令，见图 2-19 中的程序段 7~10。这两条指令均为符合 IEC61131.3 国际标准的函数块，调用时需指定它们的背景数据块。使用时，将输入的 CLK 当前状态与背景数据块中的边沿存储位保存的上一个扫描周期的 CLK 状态进行比较。如果检测到 CLK 的上升沿或下降沿，将会通过 Q 端输出"1"一个扫描周期。

在输入 CLK 输入端的电路时，选中左侧的垂直"电源"线，双击收藏夹中的"打开

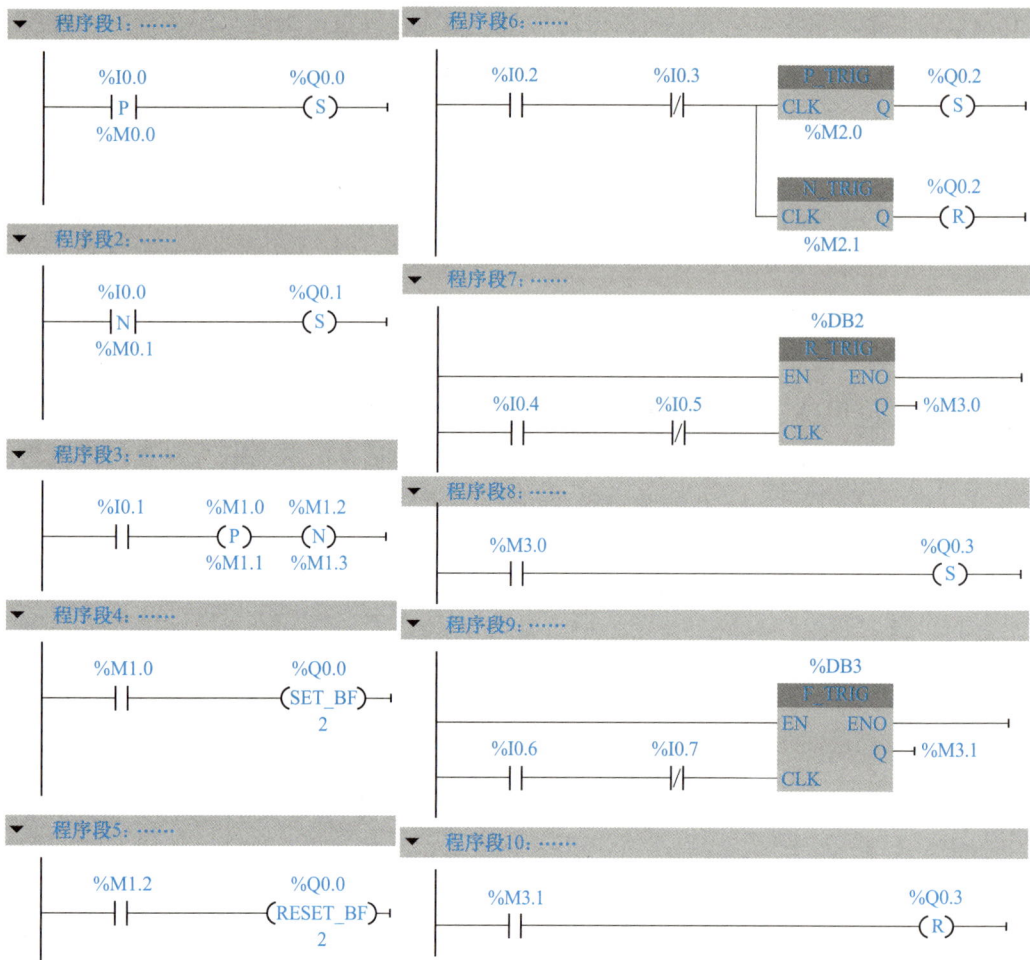

图 2-19 边沿脉冲指令示例

分支"按钮，生成一个串联电路。用鼠标将串联电路右端的双箭头拖拽到 CLK 端。松开鼠标左键，串联电路被连接到 CLK 端。

E 边沿检测指令的比较

以上升沿检测为例，P 触点用于检测触点上面地址的上升沿，并且直接输出上升沿脉冲。其他三种指令都是用来检测 RLO（流入它们的能流）的上升沿。

P 线圈用于检测能流的上升沿，并用线圈上面的地址来输出上升沿脉冲。其他三种指令都是直接输出检测结果。

R_TRIG 指令与 P_TRIG 指令都是用于检测流入它们的 CLK 端的能流的上升沿，并直接输出检测结果。其区别在于 R_TRIG 指令用背景数据块保存上一次扫描循环 CLK 端信号的状态，P_TRIG 指令用边沿存储位来保存它。

2.3.3　任务实施

2.3.3.1　硬件组态与编程

A　硬件组态

新建一个项目，添加新设备"CPU1214C AC/DC/Rly"，版本号 V4.2。

B　创建变量并编写程序

应用边沿脉冲指令实现电动机的正反转控制可采用梯形图编程方案，如图 2-20 所示。I0.1 的正转启动下降沿和 I0.2 反转启动下降沿作为启动信号，与输出线圈的常开触点并联，达到启动保持功能，输出串联相互的常闭触点完成电气联锁。

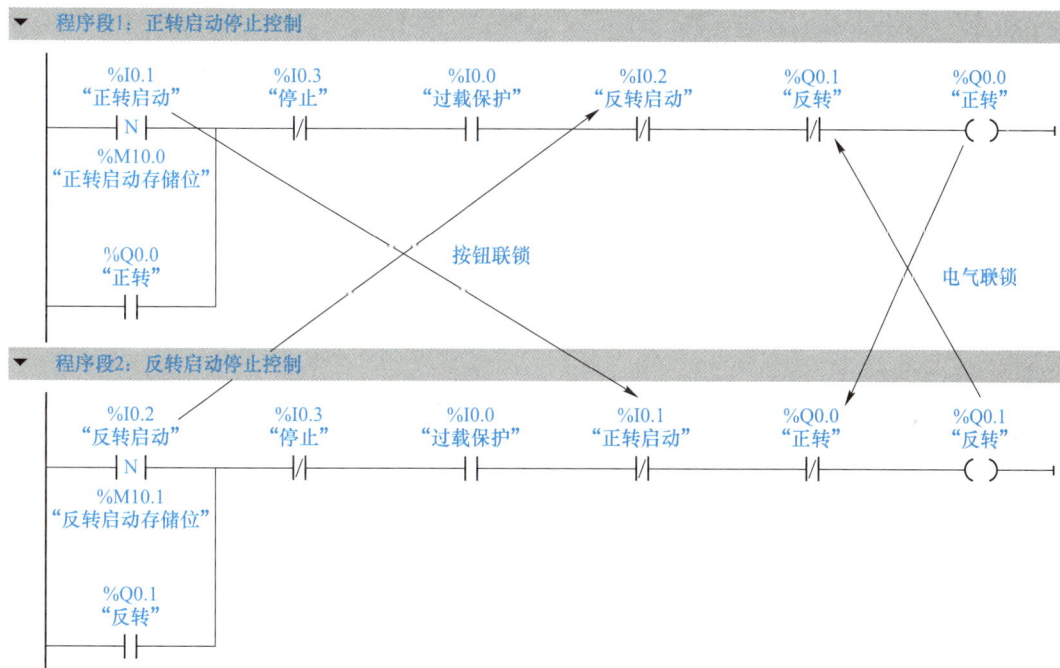

图 2-20　边沿脉冲指令控制电机正反转梯形

2.3.3.2　仿真运行

"项目"上单击右键→选择"属性"→"保护"，选择"块编译时支持仿真"。

（1）依次单击仿真按钮█→单击▓，在新建一个仿真项目→"下载预览"中单击"装载"，将 PLC_1 站点下载到仿真器中（仿真界面中），打开"SIM 表格_1"，单击▣，添加项目变量，单击工具栏中的▐，使 PLC 运行。

（2）打开仿真变量表（见图 2-21）勾选"过载保护"，按下"正转启动"按钮，输出没有变化；松开该按钮，"正转"输出为"TRUE"，电动机正转启动运行。

（3）按下"反转启动"按钮，"正转"变为"FALSE"，正转停止；松开该按钮，"反转"输出为"TRUE"，电动机由正转变为反转。反转转为正转过程同样。

（4）单击"停止"或取消勾选"过载保护"，"正转"和"反转"都为"FALSE"，电动机停止。

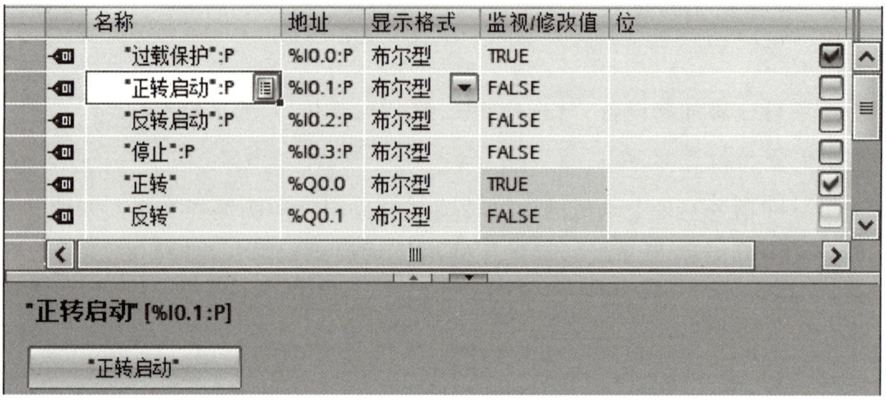

	名称	地址	显示格式	监视/修改值	位	
◄◻	"过载保护":P	%I0.0:P	布尔型	TRUE		☑
◄◻	"正转启动":P ▤	%I0.1:P	布尔型 ▼	FALSE		☐
◄◻	"反转启动":P	%I0.2:P	布尔型	FALSE		☐
◄◻	"停止":P	%I0.3:P	布尔型	FALSE		☐
◄◻	"正转"	%Q0.0	布尔型	TRUE		☑
◄◻	"反转"	%Q0.1	布尔型	FALSE		☐

"正转启动" [%I0.1:P]

    "正转启动"

图 2-21　仿真变量表

任务 2.4　应用定时器实现电动机的顺序启动控制

2.4.1　任务引入

（1）当按下"启动"按钮时，电动机 M1 启动；电动机 M1 运行 5 s 后，电动机 M2 启动；电动机 M2 运行 10 s 后，电动机 M3 启动。

（2）当按下"停止"按钮时，三台电动机同时停止。

（3）在启动过程中，指示灯 HL 常亮，表示"正在启动中"；启动过程结束后，指示灯 HL 熄灭；当某台电动机出现过载故障时，全部电动机均停止，指示灯 HL 闪烁，表示"出现过载故障"。

2.4.2　知识背景

2.4.2.1　电气接线图

完成电动机顺序控制电气接线，如图 2-22 所示。其中，输入 I0.0 接入热继电器的保护触点，I0.1 接入启动信号，I0.2 接入停止信号；输出 Q0.0 接到接触器 KM1 启动电机 M1，输出 Q0.1 接到接触器 KM2 启动电机 M2，输出 Q0.2 接到接触器 KM3 启动电机 M3，输出 Q0.0 接到指示灯 HL。

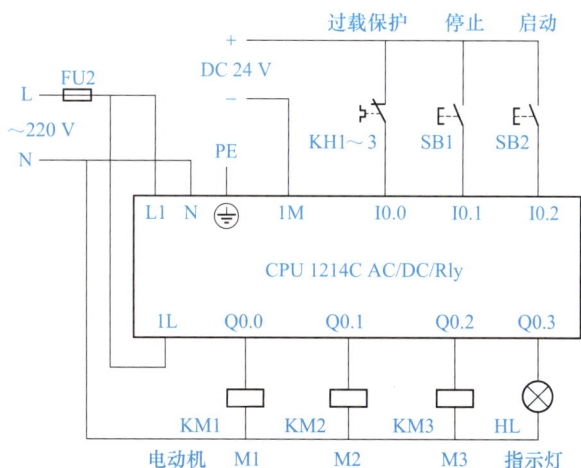

图 2-22　顺序控制电路图

2.4.2.2　定时器指令

A　接通延时定时器

接通延时定时器 TON 用于将 Q 输出的置位操作延时 PT 指定的一段时间，如图 2-23 所示。在 IN 输入的上升沿开始定时，ET 大于等于 PT 指定的设定值时，输出 Q 变为 1 状态，ET 保持不变（见图 2-23（b）中的波形 A）。

IN 输入电路断开时，或定时器复位线圈 RT 通电，定时器被复位，当前时间被清零，输出 Q 变为 0 状态。如果 IN 输入信号在未达到 PT 设定的时间时变为 0 状态（见图 2-23（b）中的波形 B），输出 Q 保持 0 状态不变。

复位输入 I0.3 变为 0 状态时，如果 IN 输入信号为 1 状态，将开始重新定时（见图 2-23（b）中的波形 D）。

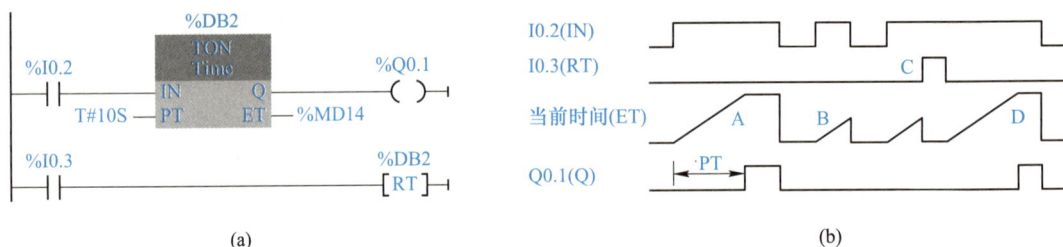

图 2-23   接通延时定时器时序

B   关断延时定时器指令

关断延时定时器（TOF）用于将 Q 输出的复位操作延时 PT 指定的一段时间，如图 2-24 所示。IN 输入电路接通时，输出 Q 为 1 状态，当前时间被清零。在 IN 的下降沿开始定时，ET 从 0 逐渐增大。ET 等于预设值时，输出 Q 变为 0 状态，当前时间保持不变，直到 IN 输入电路接通（见图 2-24（b）中的波形 A）。关断延时定时器可以用于设备停机后的延时。

如果 ET 未达到 PT 预设的值，IN 输入信号就变为 1 状态，ET 被清 0，输出 Q 保持 1 状态不变（见图 2-24（b）中的波形 B）。复位线圈 RT 通电时，如果 IN 输入信号为 0 状态，则定时器被复位，当前时间被清零，输出 Q 变为 0 状态（见图 2-24（b）中的波形 C）。如果复位时 IN 输入信号为 1 状态，则复位信号不起作用（见图 2-24（b）中的波形 D）。

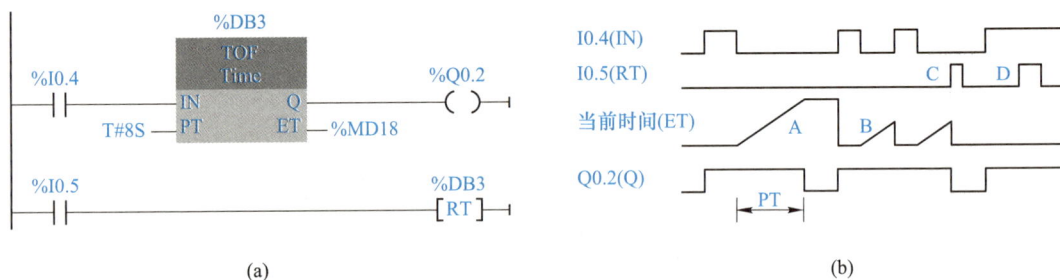

图 2-24   关断延时定时器时序

C   时间累加器

时间累加器 TONR 的 IN 输入电路接通时开始定时，见图 2-25（b）中的波形 A 和 B。输入电路断开时，累计的当前时间值保持不变，可以用 TONR 累计输入电路接通的若干个时间段。图 2-25（b）中的累计时间 t_1+t_2 等于预设值 PT 时，Q 输出变为 1 状态，见图 2-25（b）中的波形 D。

复位输入 R 为 1 状态时，见图 2-25（b）中的波形 C，TONR 被复位，它的 ET 变为 0，输出 Q 变为 0 状态。

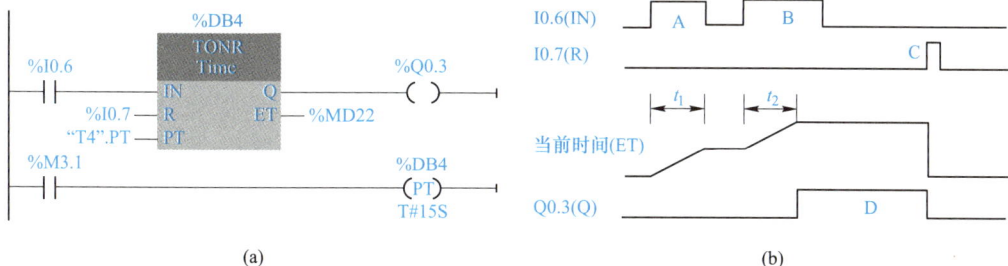

图 2-25 时间累加器时序

"加载持续时间"线圈 PT 通电时，将 PT 线圈指定的时间预设值写入 TONR 定时器的背景数据块的静态变量 PT（"T4".PT），将它作为 TONR 的输入参数 PT 的实参。用 I0.7 复位 TONR 时，"T4".PT 也被清 0。

2.4.2.3 时钟存储器

打开 PLC 的设备视图，选中 CPU，再选中巡视窗口的"属性"→"常规"→"系统和时钟存储器"，用复选框启用系统存储器字节和时钟存储器字节，一般采用它们的默认地址 MB1 和 MB0，应避免同一地址同时两用，如图 2-26 所示。

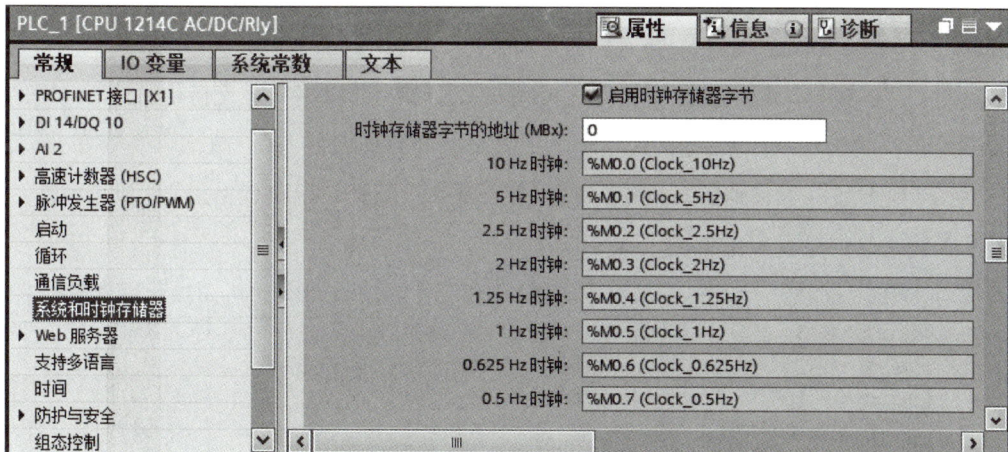

图 2-26 系统和时钟存储器

M1.0 为首次循环位，M1.1 为诊断状态已更改，M1.2 总是为 TRUE，M1.3 总是为 FALSE。时钟存储器的各位在一个周期内为 FALSE 和为 TRUE 的时间各为 50%。

2.4.3 任务实施

2.4.3.1 硬件组态与编程

A 硬件组态

新建一个项目，添加新设备"CPU1214C AC/DC/Rly"，版本号 V4.2。硬件属性窗口勾选"启用时钟存储器字节",使用 MB0 作为时钟存储器字节。

B   创建变量并编写程序

应用定时器指令实现电动机的顺序启动控制,可采用梯形图编程方案,如图 2-27 所示。按下 I0.2 启动按钮,电动机 M1 启动后经过 5 s 电动机 M2 启动,电动机 M2 启动后经过 10 s,电动机 M3 启动,电动机依次启动过程中指示灯常亮,过载时指示灯闪烁。

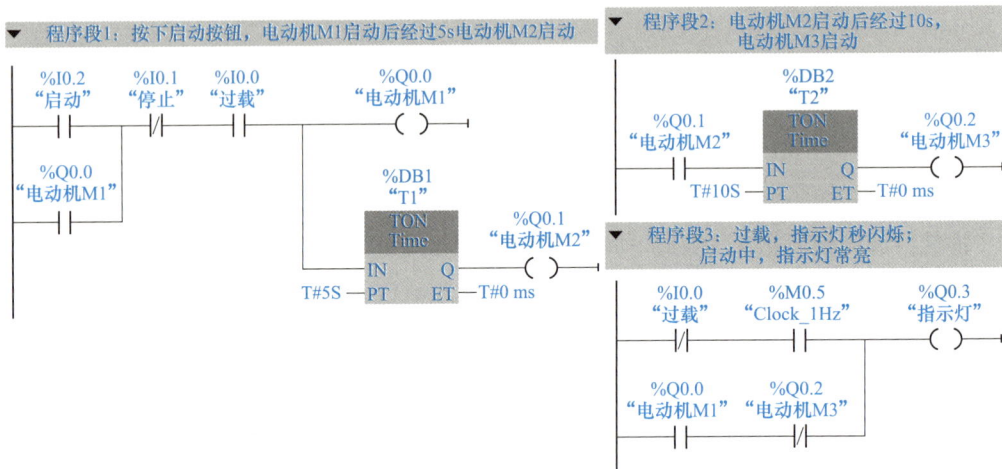

图 2-27   定时器控制电动机顺序启动梯形图

2.4.3.2   仿真运行

"项目"上单击右键→选择"属性"→"保护",选择"块编译时支持仿真"。

(1) 依次单击仿真按钮💻→单击💢,在新建一个仿真项目→"下载预览"中单击"装载",将 PLC_1 站点下载到仿真器中(仿真界面中),打开"SIM 表格_1",单击💾,添加项目变量,单击工具栏中的🔘,使 PLC 运行。

(2) 勾选"过载",如图 2-28 所示。按下"启动"按钮,电动机 M1 为"TRUE",同

图 2-28   定时器控制电动机顺序启动仿真变量表

时"指示灯"亮，定时器 T1 开始延时。T1 延时 5 s 时间到，电动机 M2 为"TRUE"，同时定时器 T2 开始延时。T2 延时 10 s 时间到，电动机 M3 为"TRUE"，三台电动机顺序启动完成，同时指示灯熄灭。

（3）单击"停止"按钮，三台电动机同时停止。

（4）取消勾选"过载"，三台电动机同时停止，"指示灯"闪烁报警。

任务 2.5　应用计数器实现单按钮启动/停止控制

2.5.1　任务引入

（1）使用一个按钮实现电动机的启动和停止控制，即第一次按下按钮，电动机启动；第二次按下按钮，电动机停止。

（2）当电动机发生过载故障时，电动机断电停止。

2.5.2　知识背景

2.5.2.1　电气接线图

应用计数器实现单按钮控制电动机启动/停止电气接线，如图 2-29 所示，其中，输入 I0.0 接入热继电器的保护触点，I0.1 接入启动/停止信号，第一次按下为启动信号，第二次按下为停止信号，输出 Q0.0 接到接触器 KM 启动电机 M。

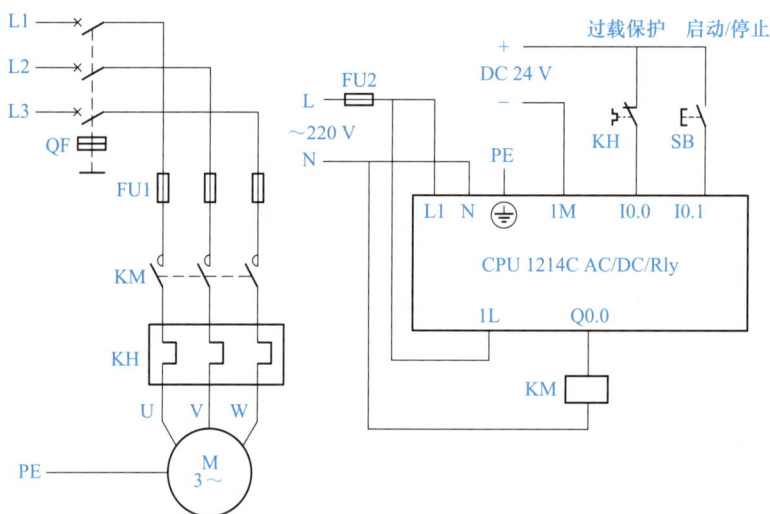

图 2-29　单按钮启动/停止电动机电路图

2.5.2.2　计数器的数据类型和分类

A　计数器的数据类型

S7-1200 的计数器属于函数块，调用时需要生成背景数据块。单击指令助记符下面的问号，用下拉式列表选择某种整数数据类型。CU 和 CD 分别是加计数输入和减计数输入，在 CU 或 CD 信号的上升沿，当前计数器值 CV 被加 1 或被减 1。PV 为预设计数值，CV 为当前计数器值，R 为复位输入，Q 为布尔输出。

B 加计数器

如图 2-30 所示，当接在 R 输入端的 I1.1 为 0 状态，在 CU 信号 I1.0 的上升沿，CV 加 1，直到达到指定的数据类型的上限值用，CV 的值不再增加。CV 大于等于 PV 时，输出 Q 为 1 状态，反之为 0 状态。第一次执行指令时，CV 被清零。各类计数器的复位输入 R 为 1 状态时，计数器被复位，输出 Q 变为 0 状态，CV 被清零。

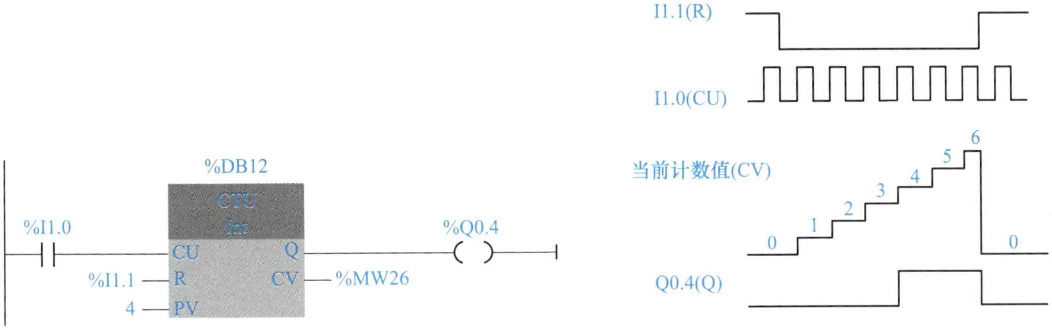

图 2-30 加计数器时序图

C 减计数器

减计数器的装载输入 LD 为 1 状态时，输出 Q 被复位为 0，并把 PV 的值装入 CV。在减计数输入 CD 的上升沿，CV 减 1，直到 CV 达到指定的数据类型的下限值。此后 CV 的值不再减小，如图 2-31 所示。CV 小于等于 0 时，输出 Q 为 1 状态，反之 Q 为 0 状态。第一次执行指令时，CV 被清零。

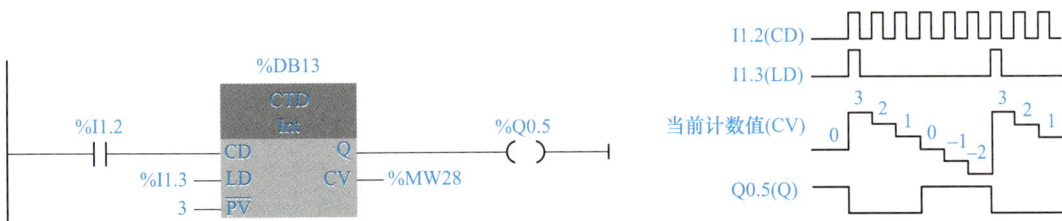

图 2-31 减计数器时序图

D 加减计数器

在 CU 的上升沿，CV 加 1，CV 达到指定的数据类型的上限值时不再增加。在 CD 的上升沿，CV 减 1，CV 达到指定的数据类型的下限值时不再减小。

CV 大于等于 PV 时，QU 为 1，反之为 0；CV 小于等于 0 时，QD 为 1，反之为 0。

装载输入 LD 为 1 状态时，PV 被装入 CV，QU 变为 1 状态，QD 被复位为 0 状态。

R 为 1 状态时，计数器被复位，CV 被清零，输出 QU 变为 0 状态，QD 变为 1 状态，CU、CD 和 LD 不再起作用，如图 2-32 所示。

图 2-32 加减计数器时序图

2.5.3 任务实施

2.5.3.1 硬件组态与编程

A 硬件组态

新建一个项目添加新设备"CPU1214C AC/DC/Rly",版本号 V4.2。

B 创建变量并编写程序

应用定时器指令实现电动机的顺序启动控制,可采用梯形图编程方案,如图 2-33 所示。启停按钮 I0.1 第一次按下时,计数器的 CV 加 1,PV = CV = 1,电动机启动;第二次按下时,CV 加 1,CV = 2,与过载保护并联复位计算器。

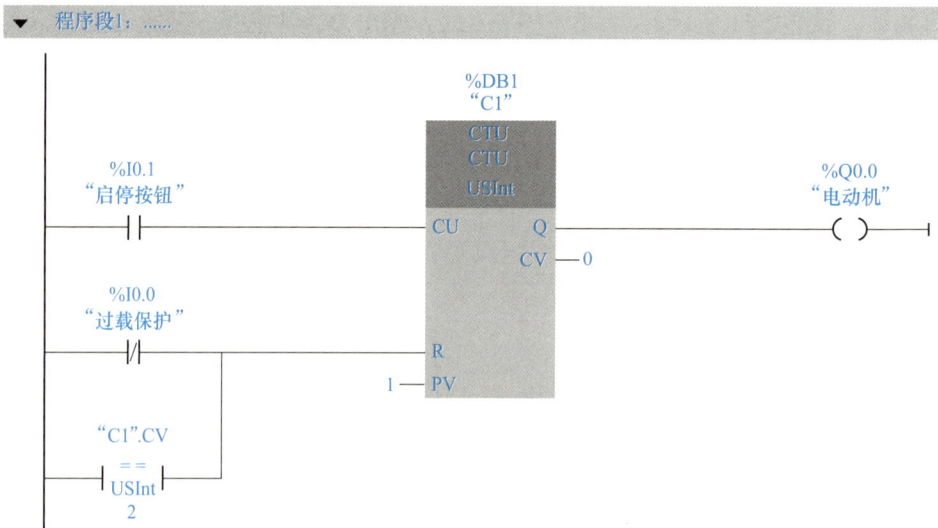

图 2-33 加计数器梯形图程序

2.5.3.2 仿真运行

"项目"上单击右键→选择"属性"→"保护",选择"块编译时支持仿真"。

(1)依次单击仿真按钮🖳→单击🖫,在新建一个仿真项目→"下载预览"中单击"装载"，将 PLC_1 站点下载到仿真器中→仿真界面中，打开"SIM 表格_1"，单击 ，添加项目变量→单击工具栏中的 ，使 PLC 运行。

（2）勾选"过载保护"（见图 2-34），单击"启停按钮"，"电动机"变为"TRUE"，电动机启动；第二次单击"启停按钮"，"电动机"变为"FALSE"，电动机停止。

（3）在电动机运行过程中，取消勾选"过载保护"，电动机停止。

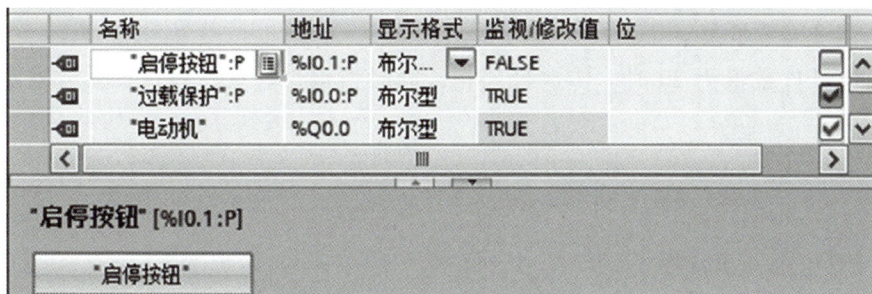

图 2-34 仿真变量表

任务2.6　应用比较指令实现传送带工件计数

2.6.1　任务引入

（1）当计件数量小于 15 时，指示灯常亮。

（2）当计件数量大于等于 15 时，指示灯闪烁。

（3）当计件数量为 20 时，传送带停止，同时指示灯熄灭，经过 5 s 后传送带重新启动。

2.6.2　知识背景

2.6.2.1　电气接线图

应用比较指令实现传送带工件计数电气接线，如图 2-35 所示。其中，输入 I0.0 接入热继电器的保护触点，I0.1 接入停止信号，I0.2 接入启动信号，I0.3 接入光电接近开关完成计件数量输入；Q0.1 输出控制传送带电机，Q0.2 输出指示灯。

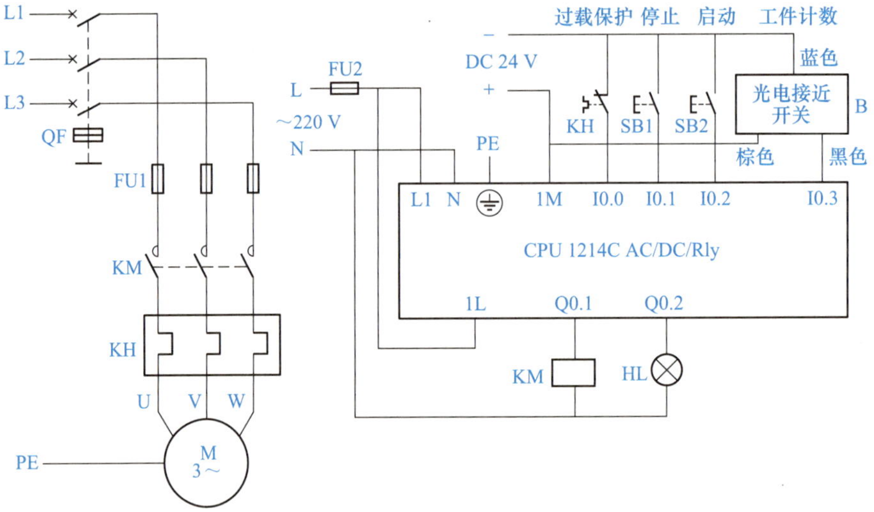

图 2-35　输入输出电路图

2.6.2.2　比较指令

触点比较指令用来比较数据类型相同的两个操作数的大小。在满足比较关系式给出的条件时，等效触点接通，分为 CMP ＝＝（相等）、CMP ＜＞（不等于）、CMP ＞＝（大于等于）、CMP ＜＝（小于等于）、CMP ＞（大于）和 CMP ＜（小于）。操作数可以是 I、Q、M、L、D 存储区中的变量或常数。比较指令需要设置数据类型，可以设置比较条件。数据类型可以是 Byte、Word、DWord、SInt、Int、DInt、USInt、UInt、UDInt、Real、LReal、String、WString、Char、WChar、Time、Date、TOD、

PLC
比较指令

DTL 等。

"值在范围内"指令 IN_RANGE 与"值超出范围"指令 OUT_RANGE 可以视为一个等效的触点，MIN、MAX 和 VAL 的数据类型必须相同。对于 IN_RANGE 指令，如果满足 MIN≦VAL≦MAX，等效触点接通，指令框为绿色，否则指令框为蓝色虚线。对于 OUT_RANGE 指令，如果 VAL<MIN 或 VAL>MAX，等效触点接通，指令框为绿色，否则指令框为虚线，如图 2-36 所示。

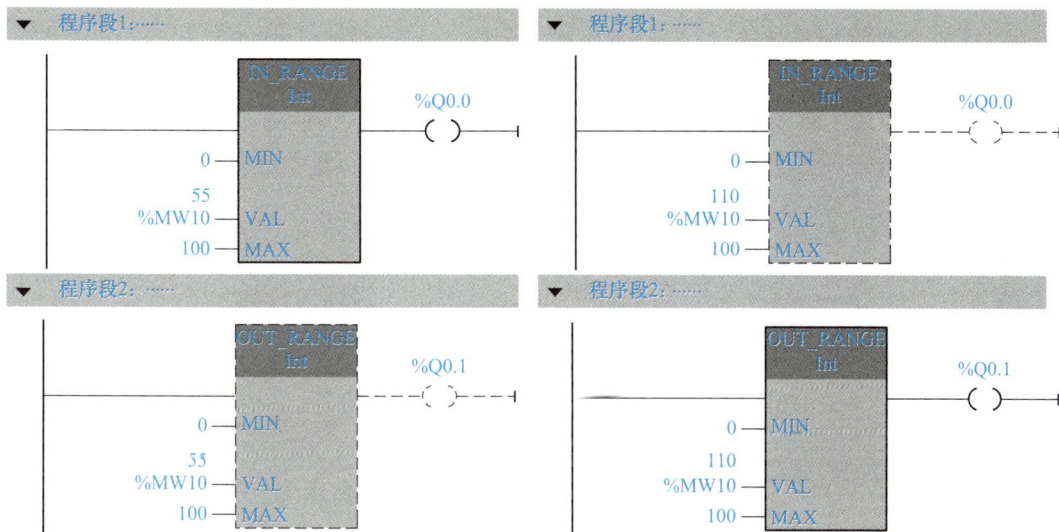

图 2-36　数值范围指令举例

如果 MW10 的值为 55，在 0～100，则 IN_RANGE 指令接通，Q0.0 线圈通电，OUT_RANGE 指令断开，Q0.1 线圈断电；如果 MW10 的值为 110，超出了 0～100，则 IN_RANGE 指令断开，Q0.0 线圈断电，OUT_RANGE 指令接通，Q0.1 线圈通电。

如图 2-37 所示，用接通延时定时器和比较指令组成占空比可调的脉冲发生器。"T1".Q 是 TON 的位输出，PLC 进入 RUN 模式时，TON 的 IN 输入端为 1 状态，TON 的当前值从 0 开始不断增大。当前值等于预设值时，"T1".Q 变为 1 状态，其常闭触点断开，定时器被复位，"T1".Q 变为 0 状态。下一扫描周期的常闭触点接通，定时器又开始定时，

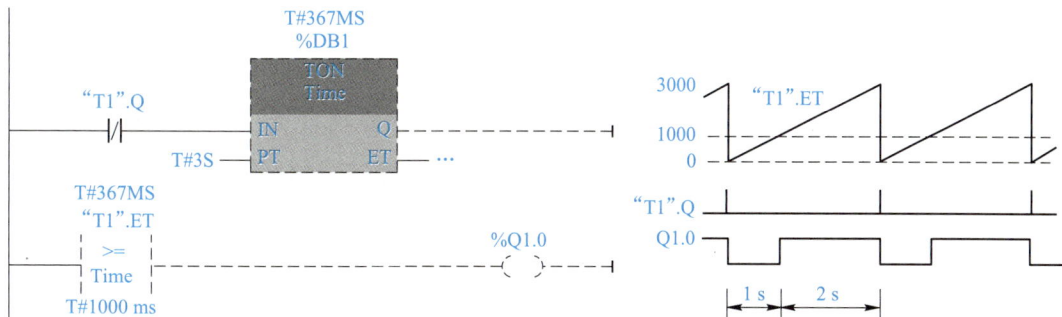

图 2-37　比较指令举例

TON 的当前时间 "T1".ET 按锯齿波形变化。比较指令用来产生脉冲宽度可调的方波，Q1.0 为 0 状态的时间取决于比较触点下面的操作数的值。

2.6.3　任务实施

2.6.3.1　硬件组态与编程

A　硬件组态

新建一个项目→"添加新设备 CPU1214C AC/DC/Rly"，版本号 V4.2。→勾选"启用时钟存储器字节"，使用 MB0 作为时钟存储器字节。

B　创建变量并编写程序

应用比较指令实现传送带工件计数，可采用梯形图编程方案，如图 2-38 所示。

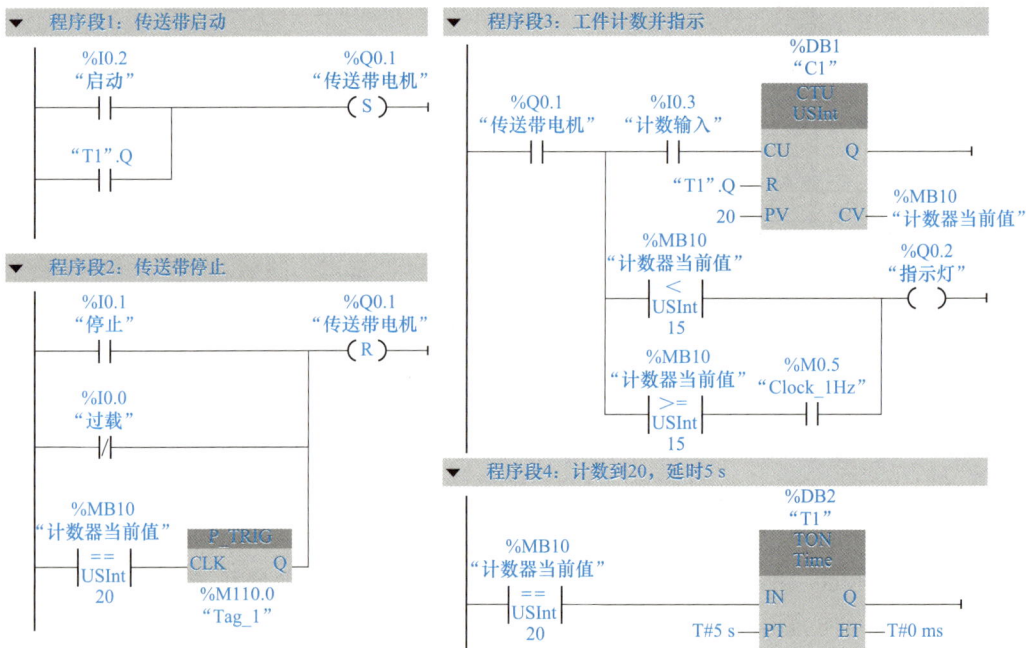

图 2-38　比较指令实现传送带计数梯形图

2.6.3.2　仿真运行

"项目"上单击右键→选择"属性"→"保护"，选择"块编译时支持仿真"。

（1）依次单击仿真按钮 🖳→单击 📇，在新建一个仿真项目→"下载预览"中单击"装载"，将 PLC_1 站点下载到仿真器中→仿真界面中，打开"SIM 表格_1"，单击 📰，添加项目变量（见图 2-39），单击工具栏中的 🔣，使 PLC 运行。

（2）勾选"过载"，单击"启动"按钮，"传送带电机"为"TRUE"，"指示灯"常亮。

（3）单击"计数输入"按钮，模拟传感器检测工件。每单击一次，"计数器当前值"

加 1。当计数器当前值大于等于 15 时，"指示灯"开始闪烁；当计数器当前值小于等于 20 时，"传送带电机"为"FALSE"，同时 T1 的当前值 ET 开始延时。延时 5 s 时间到，"传送带电机"重新变为"TRUE"，进入下一个循环。

（4）单击"停止"的按钮或取消勾选"过载"，"传送带电机"为"FALSE"，同时禁止计数。

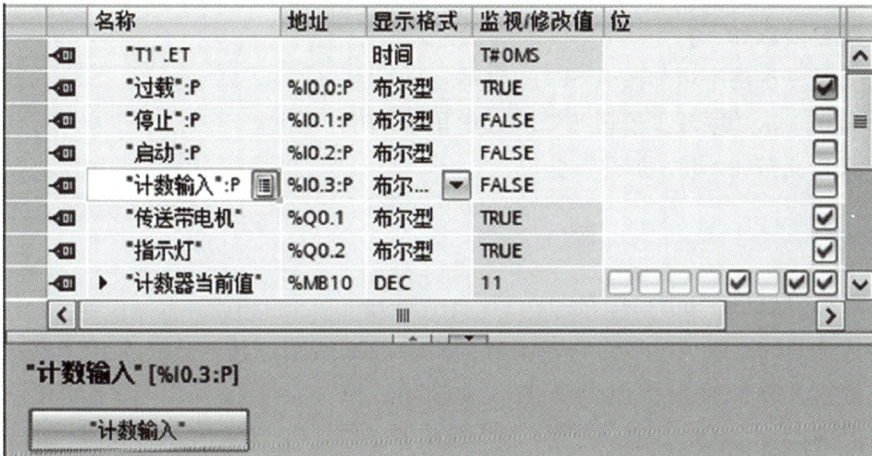

	名称	地址	显示格式	监视/修改值	位	
◄回	"T1".ET		时间	T#0MS		
◄回	"过载":P	%I0.0:P	布尔型	TRUE	☑	
◄回	"停止":P	%I0.1:P	布尔型	FALSE	☐	
◄回	"启动":P	%I0.2:P	布尔型	FALSE	☐	
◄回	"计数输入":P	%I0.3:P	布尔… ▼	FALSE	☐	
◄回	"传送带电机"	%Q0.1	布尔型	TRUE	☑	
◄回	"指示灯"	%Q0.2	布尔型	TRUE	☑	
◄回	▶ "计数器当前值"	%MB10	DEC	11	☐☐☐☐☑☐☑☑	

"计数输入" [%I0.3:P]

"计数输入"

图 2-39　仿真变量表

任务 2.7　应用数学函数指令实现多档位功率调节

2.7.1　任务引入

某加热器有 7 个功率档位，分别是 0.5 kW、1 kW、1.5 kW、2 kW、2.5 kW、3 kW 和 3.5 kW，控制要求如下：

（1）每按一次功率增加按钮 SB1，功率上升 1 档；

（2）每按一次功率减少按钮 SB2，功率下降 1 档；

（3）按停止按钮 SB3，加热停止。

2.7.2　知识背景

2.7.2.1　电气接线图

应用数学函数指令实现多档功率调节，如图 2-40 所示。其中，输入 I0.0 接入档位调节的增加按钮，I0.1 接入档位调节的减少按钮，I0.2 接入停止信号；Q0.0 输出控制 0.5 kW 加热器工作，Q0.1 输出控制 1 kW 加热器工作，Q0.2 输出控制 2 kW 加热器工作。FU1 和 FU2 为熔断器，负责短路过载保护。

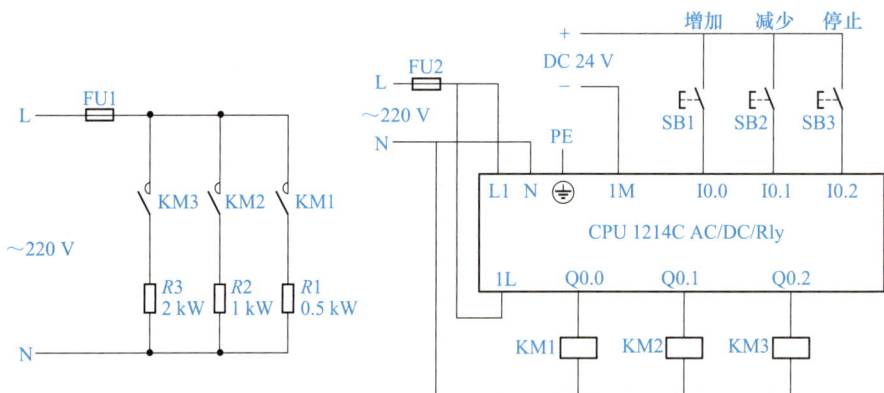

图 2-40　功率调节电路图

2.7.2.2　数学函数指令

A　四则运算指令

ADD、SUB、MUL 和 DIV 指令可选多种整数和实数数据类型，整数除法截尾取整。IN1 和 IN2 可以是常数，IN1、IN2 和 OUT 的数据类型应相同。ADD 和 MUL 指令可增加输入个数。

B　CALCULATE 指令

可以用计算指令 CALCULATE 定义和执行数学表达式，根据所选的数据类型计算复杂的

PLC数学
函数指令

数学运算或逻辑运算。双击指令框中间的数学表达式方框，打开下图的对话框。输入待计算的表达式，表达式只能使用方框内的输入参数 INn 和运算符，可增加输入参数的个数。

如图 2-41 所示，运行时使用方框外输入的值执行指定表达式的运算，运算结果传送到 MD36 中。

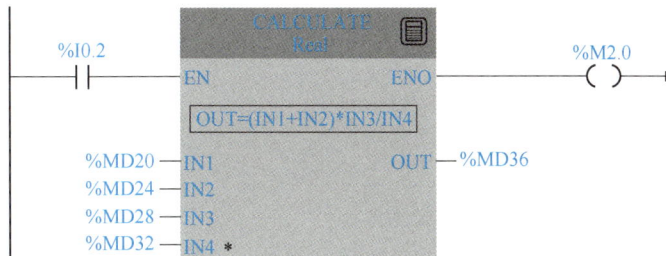

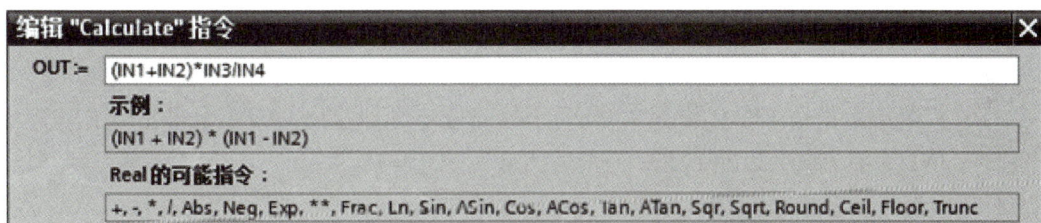

图 2-41　CALCULATE 指令举例

C　浮点数函数运算指令

浮点数数学运算指令的操作数 IN 和 OUT 的数据类型均为 Real。

SQRT 和 LN 指令的输入值如果小于 0，输出 OUT 为无效的浮点数。

三角函数指令和反三角函数指令中的角度均为以"弧度"为单位的浮点数。以"度"为单位的角度值乘以 $\pi/180.0$，转换为弧度值。

D　其他数学函数指令

（1）返回除法的余数指令 MOD 用于求各种整数除法的余数，输出 OUT 中的运算结果为除法运算 IN1/ IN2 的余数。

（2）求二进制补码（取反）指令 NEG 将输入 IN 值的符号取反后，保存在输出 OUT 中。IN 和 OUT 的数据类型可以是 SInt、Int、DInt 和 Real。

（3）递增指令 INC 与递减指令 DEC 将参数 IN/OUT 的值分别加 1 和减 1，数据类型为各种整数。图 2-42 中的 INC 指令用来计 I0.4 动作的次数，应在 INC 指令之前添加 P_TRIG 指令。

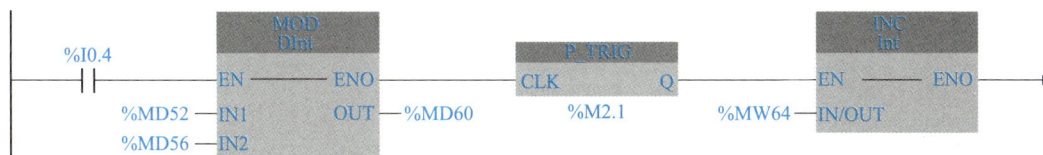

图 2-42　递增指令举例

（4）计算绝对值指令 ABS 用来求输入 IN 中有符号整数或实数的绝对值，将结果保存在输出 OUT 中。IN 和 OUT 的数据类型应相同。

（5）获取最小值指令 MIN 和获取最大值指令 MAX 比较输入 IN1 和 IN2 的值，将其中较小或较大的值送给输出 OUT，可以增加输入个数。

（6）设置限值指令 LIMIT 将输入 IN 的值限制在输入 MIN 与 MAX 的值范围之间，如图 2-43 所示。

图 2-43   限值指令举例

（7）提取小数指令 FRAC 将输入 IN 的小数部分传送到输出 OUT。取幂指令 EXPT 计算以输入 IN1 的值为底，以输入 IN2 为指数的幂（$OUT = IN1^{IN2}$）。

常用函数指令及指令描述见表 2-3。

表 2-3   数学函数指令

指令	描述	指令	描述
CALCULATE	计算	SQR	计算平方，$OUT = IN^2$
ADD	加，$OUT = IN1 + IN2$	SQRT	计算平方根，$OUT = \sqrt{IN}$
SUB	减，$OUT = IN1 - IN2$	LN	计算自然对数，$OUT = LN(IN)$
MUL	乘，$OUT = IN1 * IN2$	EXP	计算指数值，$OUT = e^{IN}$
DIV	除，$OUT = IN1 / IN2$	SIN	计算正弦值，$OUT = sin(IN)$
MOD	返回除法的余数	COS	计算余弦值，$OUT = cos(IN)$
NEG	求 IN 的补码	TAN	计算正切值，$OUT = tan(IN)$
INC	将参数 IN/OUT 的值加 1	ASIN	计算反正弦值，$OUT = arcsin(IN)$
DEC	将参数 IN/OUT 的值减 1	ACOS	计算反余弦值，$OUT = arccos(IN)$
ABS	计算绝对值	ATAN	计算反正切值，$OUT = arctan(IN)$
MIN	获取最小值	FRAC	提取小数
MAX	获取最大值	EXPT	取幂，$OUT = IN1^{IN2}$
LIMIT	设置限值		

2.7.3   任务实施

2.7.3.1   硬件组态与编程

A   硬件组态

新建一个项目→"添加新设备 CPU1214C AC/DC/Rly"，版本号 V4.2。→打开 PLC 硬

件属性"系统和时钟存储器",勾选"启用系统存储器字节"和"启用时钟存储器字节"。

B   创建变量并编写程序

应用数学函数指令实现多档位功率调节,可采用梯形图编程方案,如图 2-44 所示。

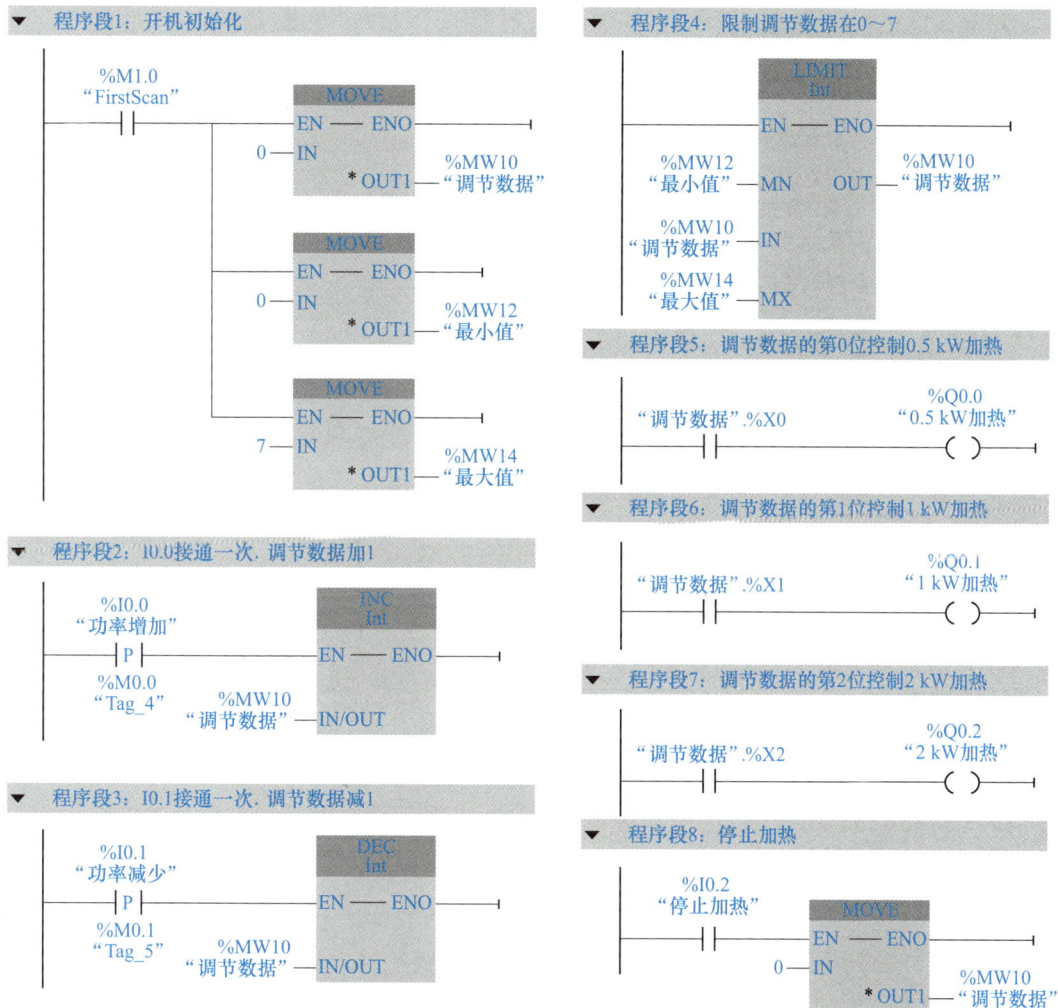

图 2-44   功率调节梯形图

2.7.3.2   仿真运行

"项目"上单击右键→选择"属性"→"保护",选择"块编译时支持仿真"。

(1)依次单击仿真按钮📟→单击📤,在新建一个仿真项目→"下载预览"中单击"装载",将 PLC_1 站点下载到仿真器中→仿真界面中,打开"SIM 表格_1",单击📑,添加项目变量(见图 2-45)→单击工具栏中的📂,使 PLC 运行。

(2)每单击一次"功率增加"按钮,"调节数据"加 1,Q0.2~Q0.0 按照 2#000~2#111 变化,加热功率每次增加 0.5 kW。

（3）每单击一次"功率减少"按钮，"调节数据"减 1，加热功率每次减少 0.5 kW。

（4）单击"停止加热"按钮，"调节数据"清零，Q0.2~Q0.0 输出为 0，停止加热。

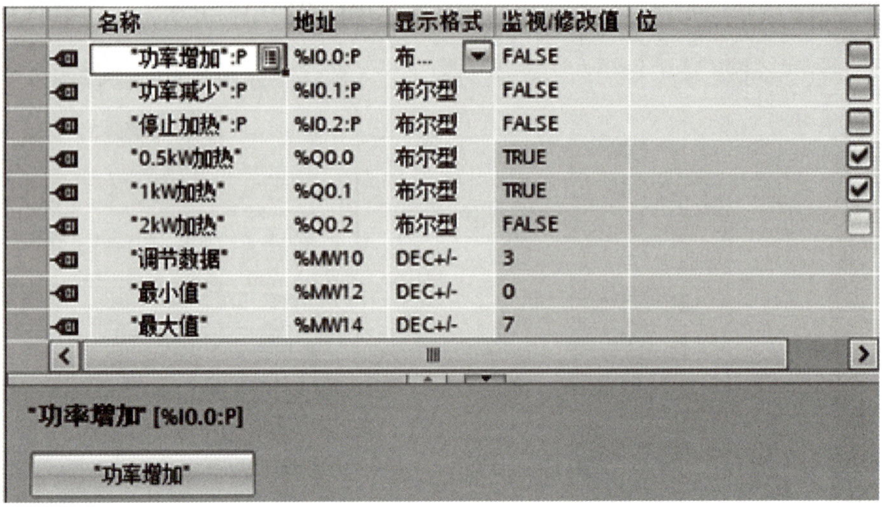

	名称	地址	显示格式	监视/修改值	位
	"功率增加":P	%I0.0:P	布... ▼	FALSE	☐
	"功率减少":P	%I0.1:P	布尔型	FALSE	☐
	"停止加热":P	%I0.2:P	布尔型	FALSE	☐
	"0.5kW加热"	%Q0.0	布尔型	TRUE	☑
	"1kW加热"	%Q0.1	布尔型	TRUE	☑
	"2kW加热"	%Q0.2	布尔型	FALSE	☐
	"调节数据"	%MW10	DEC+/-	3	
	"最小值"	%MW12	DEC+/-	0	
	"最大值"	%MW14	DEC+/-	7	

"功率增加" [%I0.0:P]

"功率增加"

图 2-45　功率调节仿真变量表

任务 2.8　应用移动指令实现丫-△启动控制

2.8.1 任务引入

（1）应用移动操作指令，设计三相交流电动机丫-△降压启动控制电路和程序。

（2）具有启动/报警指示，指示灯在启动过程中亮，启动结束时灭。如果发生电动机过载，停机并且灯光报警。

2.8.2 知识背景

2.8.2.1　电气接线图

应用移动指令实现电动机丫-△启动控制电气原理，如图 2-46 所示。其中，输入 I0.0接入热继电器的保护触点，I0.1 接入停止信号，I0.2 接入启动信号；Q0.1 输出控制电源开关，Q0.2 输出控制丫形启动，Q0.3 输出控制△形启动。

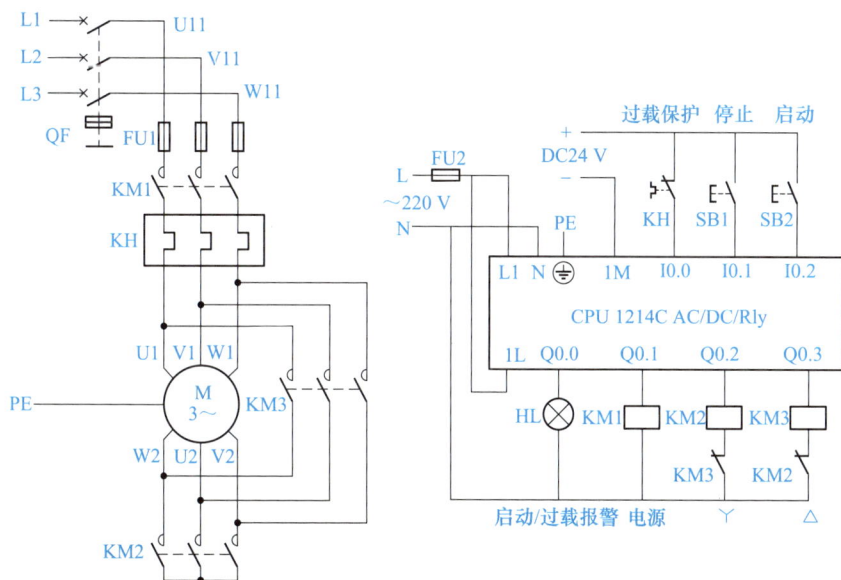

图 2-46　丫-△启动电路图

2.8.2.2　移动值指令

A　移动值指令

移动值指令 MOVE 用于将 IN 输入的源数据传送给 OUT1 输出的目的地址，并且转换为 OUT1 允许的数据类型（与是否进行 IEC 检查有关），源数据保持不变，如图 2-47 所示。MOVE 指令的 IN 和 OUT1 可以是除 Bool 之外所有的基本数据类型、数据类型 DTL、Struct、Array，IN 还可以是常数，可增减输出参数的个数。

如果 IN 数据类型的位长度超出 OUT1 数据类型的位长度，源值的高位丢失。如果 IN

数据类型的位长度小于输出 OUT1 数据类型的位长度，目标值的高位被改写为 0。

B 交换指令

交换指令 SWAP 用于交换字或双字中的字节，如图 2-47 所示。

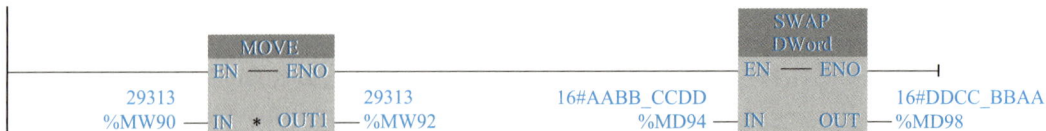

图 2-47 移动值指令和交换指令举例

C 填充存储区指令

生成"数据块_1"（DB3）和"数据块_2"（DB4），在 DB3 中创建有 40 个 Int 元素的数组 Source，在 DB4 中创建有 40 个 Int 元素的数组 Distin。

如图 2-48 所示，I0.4（"Tag_13"）的常开触点接通时，填充存储区指令 FILL_BLK 将常数 3527 填充到数据块_1 中数组 Source 的前 20 个整数元素中。不可中断的存储区填充指令 UFILL_BLK 与 FILL_BLK 指令的功能相同，其填充操作不会被操作系统的其他任务打断。

图 2-48 填充存储区指令举例

D 存储区移动指令

如图 2-49 所示，I0.3（"Tag_12"）的常开触点接通时，存储区移动指令 MOVE_BLK 将源区域数据块_1 的数组 Source 的 0 号元素开始的 20 个 Int 元素的值，复制给目标区域数据块_2 的数组 Distin 的 0 号元素开始的 20 个元素，复制操作按地址增大的方向进行。

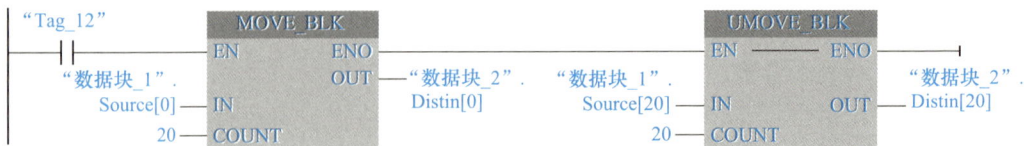

图 2-49 存储区移动指令举例

IN 和 OUT 是待复制的源区域和目标区域中的首个元素。

不可中断的存储区移动指令 UMOVE_BLK 与 MOVE_BLK 的功能基本上相同，其复制操作不会被操作系统的其他任务打断。

E 块填充与块传送指令的实验

将项目"数据处理指令应用"下载到 CPU，双击打开项目树中的 DB4，显示各数组元素，启动监视。因为没有设置保持性功能，此时 DB3 和 DB4 的各数组元素的初始值均为 0。

如图 2-50 所示，接通 I0.4("Tag_13") 的常开触点，FILL_BLK 与 UFILL_BLK 指令被执行，DB3 中的数组元素 Source[0]~Source[19] 被填充数据 3527，Source[20]~Source[39] 被填充数据 32153。

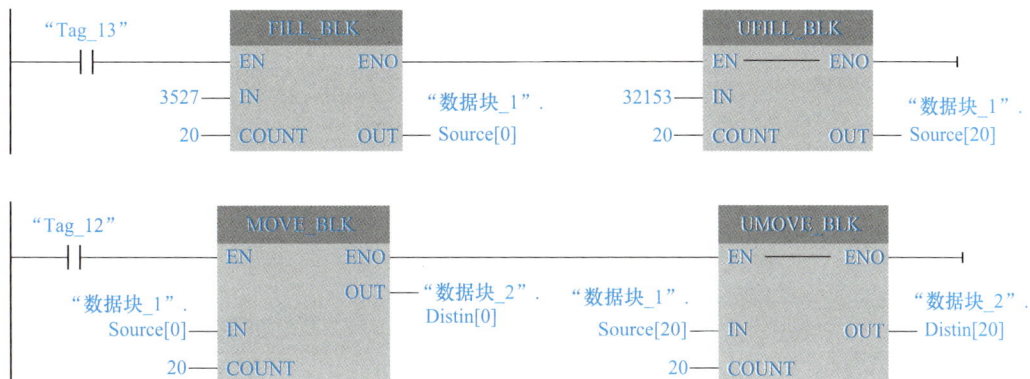

图 2-50 块填充与传送指令举例

接通 I0.3("Tag_12") 的常开触点，MOVE_BLK 与 UMOVE_BLK 指令被执行，DB3 中的数组 Source 的 40 个元素被传送给 DB4 中数组 Distin 的 40 个元素。

2.8.3 任务实施

2.8.3.1 硬件组态与编程

A 硬件组态

新建一个项目→"添加新设备 CPU1214C AC/DC/Rly"，版本号 V4.2。→打开 PLC 硬件属性"系统和时钟存储器"，勾选"启用系统存储器字节"和"启用时钟存储器字节"。

B 创建变量并编写程序

应用数学函数指令实现多档位功率调节，可采用梯形图编程方案，如图 2-51 所示。

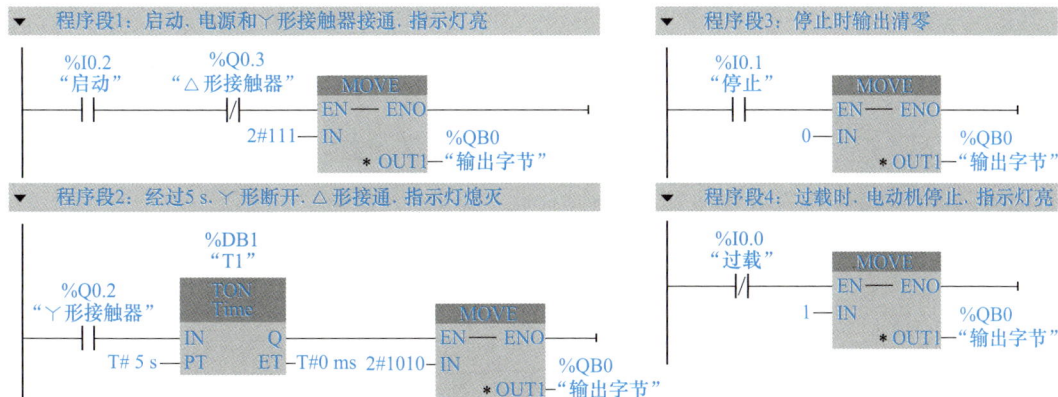

图 2-51 应用移位指令实现丫-△启动梯形图

2.8.3.2　仿真运行

"项目"上单击右键→选择"属性"→"保护",选择"块编译时支持仿真"。

(1) 依次单击仿真按钮▣→单击▧,在新建一个仿真项目→"下载预览"中单击"装载",将 PLC_1 站点下载到仿真器中→仿真界面中,打开"SIM 表格_1",单击◧,添加项目变量(见图 2-52)→单击工具栏中的▧,使 PLC 运行。

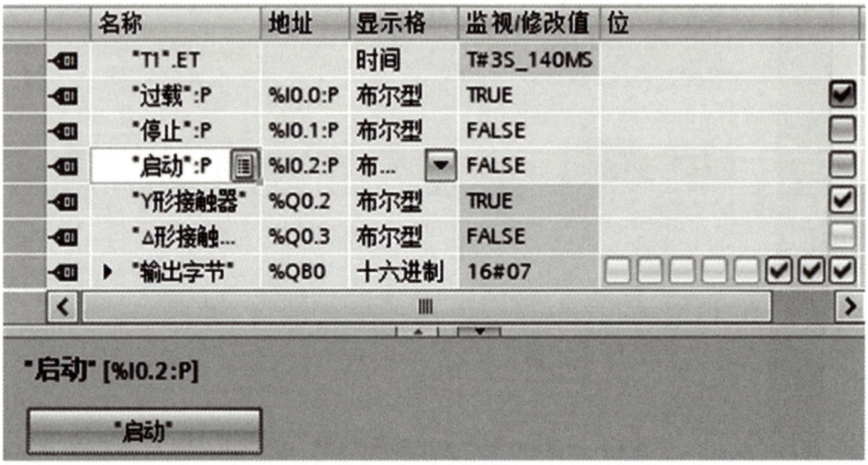

	名称	地址	显示格	监视/修改值	位
◧	"T1".ET		时间	T#3S_140MS	
◧	"过载":P	%I0.0:P	布尔型	TRUE	☑
◧	"停止":P	%I0.1:P	布尔型	FALSE	☐
◧	"启动":P	%I0.2:P	布... ▼	FALSE	☐
◧	"Y形接触器"	%Q0.2	布尔型	TRUE	☑
◧	"△形接触...	%Q0.3	布尔型	FALSE	☐
◧	▶ "输出字节"	%QB0	十六进制	16#07	☐☐☐☐☐☑☑☑

"启动" [%I0.2:P]

"启动"

图 2-52　仿真变量表

(2) 勾选"过载",单击"启动"按钮,Q0.2~Q0.0 为 2#111,电动机Y形启动,指示灯亮,同时定时器 T1 的当前值 ET 开始延时;经过 5 s,Q0.3~Q0.0 为 2#1010,电动机换接为△形运行,指示灯熄灭。

(3) 单击"停止"按钮,QB0 输出为 0,电动机停止。

(4) 在电动机运行过程中,取消勾选"过载",模拟过载,电动机停止,Q0.0 为"1",指示灯亮。

任务 2.9　应用移位指令实现 8 位彩灯控制

2.9.1　任务引入

实现 8 位彩灯的流水显示。

2.9.2　知识背景

2.9.2.1　电气接线图

电气原理图 QB0 控制 8 位彩灯，I0.0 为启动/停止开关，I0.1 为方向控制开关。

2.9.2.2　移位与循环移位指令

A　移位指令

右移指令 SHR 和左移指令 SHL 将输入参数 IN 指定的存储单元的整个内容逐位右移或左移 N 位。移位指令需要设置指令的数据类型，有符号数右移后空出来的位用符号位填充，无符号数移位和有符号数左移后空出来的位用 0 填充，如图 2-53 所示。右移 n 位相当于除以

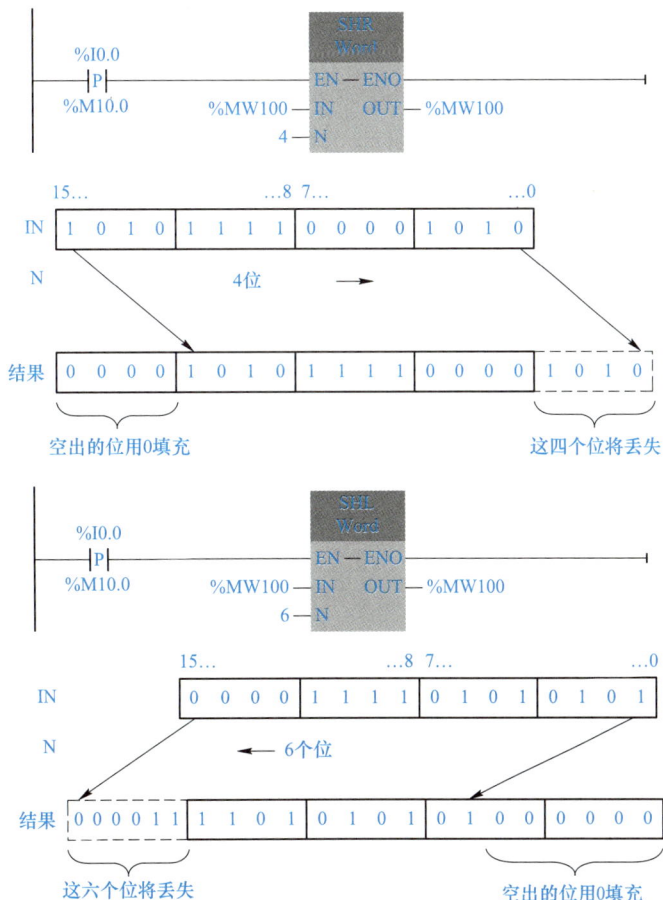

图 2-53　移位指令举例

2^n，左移 N 位相当于乘以 2^n。如果移位后的数据要送回原地址，应在信号边沿操作。

B   循环移位指令

循环右移指令 ROR 和循环左移指令 ROL 将输入参数 IN 指定的存储单元的整个内容逐位循环右移或循环左移 N 位，移出来的位又送回存储单元另一端空出来的位。移位的结果保存在输出参数 OUT 指定的地址，如图 2-54 所示。移位位数 N 可以大于被移位存储单元的位数。

图 2-54   循环移位指令举例

C   使用循环移位指令的彩灯控制器

如图 2-55 所示，M1.0 是首次扫描脉冲，用它给彩灯设置初值 7。时钟存储器位 M0.5 的频率为 1 Hz，是否移位用 I0.6 来控制，移位的方向用 I0.7 来控制。因为 QB0 循环移位后的值又送回 QB0，必须使用 P_TRIG 指令。

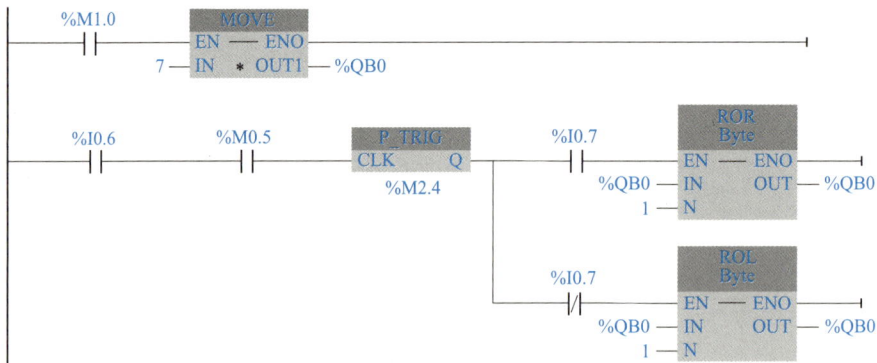

图 2-55   彩灯控制器举例

2.9.3   任务实施

2.9.3.1   硬件组态与编程

A   硬件组态

新建一个项目→"添加新设备 CPU1214C AC/DC/Rly"，版本号 V4.2。→打开 PLC 硬

件属性"系统和时钟存储器"，勾选"启用系统存储器字节"和"启用时钟存储器字节"。

B　创建变量并编写程序

应用移位指令实现 8 位彩灯控制，可采用梯形图编程方案，如图 2-56 所示。

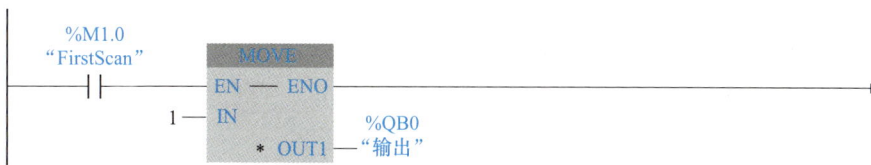

图 2-56　8 位彩灯控制梯形图

2.9.3.2　仿真运行

"项目"上单击右键→选择"属性"→"保护"，选择"块编译时支持仿真"。

（1）依次单击仿真按钮▣→单击⬚，在新建一个仿真项目→"下载预览"中单击"装载"，将 PLC_1 站点下载到仿真器中→仿真界面中，打开"SIM 表格_1"，单击▣，添加项目变量（见图 2-57）→单击工具栏中的▶，使 PLC 运行。

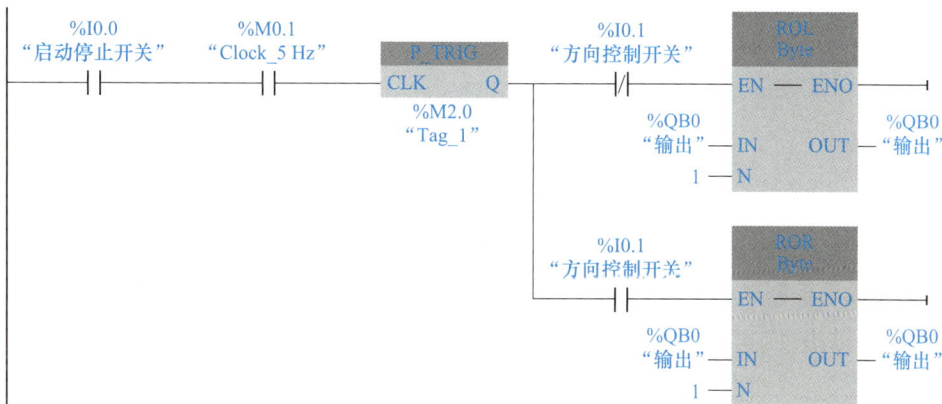

图 2-57　8 位彩灯仿真变量表

（2）勾选"启动停止开关"，"输出"循环向左移位；勾选"方向控制开关"，"输出"循环向右移位。取消勾选"启动停止开关"，"输出"停止移位。

任务 2.10　应用模拟量输入实现压力测量

2.10.1　任务引入

（1）当按下启动按钮时，风机启动，将测量压力保存到 MW100 中，用于显示。
（2）当压力大于 8 kPa 时，HL1 指示灯亮，风机停止，否则熄灭。
（3）当压力小于 7.5 kPa 时，风机自动启动。
（4）当压力小于 3 kPa 时，HL2 指示灯亮，否则熄灭。
（5）当按下停止按钮或风机过载时，风机停止。

2.10.2　知识背景

2.10.2.1　电气接线图

应用模拟量输入实现压力测量电气原理，如图 2-58 所示。其中，输入 I0.0 接入热继电器的保护触点，I0.1 接入停止信号，I0.2 接入启动信号，模拟量 AI0 通道接入压力传感器；Q0.0 输出控制风机启动，Q0.1 输出 HL1 指示灯显示压力过大，Q0.2 输出 HL2 指示灯显示压力过小。

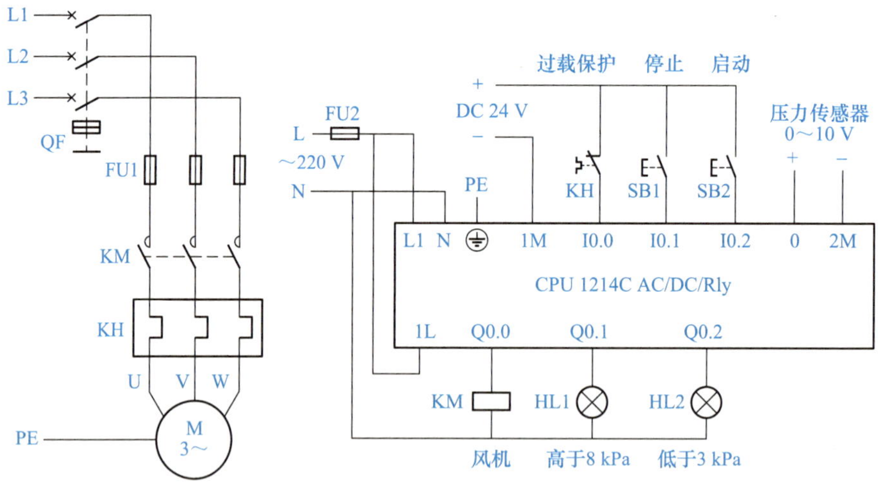

图 2-58　压力测量电路图

2.10.2.2　AI 模块及转换操作指令

A　模拟量输入模块

模拟量是指一些连续变化的物理量，如电压、电流、压力、速度、流量等信号量。模拟信号是幅度随时间连续变化的信号，通常电压信号为 0~10 V，电流信号为 4~20 mA，可以用 PLC 的模拟量模块进行数据采集，其经过抽样和量化后可以转换为数字量。使用前参数通道配置，如图 2-59 所示。

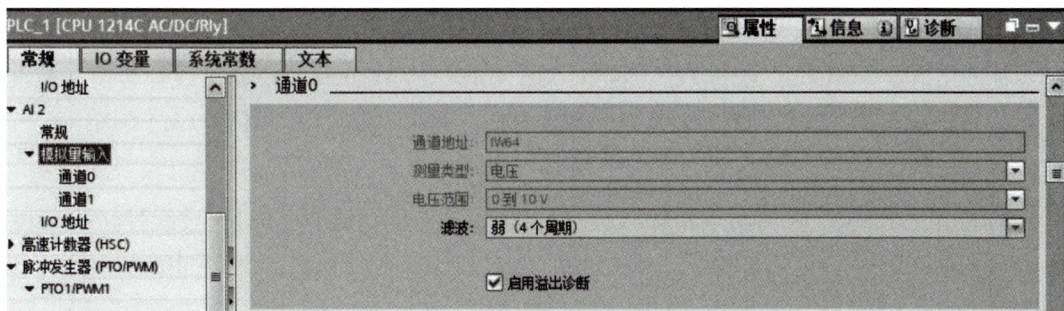

图 2-59　模拟量输入配置图

B　模拟量输入信号

模拟量输入信号根据输入量程可分为单极性模拟量输入与双极性模拟量输入，其对应模拟值及溢出范围见表 2-4。

表 2-4　模拟量输入信号对照表

范围	单极性模拟量输入量程			模拟值		范围	双极性模拟量输入量程				模拟值	
	0~10 V	0~20 mA	4~20 mA	十进制	十六进制		±10 V	±5 V	±2.5 V	±1.25 V	十进制	十六进制
上溢	11.852 V	>23.52 mA	>22.81 mA	32767	7FFF	上溢	11.851 V	5.926 V	2.963 V	1.481 V	32767	7FFF
	11.759 V	23.52 mA	22.81 mA	32512	7F00		11.759 V	5.879 V	2.940 V	1.470 V	32512	7F00
上溢警告	11.759 V	23.52 mA	22.81 mA	32511	7EFF	上溢警告	11.759 V	5.879 V	2.940 V	1.470 V	32511	7EFF
	10 V	20 mA	20 mA	27649	6C01		10 V	5 V	2.5 V	1.25 V	27649	6C01
正常范围	10 V	20 mA	20 mA	27648	6C00	正常范围	10 V	5 V	2.5 V	1.25 V	27648	6C00
							0 V	0 V	0 V	0 V	0	0
	0 V	0 mA	4 mA	0	0		−10 V	−5 V	−2.5 V	−1.25 V	−27648	9400
下溢警告	不支持负值	0 mA	4 mA	−1	FFFF	下溢警告	−10 V	−5 V	−2.5 V	−1.25 V	−27649	93FF
		−3.52 mA	1.185 mA	−4864	ED00		−11.759 V	−5.879 V	−2.940 V	−1.470 V	−32512	8100
下溢		−3.52 mA	1.185 mA	−4865	ECFF	下溢	−11.759 V	−5.879 V	−2.940 V	−1.470 V	−32513	80FF
		<−3.52 mA	<1.185 mA	−32768	8000		−11.851 V	−5.926 V	−2.963 V	−1.481 V	−32768	8000

2.10.2.3　转换操作指令

A　转换值指令

转换值指令 CONVERT 的参数 IN、OUT 可以设置 10 多种数据类型。有 4 条浮点数转换为双整数指令，用得最多的是四舍五入的取整指令 ROUND，如图 2-60 所示。

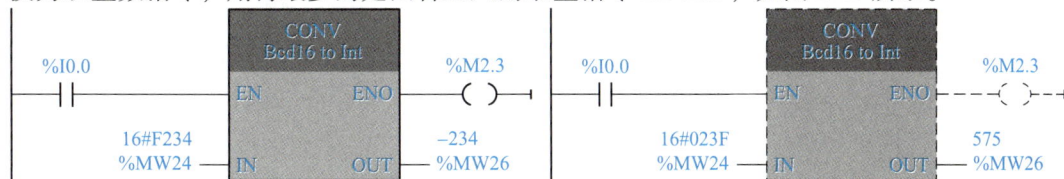

图 2-60　转换值指令举例

B　标准化指令

标准化指令 NORM_X 的整数输入值 VALUE（MIN≤VALUE≤MAX）被线性转换（标准化）为 0.0~1.0 的浮点数，需设置变量的数据类型：OUT=（VALUE-MIN）/（MAX-MIN）。

C　缩放指令

缩放指令 SCALE_X 的浮点数输入值 VALUE（0.0≤VALUE≤1.0）被线性转换（映射）为 MIN 和 MAX 定义的数值范围之间的整数。OUT=VALUE（MAX-MIN）+MIN，如图 2-61 所示。

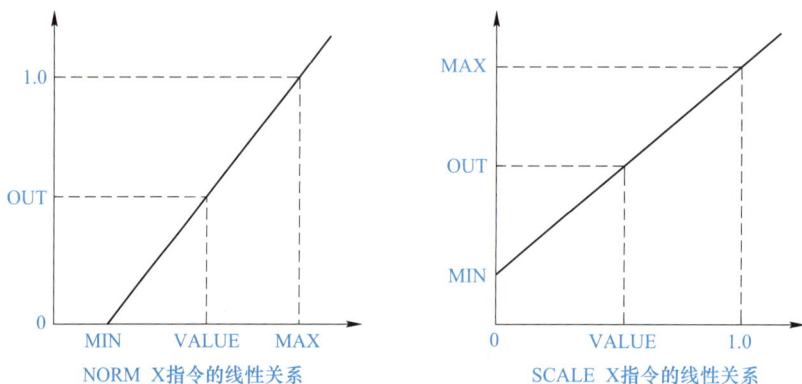

图 2-61　标准化指令及缩放指令对应线性关系

如图 2-62 所示，某温度变送器的量程为-200~850 ℃，输出信号为 4~20 mA，符号地址为"模拟值"的 IW96 将 0~20 mA 电流信号转换为数字 0~27648，求以"℃"为单位的浮点数温度值。

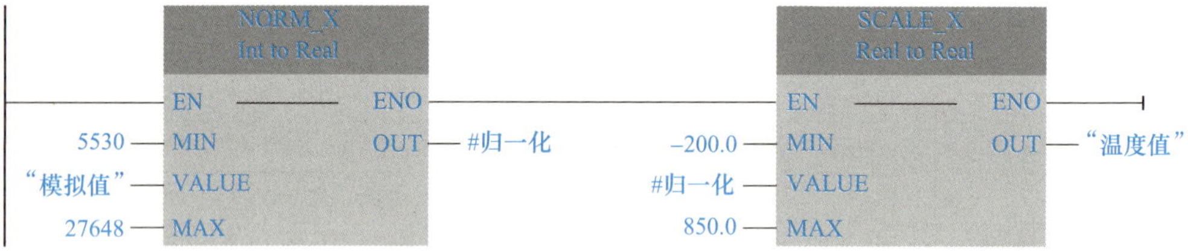

图 2-62　标准化指令及缩放指令举例

4 mA 对应的模拟值为 5530，IW96 将-200~850 ℃的温度转换为模拟值 5530~27648，用标准化指令 NORM_X 将 5530~27648 的模拟值归一化为 0.0~1.0 的浮点数"归一化"，然后用缩放指令 SCALE_X 将归一化后的数字转换为-200~850 ℃的浮点数温度值，用变量"温度值"保存。

如图 2-63 所示，地址为 QW96 的整型变量"AQ 输入"转换后的 DC 0~10 V 电压作为变频器的模拟量输入值，0~10 V 电压对应的转速为 0~1800 r/min。求以"r/min"为单位的整型变量"转速"对应的 AQ 模块的输入值"AQ 输入"。标准化指令 NORM_X 将 0~1800 的转速值归一化为 0.0~1.0 的浮点数"归一化"，然后用"缩放"指令 SCALE_X 将归一化后的数字转换为 0~27648 的整数值，用变量"AQ 输入"保存。

图 2-63　标准化指令及缩放指令举例

2.10.3　任务实施

2.10.3.1　硬件组态与编程

A　硬件组态

新建一个项目→"添加新设备 CPU1214C AC/DC/Rly"，版本号 V4.2。→打开 PLC 硬件属性"系统和时钟存储器"，勾选"启用系统存储器字节"和"启用时钟存储器字节"。

B　创建变量并编写程序

应用模拟量输入实现压力测量，叮采用梯形图编程方案，如图 2-64 所示。

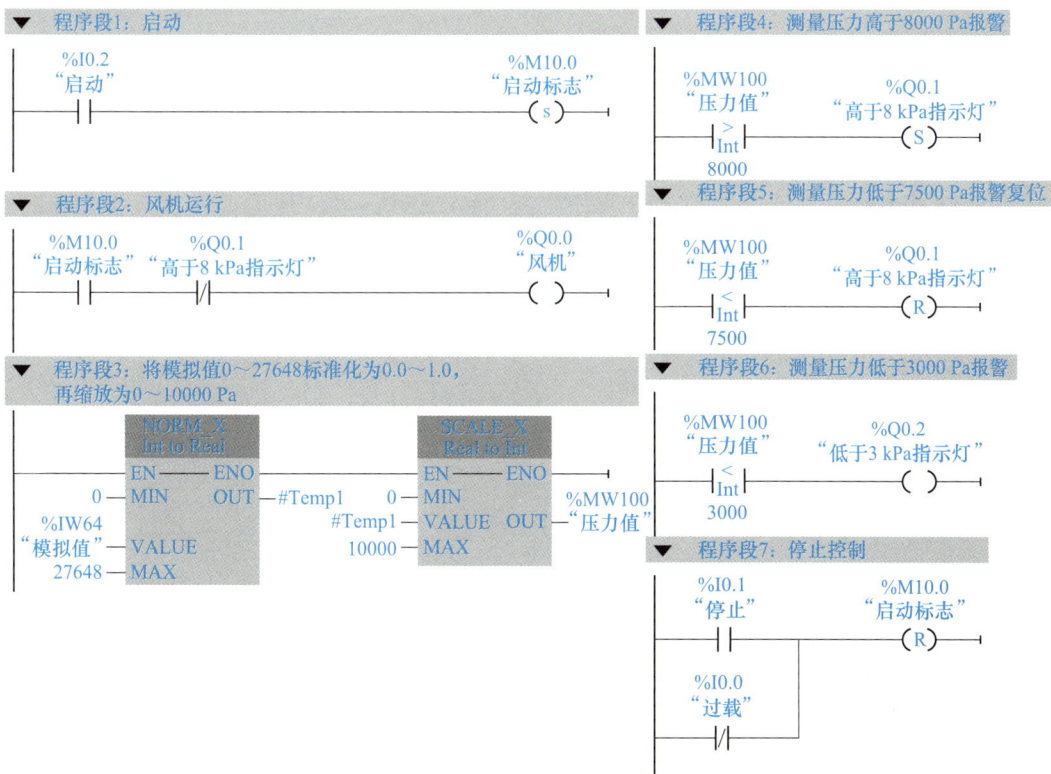

图 2-64　压力测量梯形图

2. 10. 3. 2　仿真运行

"项目"上单击右键→选择"属性"→"保护",选择"块编译时支持仿真"。

(1)依次单击仿真按钮![图标]→单击![图标],在新建一个仿真项目→"下载预览"中单击"装载",将 PLC_1 站点下载到仿真器中→仿真界面中,打开"SIM 表格_1",单击![图标],添加项目变量(见图 2-65),单击工具栏中的![图标],使 PLC 运行。

	名称	地址	显示格式	监视/修改值	位	
◀◎	"过载":P	%I0.0:P	布尔型	TRUE		☑
◀◎	"停止":P	%I0.1:P	布尔型	FALSE		☐
◀◎	"启动":P	%I0.2:P	布尔型	FALSE		☐
◀◎	"模拟值":P	%IW64:P	DEC+/-	20118		
◀◎	"风机"	%Q0.0	布尔型	TRUE		☑
◀◎	"高于8kPa指示灯"	%Q0.1	布尔型	FALSE		☐
◀◎	"低于3kPa指示灯"	%Q0.2	布尔型	FALSE		☐
◀◎	"压力值"	%MW100	DEC+/-	7276		
◀◎	"启动标志"	%M10.0	布尔型	TRUE		☑

"模拟值" [%IW64:P]

最小值： -32768　　　　　　　最大值：32767

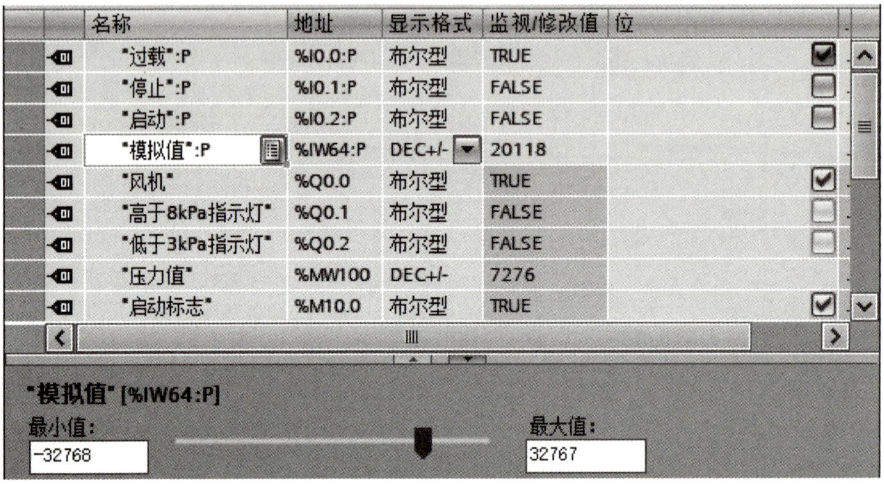

图 2-65　压力测量仿真变量表

(2)勾选"过载",单击"启动"按钮,"风机"为"TRUE",风机启动;同时"低于 3 kPa 指示灯"为"TRUE"。

(3)单击"模拟值",拖动下面的滑块改变模拟值,"压力值"随之变化。当"压力值"大于 3 kPa 时,"低于 3 kPa 指示灯"为"FALSE";当"压力值"大于 8 kPa 时,"风机"变为 FALSE,"高于 8 kPa 指示灯"变为"TRUE";当"压力值"小于 7.5 kPa 时,"风机"变为"TRUE","高于 8 kPa 指示灯"变为"FALSE"。

(4)单击"停止"按钮或取消勾选"过载","风机"为"FALSE"。

习　题

2-1　填空

（1）低压电器通常是指工作在交流电压_____以下、直流电压_____以下的电器。

（2）接触器按主触点控制电路中_____分为直流接触器和交流接触器。

（3）数字量输入模块某一外部输入电路接通时，对应的过程映像输入位为_____，梯形图中对应的常开触点_____，常闭触点_____。

（4）若梯形图中某一过程映像输出位 Q 的线圈"断电"，对应的过程映像输出位为_____；在写入输出模块阶段之后，继电器型输出模块对应的硬件继电器的线圈_____，其常开触点_____，外部负载_____。

（5）PLC 工作过程分为_____、_____和_____三个阶段。

（6）接通延时定时器的 IN 输入电路_____时开始定时，定时时间大于等于预设时间时，输出 Q 变为_____。IN 输入电路断开时，当前时间值 ET_____，输出 Q 变为_____。

（7）在加计数器的复位输入 R 为_____，加计数脉冲输入信号 CU 的_____，如果计数器值 CV 小于_____，CV 加 1。CV 大于等于预设计数值 PV 时，输出 Q 为_____。复位输入 R 为 1 状态时，CV 被_____，输出 Q 变为_____。

（8）每一位 BCD 码用_____位二进制数表示，其取值范围为二进制数 2#_____ ~ 2#_____。BCD 码 2#0000 0001 1000 0101 对应的十进制数是_____。

（9）如果方框指令的 ENO 输出为深色，EN 输入端有能流流入且指令执行时出错，则 ENO 端_____能流流出。

（10）MB2 的值为 2#1011 0110，循环左移 2 位后为 2#_____，再左移 2 位后为 2#_____。

（11）整数 MW4 的值为 2#1011 0110 1100 0010，右移 4 位后为 2#_____。

2-2　简述边沿检测触点指令、边沿检测线圈指令和扫描 RLO 边沿指令的区别。

2-3　试编写四人抢答器的 PLC 控制程序。

2-4　在 MW2 等于 3592 或 MW4 大于 27369 时将 M6.6 置位，反之将 M6.6 复位，用比较指令设计出满足要求的程序。

2-5　监控表用什么数据格式显示 BCD 码？

2-6　交流接触器由哪几部分组成？

2-7　接触器的主要作用是什么，按主触点控制电路中电流种类的不同可分为哪两类？

2-8　交流接触器线圈误通相同电压的直流电，有什么现象？直流接触器线圈误通相同电压的交流电，有什么现象？

2-9　熔断器的作用是什么，与热继电器有何异同？

2-10　要求 AIW64 中 A/D 转换得到的数值 0~27648 正比于温度值 0~800 ℃。用整数运算指令编写程序，在 I0.2 的上升沿，将 IW64 输出的模拟值转换为对应的温度值（单位为 0.1 ℃），存放在 MW30 中。

2-11　要求频率变送器的量程为 45~55 Hz，被 IW96 转换为 0~27648 的整数。用标准化指令和缩放指令编写程序，在 I0.2 的上升沿，将 AIW96 输出的模拟值转换为对应的浮点数频率值，单位为 Hz，存放在 MD34 中。

2-12　要求编写程序，在 I0.5 的下降沿将 MW50~MW68 清零。

2-13　要求用 I1.0 控制接在 QB1 上的 8 个彩灯是否移位，每 2 s 循环左移 1 位。用 IB0 设置彩灯的初始值，在 I1.1 的上升沿将 IB0 的值传送到 QB1，设计出梯形图程序。

2-14　字节交换指令 SWAP 为什么必须采用脉冲执行方式？

2-15　简述取整 ROUND、截尾取整 TRANC、向上取整 CEIL 和向下取整 FLOOR 的区别。

2-16　要求编写程序，将 MW10 中电梯轿厢所在的楼层数转换为 2 位 BCD 码后送给 QB2，通过两片译码驱动芯片和七段显示器显示楼层数。

2-17　要求将半径（小于 1000 的整数）在 DB4.DBW2 中，取圆周率为 3.1416，用浮点数运算指令编写计算圆周长的程序，运算结果转换为整数，存放在 DB4.DBW4 中。

2-18　要求以 0.1° 为单位的整数格式的角度值在 MW8 中，在 I0.5 的上升沿，求出该角度的正弦值，运算结果转换为以 10^{-5} 为单位的双整数，存放在 MD12 中，设计出程序。

2-19　要求编写程序，在 I0.3 的上升沿，用"与"运算指令将 MW16 的最高 3 位清零，其余各位保持不变。

2-20　要求编写程序，在 I0.4 的上升沿，用"或"运算指令将 Q3.2~Q3.4 变为 1，QB3 其余各位保持不变。

2-21　要求按下起动按钮 I0.0，Q0.5 控制的电机运行 30 s，然后自动断电，同时 Q0.6 控制的制动电磁铁开始通电，10 s 后自动断电，设计梯形图程序。

2-22　要求编写程序，I0.2 为 1 状态时求出 MW50~MW56 中最小的整数，存放在 MW58 中。

2-23　某电动机转速范围为 0~1420 r/min，检测其转速并通过 AD 模块存放在 PLC 的 IW80 地址中（范围为 0~27648），试编写 PLC 控制程序，通过数学运算指令求出电机转速的实际数值并存放在 MD10 中。

项目 3 S7-1200 顺序控制的应用

课程思政

现代科学发展日新月异，融合深度、广度和复杂程度前所未有，集智攻关、团结协作是大科学时代的必然趋势。

协同是我国科学界的优良传统。新中国成立以来的科技发展史，也是一部集智攻关、团结协作的历史。没有万众一心、众志成城的精神，我们就难以创造一个又一个科技发展的奇迹。

完成第一颗原子弹试验，集中了 26 个部门、900 多家工厂、科研机构和大专院校的智慧；标志着"中国植物学界终于站起来了"的《中国植物志》出版工作，前后 4 代科学家接力，由 80 多家单位、300 多位作者，历时近 50 年完成；研发新冠病毒疫苗，我国走在世界前列，离不开工艺设计、保护性评价、动物模型、临床试验等多环节科研人员的紧密配合。

近年来，我国载人航天、探月工程、载人深潜、"中国天眼"工程等无一不是团队联合攻关、群策群力的智慧结晶。

协同应坚持全球视野，为推动科技进步、构建人类命运共同体贡献中国智慧。在嫦娥五号任务实施中，我国与欧空局、阿根廷等国家和国际组织开展了测控领域协同合作；中国空间站任务中，有 17 个国家 23 个实体的 9 个项目，入选首批科学实验项目。迎接全球新一轮科技革命和产业变革，我国更应顺势而为，更加主动地融入全球创新网络，在开放合作中提升自身科技创新能力。

科学事业是接力事业，只有薪火相传才能拾级而上、登高望远。

1950 年，华罗庚到中山大学做学术报告，慧眼识珠，发现了陆启铿。此后，华罗庚亲自致信多次协调，把他调到中国科学院数学研究所。陆启铿不负华罗庚的指导和期待，在多复变函数论研究上硕果频出：1958—1959 年，华罗庚与陆启铿建立起了典型域上的调和函数理论。两位数学家相互成就的故事，书写了我国数学界的一段佳话。

和华罗庚一样，我国许多优秀科学家，既是科研事业开拓者，又是提携后学者的领路人。站在三尺讲台，黄大年对求知若渴的青年才俊倾囊相授，为了让学生们做好研究，他自掏腰包，给班上 24 名同学每人买了一台笔记本电脑；中国科学院院士、著名作物遗传育种学家卢永根，在罹患重症之际，捐出毕生积蓄，奖励贫困学生与优秀青年教师……

科学事业的未来属于年轻人。大力弘扬甘为人梯、奖掖后学的育人精神，善于发现、培养青年科技人才，甘做致力于提携后学者的铺路石，我国的科技事业才能活水涌流、基业长青。

　　实践证明，我国自主创新事业是大有可为的！我国广大科技工作者是大有作为的！新时代，广大科技工作者面向世界科技前沿、面向经济主战场、面向国家重大需求、面向人民生命健康，大力弘扬科学家精神，有信心、有意志、有能力登上科学高峰，为实现中华民族伟大复兴，为推动构建人类命运共同体作出应有贡献！

任务 3.1　应用单流程模式实现电动机顺序启动控制

3.1.1　任务引入

（1）按下"启动"按钮，第 1 台电动机 M1 启动；运行 5 s 后，第 2 台电动机 M2 启动；M2 运行 15 s 后，第 3 台电动机 M3 启动。

（2）按下"停止"按钮，三台电动机全部停机。

3.1.2　知识背景

3.1.2.1　电气接线图

应用单流程模式实现电动机顺序启动控制，如图 3-1 所示。其中，I0.0 接入启动信号输入，I0.1 接入停止信号，I0.2 接入热继电器的保护触点；输出 Q0.0 接到接触器 KM1 启动电机 M1，输出 Q0.1 接到接触器 KM2 启动电机 M2，输出 Q0.2 接到接触器 KM3 启动电机 M3。

图 3-1　顺序启动电路图

3.1.2.2　顺序功能图的基本元件

按照生产工艺预先规定的顺序，在各个输入信号的作用下，根据内部状态和时间的顺序，在生产过程中各个执行机构自动有秩序地进行操作。

针对顺序控制系统的一种专门设计方法，这种设计方法很容易被初学者接受，对有经验的工程师，也会提高设计的效率，程序的调试、修改和阅读也很方便。

PLC 的设计者们为顺序控制系统的程序编制提供了大量通用和专用的编程元件，开发了专门供编制顺序控制程序用的功能表图，使这种先进的设计方法成为当前 PLC 程序设计的主要方法。

A　步的基本概念

顺序控制设计的基本思想是将系统的一个周期划分为若干个顺序相连的阶段，这些阶段称为步（Step），并用编程元件（如位存储器 M）表示各步。

如图 3-2 所示，M1.0 开机第一周期为高电平，进入初始步 M5.0 复位 Q0.0~Q0.2，按下起动按钮 I0.0，Q0.0 变为 1 状态，电动机 M1 启动的同时 T1 定时器开始计时 5 s。5 s 定时时间到，Q0.0 与 Q0.1 变为 1 状态，电动机 M1 和 M2 同时启动，T2 定时器开始计时 15 s。15 s 定时时间到，Q0.0~ Q0.2 变为 1 状态，电动机 M1、M2 和 M3 同时启动。当按下停止按钮 I0.1 或者电动机过载时，系统返回初始状态并将 Q0.0~Q0.2 复位，三台电动机全部停机。

根据 Q0.0~Q0.2 的 ON/OFF 状态变化，将上述工作过程划分为三步，分别用 M5.1~M5.3 来代表这三步，另外还设置了一个等待起动的初始步，用矩形方框表示步。为便于将顺序功能图转换为梯形图，用代表各步的编程元件的地址作为步的代号。

图 3-2　顺序控制举例

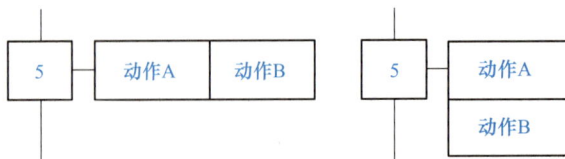

B　初始步与活动步

初始状态一般是系统等待启动命令的相对静止状态。与系统的初始状态相对应的步称为初始步，初始步用双线方框表示。

系统正处于某一步所在的阶段时，称该步为"活动步"，执行相应的非存储型动作；处于不活动状态时，则停止执行非存储型动作。

C　与步对应的动作或命令

用矩形框中的文字或符号表示动作，该矩形框与相应的步的方框用水平短线相连（见图 3-3），应清楚地表明动作是存储型的还是非存储型的。

如果某一步有几个动作，可以用图 3-3 中的两种画法表示。图 3-2 中的 Q0.0~Q0.2 均为非存储型动作，在步 M5.1 为活动步时动作 Q0.0 为 ON，步 M5.1 为不活动步时动作 Q0.0 为 OFF。T1 的线圈在步 M5.1 通电，所以将 T1 放在步 M5.1 的动作框内。

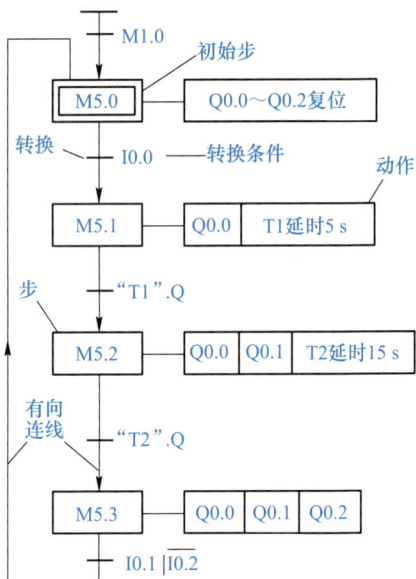

图 3-3　动作的两种表示方法

D 有向连线

在画顺序功能图时，将代表各步的方框按它们成为活动步的先后次序顺序排列，并用有向连线将它们连接起来。步的活动状态默认的进展方向是从上到下或从左至右，在这两个方向有向连线上的箭头可以省略。

E 转换与转换条件

转换用有向连线上与有向连线垂直的短划线表示。使系统由当前步进入下一步的信号称为转换条件，转换条件可以是外部的输入信号或 PLC 内部产生的信号，转换条件还可以是若干个信号的与、或、非逻辑组合，如图 3-4 所示。

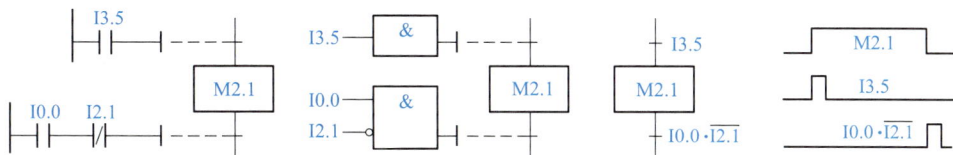

图 3-4 转换条件

图 3-2 中的转换条件"T1". Q 对应于接通延时定时器 T1 的常开触点，在 T1 的定时时间到时该转换条件满足。

转换条件 $\overline{I0.2}$ 表示 I0.2 为 0 状态时转换实现。符号↑I2.3 和↓I2.3 分别表示当 I2.3 从 0 状态变为 1 状态和从 1 状态变为 0 状态时转换实现。

3.1.3 任务实施

3.1.3.1 硬件组态与编程

A 硬件组态

新建一个项目，添加新设备"CPU1214C AC/DC/Rly"，版本号 V4.2。打开 PLC 硬件属性"系统和时钟存储器"，勾选"启用系统存储器字节"和"启用时钟存储器字节"。

B 创建变量并编写程序

应用模拟量输入实现压力测量，可以先建立项目变量表如图 3-5 所示，梯形图编程方案如图 3-6 所示。

3.1.3.2 仿真运行

"项目"上单击右键→选择"属性"→"保护"，选择"块编译时支持仿真"。

（1）依次单击仿真按钮 🖳→单击 ⚙，在新建一个仿真项目→"下载预览"中单击"装载"，将 PLC_1 站点下载到仿真器中→仿真界面中，打开"SIM 表格_1"，单击 ▦，添加项目变量（见图 3-7），单击工具栏中的 ▶，使 PLC 运行。

（2）勾选"过载保护"，单击"启动"按钮，"电动机 M1"启动；经过 5 s，"电动机 M2"启动；再经过 15 s，"电动机 M3"启动，三台电动机顺序启动完成。

（3）单击"停止"按钮，三台电动机同时停止。三台电动机同时运行时，取消勾选

"过载保护"，三台电动机同时停止。再单击"启动"按钮，没有反应，禁止启动。

		名称	数据类型	地址	保持	从 H...	从 H...	在 H...	注释
1		启动	Bool	%I0.0	☐	☑	☑	☑	
2		停止	Bool	%I0.1	☐	☑	☑	☑	
3		过载保护	Bool	%I0.2	☐	☑	☑	☑	
4		电动机M1	Bool	%Q0.0	☐	☑	☑	☑	
5		电动机M2	Bool	%Q0.1	☐	☑	☑	☑	
6		电动机M3	Bool	%Q0.2	☐	☑	☑	☑	
7		初始步	Bool	%M5.0	☐	☑	☑	☑	
8		步1	Bool	%M5.1	☐	☑	☑	☑	
9		步2	Bool	%M5.2	☐	☑	☑	☑	
10		步3	Bool	%M5.3	☐	☑	☑	☑	

图 3-5　顺序启动变量表

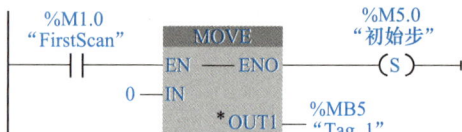

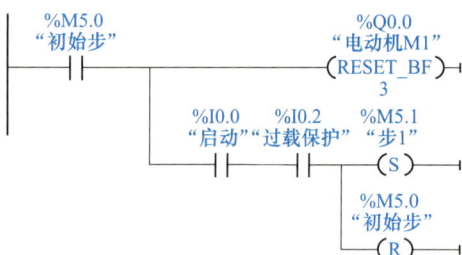

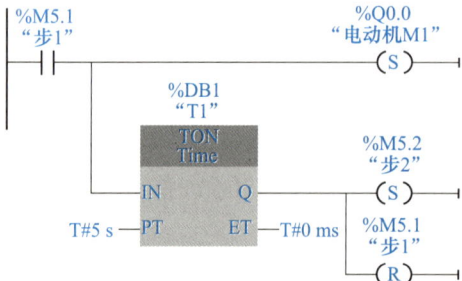

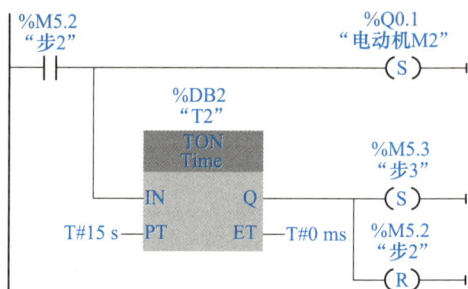

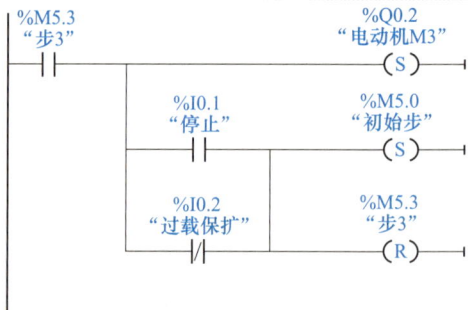

图 3-6　顺序启动梯形图

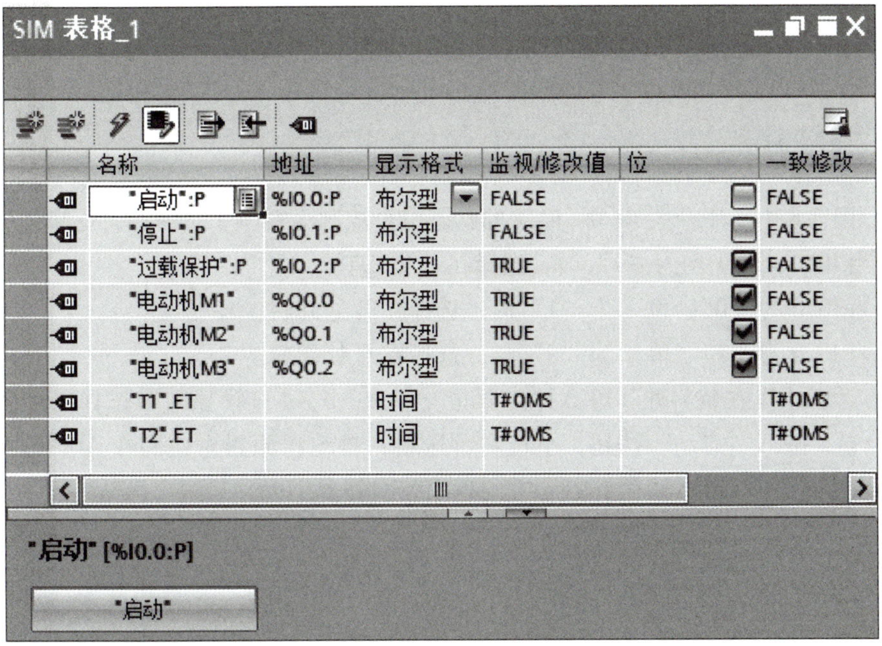

	名称	地址	显示格式	监视/修改值	位	一致修改
	"启动":P	%I0.0:P	布尔型 ▼	FALSE	☐	FALSE
	"停止":P	%I0.1:P	布尔型	FALSE	☐	FALSE
	"过载保护":P	%I0.2:P	布尔型	TRUE	☑	FALSE
	"电动机,M1"	%Q0.0	布尔型	TRUE	☑	FALSE
	"电动机,M2"	%Q0.1	布尔型	TRUE	☑	FALSE
	"电动机,M3"	%Q0.2	布尔型	TRUE	☑	FALSE
	"T1".ET		时间	T#0MS		T#0MS
	"T2".ET		时间	T#0MS		T#0MS

"启动" [%I0.0:P]

"启动"

图 3-7　顺序启动仿真变量表

任务3.2　应用选择流程模式实现运料小车控制

3.2.1　任务引入

（1）图3-8中，用开关I0.0、I0.1的状态组合控制运料小车选择在何处卸料。

1）当I0.0、I0.1均为"1"时，选择在A处卸料。

2）当I0.0为"0"、I0.1为"1"时，选择在B处卸料。

3）当I0.0为"1"、I0.1为"0"时，选择在C处卸料。

（2）运料小车在装料处（I0.3原点限位）从a、b、c三种原料中选择一种装入，选择卸料位置，按下"启动"按钮，小车右行送料，自动将原料对应卸在A（I0.4限位）、B（I0.5限位）、C（I0.6限位）处，左行返回装料处。

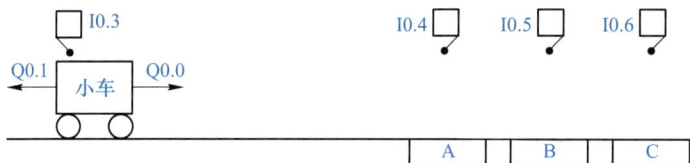

图3-8　运料小车控制

3.2.2　知识背景

3.2.2.1　电气接线图

应用单流程模式实现电动机顺序启动控制，如图3-9所示。其中，I0.0、I0.1接入选择信号输入，I0.2接入运行启动按钮，I0.3、I0.4、I0.5和I0.6分别接入原点、卸料A处、B处、C处限位开关；输出Q0.0接到接触器KM1启动电机正转，输出Q0.1接到接触器KM2启动电机反转，输出串联常闭触点实现电气互锁。

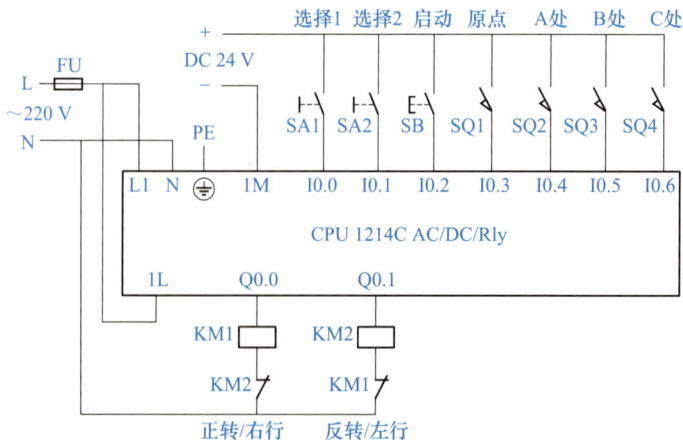

图3-9　运料小车控制电路图

3.2.2.2 选择流程顺序控制功能图

在生产工艺中，如果遇到生产流程中的多支路选择情况，常用的顺序功能图为选择流程。选择流程开始称为分支，图 3-10 中的步 M5.0 为活动步，初始步 M5.0 有 3 个转换方向，即可以分别转换到步 M5.1、步 M5.2 和步 M5.3 这三个分支。具体转换到哪一个分支，由 I0.0、I0.1 的状态组合决定。如转换条件 I0.0、I0.1 均为"1"时，则由步 M5.0→步 M5.1；当 I0.0 为"0"、I0.1 为"1"时，则由步 M5.0→步 M5.2；当 I0.0 为"1"、I0.1 为"0"时，则由步 M5.0→步 M5.3。

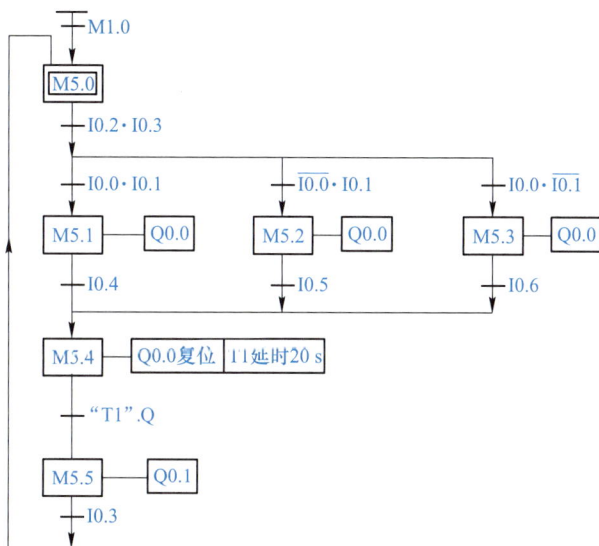

图 3-10 运料小车控制流程

选择流程的结束称为合并。如果步 M5.1 是活动步，并且转换条件 I0.4 为"1"时，则由步 M5.1→步 M5.4。如果步 M5.2 是活动步，并且转换条件 I0.5 为"1"时，则由步 M5.2→步 M5.4。如果步 M5.3 是活动步，并且转换条件 I0.6 为"1"时，则由步 M5.3→步 M5.4。

3.2.3 任务实施

3.2.3.1 硬件组态与编程

A 硬件组态

新建一个项目→"添加新设备 CPU1214C AC/DC/Rly"，版本号 V4.2。→打开 PLC 硬件属性"系统和时钟存储器"，勾选"启用系统存储器字节"和"启用时钟存储器字节"。

B 创建变量并编写程序

应用模拟量输入实现压力测量，可以先建立项目变量表，采用梯形图编程方案，如图 3-11 所示。

3.2.3.2 仿真运行

"项目"上单击右键→选择"属性"→"保护"，选择"块编译时支持仿真"。

▼   程序段1: 开机初始化. 复位步. 置位初始步

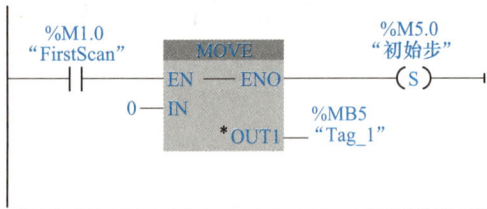

```
    %M1.0                                    %M5.0
  "FirstScan"        MOVE                   "初始步"
    ┤├           EN ── ENO                   (S)
              0 ─ IN
                         *OUT1 ─ %MB5
                                 "Tag_1"
```

▼   程序段2: 初始步. 按下"启动"按钮. 根据选择转换到
          对应的步

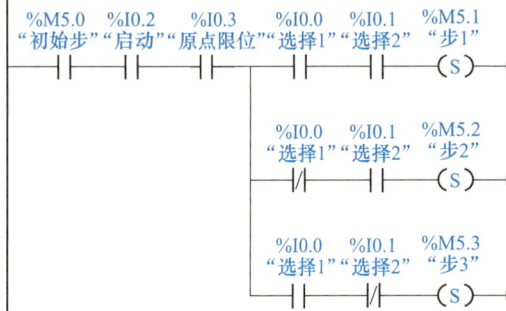

```
   %M5.0   %I0.2    %I0.3    %I0.0   %I0.1   %M5.1
  "初始步" "启动"  "原点限位""选择1" "选择2"  "步1"
   ┤├     ┤├      ┤├       ┤├      ┤/├      (S)

                   %I0.0   %I0.1   %M5.2
                  "选择1" "选择2"  "步2"
                   ┤├      ┤├       (S)

                   %I0.0   %I0.1   %M5.3
                  "选择1" "选择2"  "步3"
                   ┤/├     ┤├       (S)
```

▼   程序段5: 步2. 电动机正转. 撞击B处行程开关. 转
          换到步4

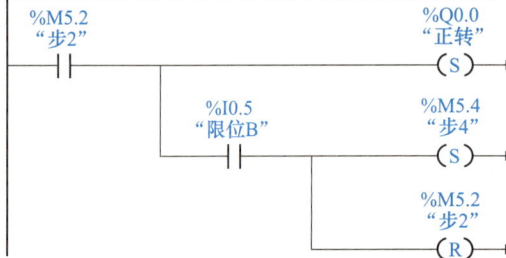

```
   %M5.2                                     %Q0.0
   "步2"                                    "正转"
   ┤├                                        (S)

            %I0.5                   %M5.4
           "限位B"                  "步4"
            ┤├                       (S)

                                    %M5.2
                                    "步2"
                                     (R)
```

▼   程序段6: 步3. 电动机正转. 撞击C处行程开关. 转
          换到步4

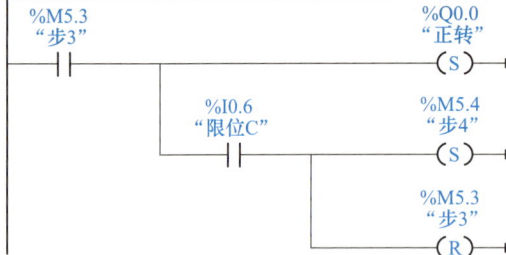

```
   %M5.3                                     %Q0.0
   "步3"                                    "正转"
   ┤├                                        (S)

            %I0.6                   %M5.4
           "限位C"                  "步4"
            ┤├                       (S)

                                    %M5.3
                                    "步3"
                                     (R)
```

▼   程序段3: 转换时. 初始步复位

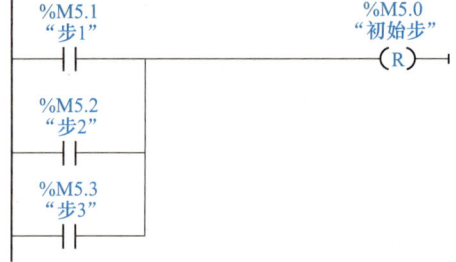

```
   %M5.1                                     %M5.0
   "步1"                                    "初始步"
   ┤├                                        (R)

   %M5.2
   "步2"
   ┤├

   %M5.3
   "步3"
   ┤├
```

▼   程序段4: 步1. 电动机正转. 撞击A处行程开关. 转
          换到步4

```
   %M5.1                                     %Q0.0
   "步1"                                    "正转"
   ┤├                                        (S)

            %I0.4                   %M5.4
           "限位A"                  "步4"
            ┤├                       (S)

                                    %M5.1
                                    "步1"
                                     (R)
```

▼   程序段7: 步4. 正转停止. 延时20 s卸料. 延时到
          转换到步5

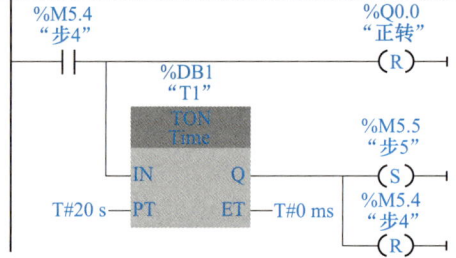

```
   %M5.4                                     %Q0.0
   "步4"                                    "正转"
   ┤├                                        (R)
                  %DB1
                  "T1"
                  TON
                  Time                       %M5.5
                                            "步5"
              IN        Q                     (S)
                                            %M5.4
      T#20 s ─ PT      ET ─ T#0 ms          "步4"
                                             (R)
```

▼   程序段8: 步5. 反转返回. 撞击原点开关. 转换到
          初始步

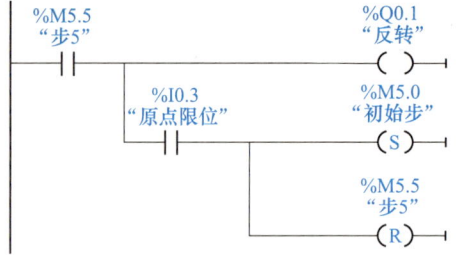

```
   %M5.5                                     %Q0.1
   "步5"                                    "反转"
   ┤├                                        (S)

            %I0.3                   %M5.0
           "原点限位"              "初始步"
            ┤├                       (S)

                                    %M5.5
                                    "步5"
                                     (R)
```

图 3-11   运料小车控制梯形图

（1）依次单击仿真按钮▦→单击▦，在新建一个仿真项目→"下载预览"中单击"装载"，将 PLC_ 1 站点下载到仿真器中→仿真界面中，打开"SIM 表格_ 1"，单击▦，添加项目变量（见图 3-12），单击工具栏中的▦，使 PLC 运行。

（2）A 处卸料。

1）勾选"原点限位"，模拟小车在原点。

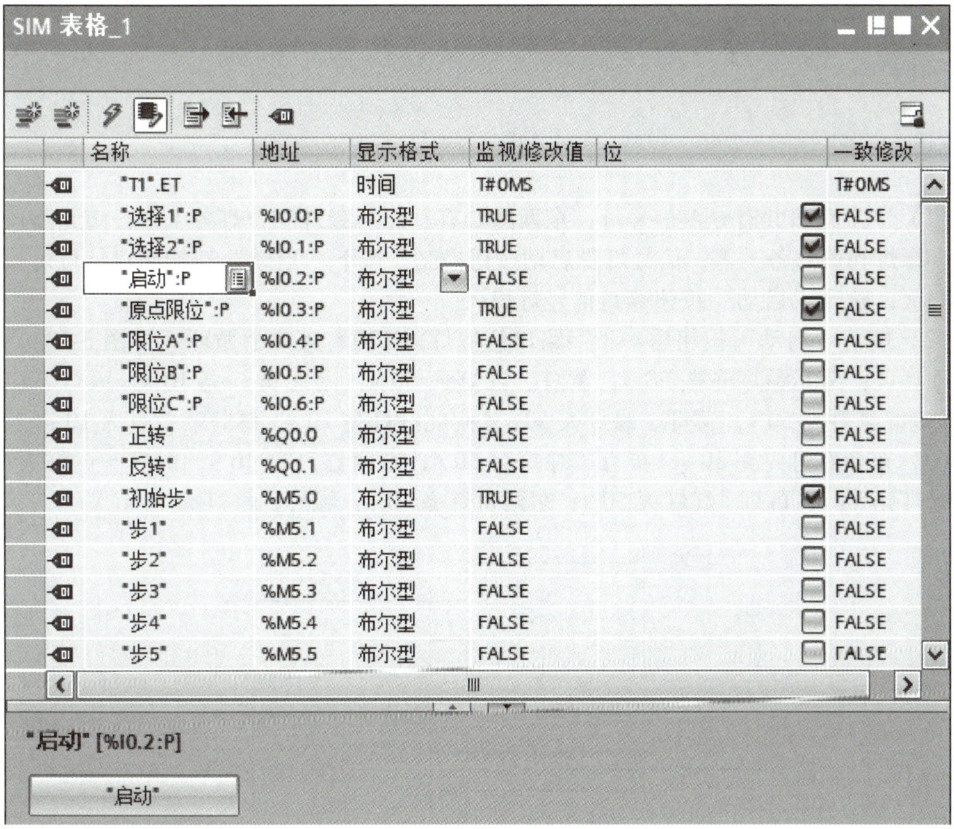

图 3-12　运料小车仿真变量表

2）勾选"选择 1"和"选择 2"，选择在 A 处卸料。

3）单击"启动"按钮，"正转"出现"√"，小车右行前进。取消勾选"原点限位"，小车离开原点。

4）勾选"限位 A"，小车到达 A 处。"正转"的"√"消失，小车停在 A 处，定时器 T1 延时 20 s 卸料。T1 延时到，"反转"出现"√"，小车左行返回。取消勾选"限位 A"，小车离开 A 处。

5）勾选"原点限位"，小车到达原点。"反转"的"√"消失，小车停在原点。

（3）B 处卸料和 C 处卸料同 A 处卸料。

任务 3.3　应用并行流程模式实现交通信号灯控制

3.3.1　任务引入

（1）十字路口共有 6 盏信号灯，东西路口有红灯、绿灯和黄灯各 1 盏，南北路口也有红灯、绿灯和黄灯各 1 盏；信号灯受启动按钮控制，按下"启动"按钮路口信号灯按预定顺序亮灭，松开"启动"按钮路口信号灯熄灭。

（2）按下"启动"按钮后，十字路口信号灯以 120 s 为一个循环（见图 3-13），周而复始地亮灭；南北绿灯先亮 50 s，黄灯、红灯灭 50 s；南北黄灯亮 10 s，绿灯、红灯灭 10 s；南北红灯亮 50 s，黄灯、绿灯灭 50 s；南北红灯亮 10 s，绿灯、黄灯灭 10 s。

（3）东西红灯先亮 50 s，黄灯、绿灯灭 50 s；东西红灯亮 10 s，绿灯、黄灯灭 10 s；东西绿灯亮 50 s，黄灯、红灯灭 50 s；东西黄灯亮 10 s，绿灯、红灯灭 10 s。

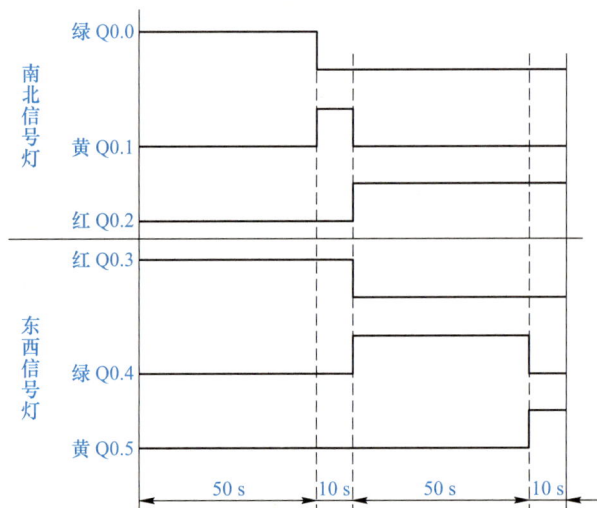

图 3-13　交通信号灯控制时序

3.3.2　知识背景

3.3.2.1　电气接线图

应用并行流程模式实现交通信号灯控制，如图 3-14 所示。其中，I0.0 接入启停信号输入；Q0.0～Q0.2 输出接南北方向绿灯、黄灯和红灯，Q0.3～Q0.4 输出接东西方向红灯、绿灯和黄灯。

3.3.2.2　并行流程顺序控制功能图

如果工艺流程由两个及两个以上的分支组成，当某个转移条件满足后使多个分支同时执行的结构称为并行流程结构。为强调转换的同步实现，并行流程结构开始与汇合处的水平连线用双水平线表示，并行流程结构如图 3-15 所示。

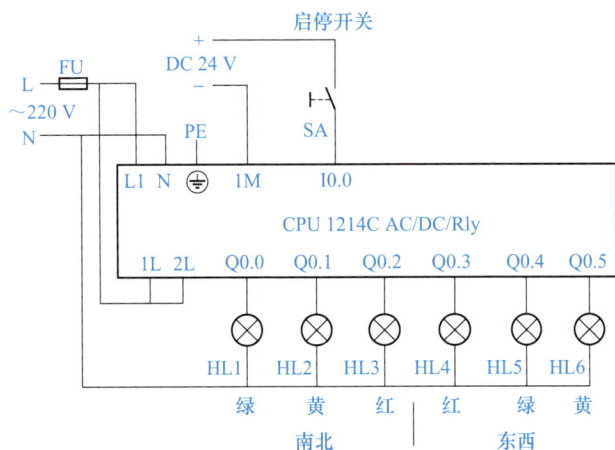

图 3-14　交通信号灯控制电路

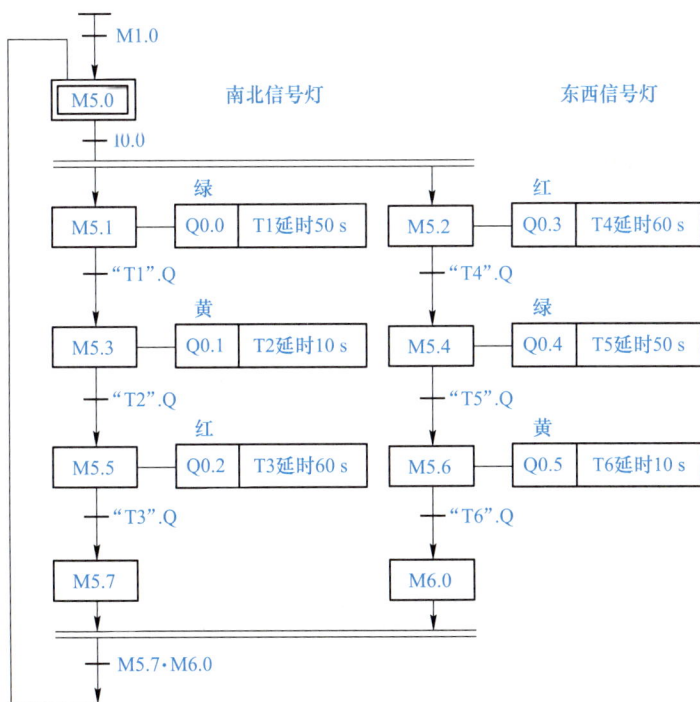

图 3-15　交通信号灯控制并行流程

　　并行分支与汇合结构的特点：若有多条路径，且必须同时执行，在各条路径都执行后，才会继续往下执行。在图 3-15 中，第 1 步初始步后面有两个分支，如果按下启停按钮转换条件 I0.0＝1 时，则同时执行第 M5.1 步和第 M5.2 步；如果执行到 M5.7 和 M6.0 步，则两个分支汇合到初始 M5.0 步。

3.3.3 任务实施

3.3.3.1 硬件组态与编程

A 硬件组态

新建一个项目→“添加新设备 CPU1214C AC/DC/Rly”，版本号 V4.2。→打开 PLC 硬件属性“系统和时钟存储器”，勾选“启用系统存储器字节”和“启用时钟存储器字节”。

B 创建变量并编写程序

应用并行流程模式实现交通信号灯控制，可以先建立交通信号控制变量表如图 3-16 所示，采用的梯形图编程方案如图 3-17 所示。

3-3并行流程模式控制 ▸ PLC_1 [CPU 1214C AC/DC/Rly] ▸ PLC 变量 ▸ 项目变量 [16]

项目变量

	名称	数据类型	地址	保持	从 H...	从 H...	在 H...	注释
1	开关	Bool	%I0.0	☐	☑	☑	☑	
2	南北绿	Bool	%Q0.0	☐	☑	☑	☑	
3	南北黄	Bool	%Q0.1	☐	☑	☑	☑	
4	南北红	Bool	%Q0.2	☐	☑	☑	☑	
5	东西红	Bool	%Q0.3	☐	☑	☑	☑	
6	东西绿	Bool	%Q0.4	☐	☑	☑	☑	
7	东西黄	Bool	%Q0.5	☐	☑	☑	☑	
8	初始步	Bool	%M5.0	☐	☑	☑	☑	
9	步1	Bool	%M5.1	☐	☑	☑	☑	
10	步2	Bool	%M5.2	☐	☑	☑	☑	
11	步3	Bool	%M5.3	☐	☑	☑	☑	
12	步4	Bool	%M5.4	☐	☑	☑	☑	
13	步5	Bool	%M5.5	☐	☑	☑	☑	
14	步6	Bool	%M5.6	☐	☑	☑	☑	
15	步7	Bool	%M5.7	☐	☑	☑	☑	
16	步8	Bool	%M6.0	☐	☑	☑	☑	

图 3-16 交通信号灯控制变量表

3.3.3.2 仿真运行

“项目”上单击右键→选择“属性”→“保护”，选择“块编译时支持仿真”。

(1) 依次单击仿真按钮→单击，在新建一个仿真项目→“下载预览”中单击“装载”，将 PLC_1 站点下载到仿真器中→仿真界面中，打开“SIM 表格_1”，单击，添加项目变量（见图 3-18）→单击工具栏中的，使 PLC 运行。

(2) 勾选“开关”，并行结构的顺序控制程序运行，相应输出指示灯按照时序循环亮灭。

程序段1：初始化. 步清零. 置位初始步

%M1.0
"FirstScan"

MOVE
EN — ENO
0 — IN　* OUT1 — %MW5
"Tag_18"

%M5.0
"初始步"
(S)

%M5.0
"初始步"
(R)

程序段2：初始步. 接通开关. 转换到步1和步2

%M5.0
"初始步"　%I0.0
"开关"

%M5.1
"步1"
(S)

%M5.2
"步2"
(S)

%M5.0
"初始步"
(R)

程序段3：步1. 南北绿灯亮. 延时50 s. 转换到步3

%M5.1
"步1"

%Q0.0
"南北绿"
( )

%DB1
"T1"
TON
Time
IN　Q
PT　ET — T#0 ms
T#50 s

%M5.3
"步3"
(S)

%M5.1
"步1"
(R)

程序段4：步3. 南北黄灯亮. 延时10 s. 转换到步5

%M5.3
"步3"

%Q0.1
"南北黄"
( )

%DB2
"T2"
TON
Time
IN　Q
PT　ET — T#0 ms
T#10 s

%M5.5
"步5"
(S)

%M5.3
"步3"
(R)

程序段5：步5. 南北红灯亮. 延时60 s. 转换到步7

%M5.5
"步5"

%Q0.2
"南北红"
( )

%DB3
"T3"
TON
Time
IN　Q
PT　ET — T#0 ms
T#60 s

%M5.7
"步7"
(S)

%M5.5
"步5"
(R)

程序段6：步2. 东西红灯亮. 延时60 s. 转换到步4

%M5.2
"步2"

%Q0.3
"东西红"
( )

%DB4
"T4"
TON
Time
IN　Q
PT　ET — T#0 ms
T#60 s

%M5.4
"步4"
(S)

%M5.2
"步2"
(R)

程序段7：步4. 东西绿灯亮. 延时50 s. 转换到步6

%M5.4
"步4"

%Q0.4
"东西绿"
( )

%DB5
"T5"
TON
Time
IN　Q
PT　ET — T#0 ms
T#50 s

%M5.6
"步6"
(S)

%M5.4
"步4"
(R)

程序段8：步6. 东西黄灯亮. 延时10 s. 转换到步8

%M5.6
"步6"

%Q0.5
"东西黄"
( )

%DB6
"T6"
TON
Time
IN　Q
PT　ET — T#0 ms
T#10 s

%M6.0
"步8"
(S)

%M5.6
"步6"
(R)

程序段9：步7和步8同时为1时. 转换到初始步

%M5.7
"步7"　%M6.0
"步8"

%M5.0
"初始步"
(S)

%M5.7
"步7"
(R)

%M6.0
"步8"
(R)

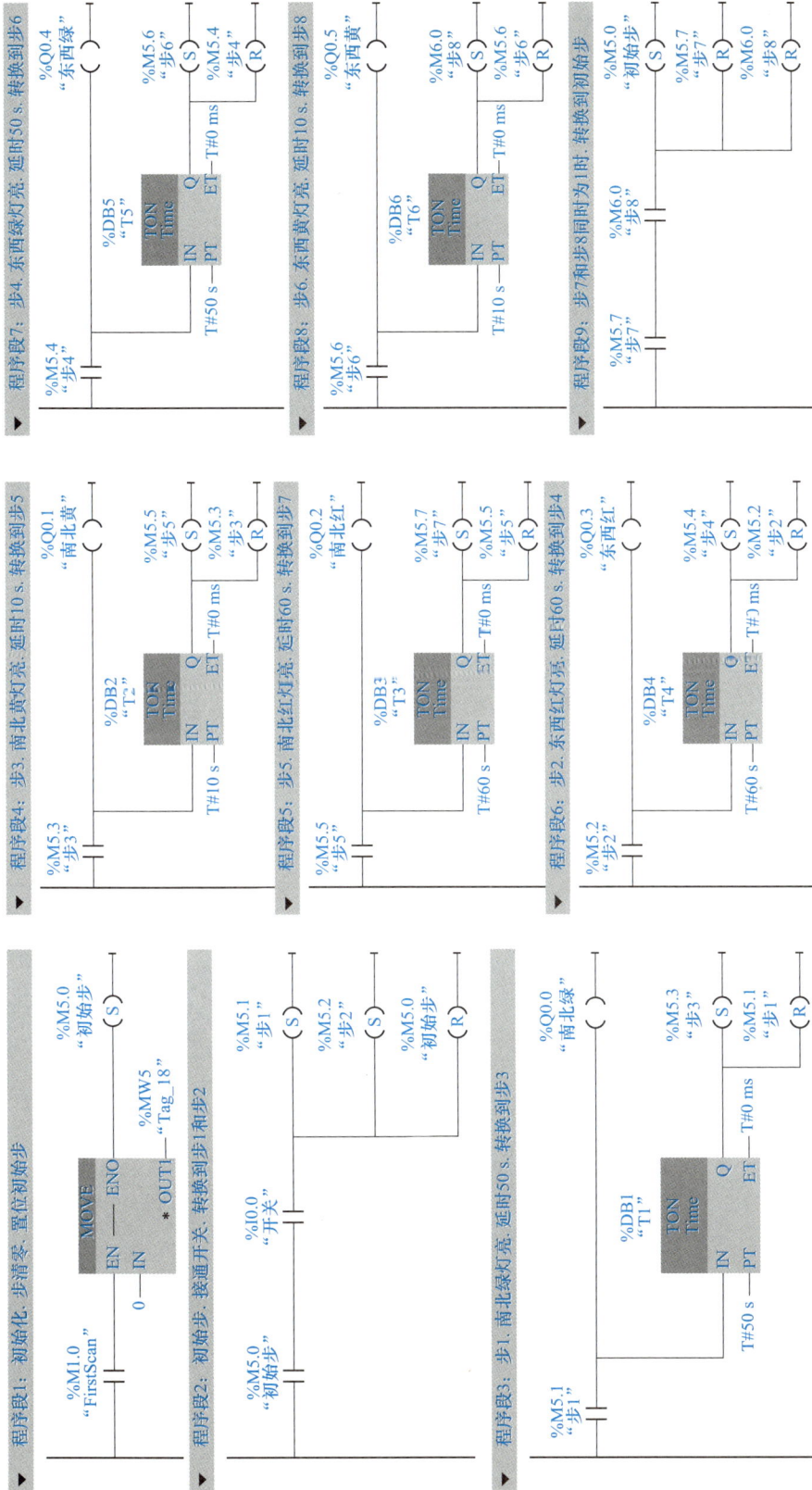

图 3-17　交通信号灯控制梯形图

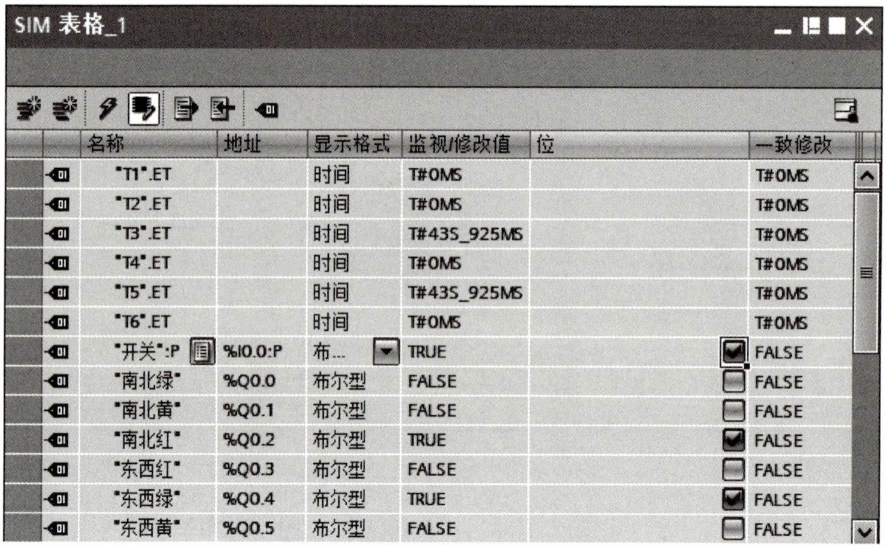

	名称	地址	显示格式	监视/修改值	位	一致修改
	"T1".ET		时间	T#0MS		T#0MS
	"T2".ET		时间	T#0MS		T#0MS
	"T3".ET		时间	T#43S_925MS		T#0MS
	"T4".ET		时间	T#0MS		T#0MS
	"T5".ET		时间	T#43S_925MS		T#0MS
	"T6".ET		时间	T#0MS		T#0MS
	"开关":P	%I0.0:P	布...	TRUE		☑ FALSE
	"南北绿"	%Q0.0	布尔型	FALSE		☐ FALSE
	"南北黄"	%Q0.1	布尔型	FALSE		☐ FALSE
	"南北红"	%Q0.2	布尔型	TRUE		☑ FALSE
	"东西红"	%Q0.3	布尔型	FALSE		☐ FALSE
	"东西绿"	%Q0.4	布尔型	TRUE		☑ FALSE
	"东西黄"	%Q0.5	布尔型	FALSE		☐ FALSE

图 3-18　交通信号灯控制仿真变量表

习　题

3-1　简述划分步的原则。

3-2　简述转换实现的条件和转换实现时应完成的操作。

3-3　S7-1200 PLC 的程序设计有几种方法，各有什么特点？

3-4　要求设计五人抢答器的 PLC 程序，具体要求：主持席设置"开始抢答按钮"及"开始抢答指示灯"，必须在主持人按下"开始抢答按钮"后才允许抢答，第一个按下抢答按钮的选手指示灯常亮，其余抢答按钮无效。提前抢答者将视为犯规，同时该选手的抢答指示灯闪烁、主持席的"开始抢答指示灯"失效，待确认犯规后，主持人按下复位按钮，所有指示灯熄灭，对该题进行重新抢答。

3-5　要求设计三分频电路的 PLC 程序，具体要求：输出脉冲频率为输入脉冲频率的三分之一。

3-6　现有七人组成的评委组，要求对某选手的表现进行投票，只有五人或五人以上进行投票，该选手才能晋级，设计相应的 PLC 程序。

3-7　设计报警电路相应的 PLC 程序，具体要求：故障发生时，报警指示灯闪烁、电铃响。操作人员知道故障后，按下消铃按钮，将电铃关掉，报警灯由闪烁变为长亮。故障消除后，报警灯熄灭。此外，还要设置试灯、试铃按钮，用于平时检测报警灯和电铃的好坏。

3-8　现有两台电机，要求完成以下功能：按下"启动"按钮，两台电机顺序启动，启动时间间隔为 5 s；按下"停止"按钮，逆序停止，停止时间间隔为 3 s；当出现故障时，两台电机立即停车，同时故障灯闪烁；故障消除后，故障灯灭，重新按下"启动"按钮，两台电机再次重新运行。

项目 4　S7-1200 扩展指令的应用

课程思政

　　爱国是科学家精神之魂，奉献是科学家的宝贵品质。爱国奉献从来都不是冰冷的文字和空洞的口号，而是刻在骨子里的信仰和融入血脉中的担当。百余年来，科技工作者把深厚的爱国情怀融入科技兴国的理想信念中，谱写出直抵人心的动人乐章。

　　师昌绪是我国著名材料科学家、战略科学家。1948 年，28 岁的师昌绪远赴重洋，来到美国，学习真空冶金技术。面对来之不易的留学机会，好学的他仅用 9 个月时间就获得了硕士学位，而后又用不到两年半时间以全 A 的成绩获得博士学位。此时，新中国刚刚成立，百废待兴，身在大洋彼岸的师昌绪热切地渴盼投身祖国建设的滚滚洪流中。他说："人生观定了以后，它就永远不会变。我的人生观就是要使祖国强大。"然而，朝鲜战争的爆发打乱了师昌绪的回国计划，他本人也因研究成绩斐然而成为美国明令禁止离境的 35 名中国留学生之一。

　　"八载隔洋同对月，一心挫霸誓归国。"1955 年 6 月，在与美国当局周旋抗争了整整 3 年后，师昌绪终于冲破重重阻挠，回到祖国的怀抱，服从分配进入中国科学院金属研究所工作。来到新的工作岗位后，面对祖国建设需要，师昌绪二话没说，便将自己的研究领域由原来的物理冶金转向炼铁、炼钢和轧钢技术研究。1964 年寒冬的一个深夜，时任航空研究院副总工程师的荣科敲开了师昌绪家的大门，提出希望由他来担纲飞机空心涡轮叶片的研发任务。在一无专家、二无资料的情况下，师昌绪毫不犹豫接下了这块"硬骨头"。他说："我心中没底，但是我知道有答案。答案就是美国做成了，我们一定能做成！"

　　在师昌绪的带领下，课题组全体同志横下一颗心，吃住在实验室，仅用一年时间就攻克了造型、脱芯、合金质量控制等一系列技术难关。1966 年 12 月，由我国自主研制的第一片铸造九孔空心涡轮叶片装机试车成功，"战鹰"终于换上了新"心脏"。1975 年，空心涡轮叶片的生产基地由辽宁转移到贵州。此时，年近六旬的师昌绪主动请缨，要求带队赴贵州协助生产。在大山深处，他同技术人员吃在一起、干在一处，住最简易的招待所，吃变质的大米，喝未经消毒的河水，手把手向工人传授知识技能，大大提高了该厂生产空心涡轮叶片的合格率，助力几百架军机翱翔蓝天。

　　2014 年，师昌绪逝世，也是在这一年，他被评为"感动中国年度人物"。2015 年年初，当"感动中国"节目组将这座"迟到"的奖杯送到师昌绪夫人手中时，老人眼含热泪，话语铿锵："师昌绪是一个不太起眼的人，不过他有一颗报国的心，他是尽了他的能力。我相信，每个人能力虽然有大小，但只要踏实工作，又能兢兢业业地做好自己的事情，将来都能感动中国！"

任务 4.1 应用时间中断实现电动机的间歇控制

4.1.1 任务引入

应用时间中断实现电动机的间歇启动，控制要求如下：

（1）当按下"启动"按钮时，电动机运行 1 min，停止 1 min，这样周而复始；

（2）当按下"停止"按钮或发生过载时，电动机立即停止。

4.1.2 知识背景

4.1.2.1 电气接线图

应用时间中断实现电动机间歇启动控制，如图 4-1 所示。其中，输入 I0.0 接入热继电器的保护触点，I0.1 接入启动信号，I0.2 接入停止信号；Q0.0 输出控制接触器线圈 KM。

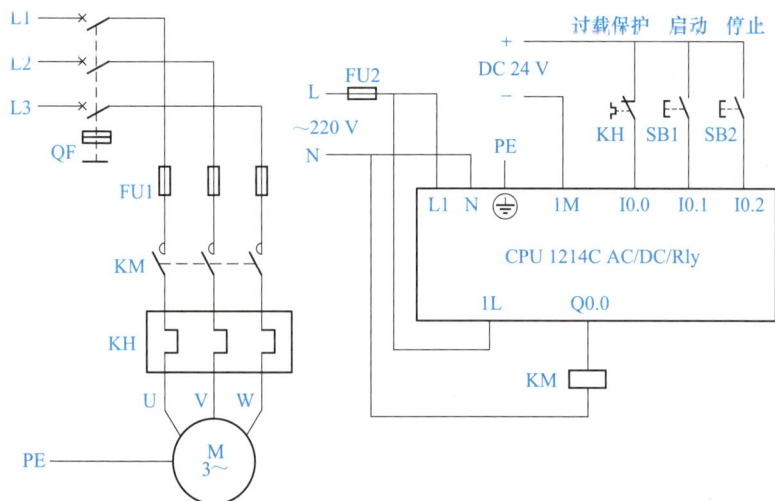

图 4-1　电动机间歇启动电路图

4.1.2.2 代码块与用户程序结构

A　模块化编程

模块化编程将复杂的自动化任务划分为对应于生产过程的技术功能的子任务，每个子任务对应于一个称为"块"的子程序，通过块与块之间的相互调用组织程序。这样的程序易于修改、查错和调试，块结构显著地增加了 PLC 程序的组织透明性、可理解性和易维护性，常用的程序块见表 4-1。

表 4-1 PLC 程序块分类

块	简　要　描　述
组织块（OB）	操作系统与用户程序的接口，决定用户程序的结构
函数块（FB）	用户编写的具有一定功能的子程序，有专用的背景数据块
函数（FC）	用户编写的具有一定功能的子程序，没有专用的背景数据块
背景数据块（DB）	用于保存 FB 或功能指令的输入、输出参数和静态变量，其数据在编译时自动生成
全局数据块（DB）	存储用户数据的数据区域，供所有的代码块使用

　　OB、FB、FC 统称为代码块，被调用的代码块可以嵌套调用别的代码块。从程序循环 OB 或启动 OB 开始，嵌套深度为 16；从中断 OB 开始，嵌套深度为 6，如图 4-2 所示。

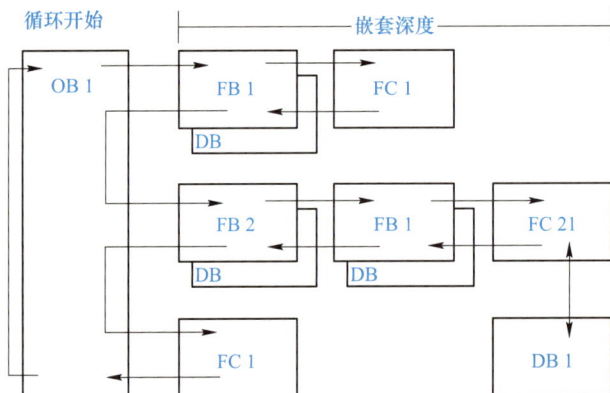

图 4-2 PLC 用户程序嵌套

B　组 织 块

　　组织块 OB 是操作系统与用户程序的接口，由操作系统调用。

　　（1）程序循环组织块。OB1 是用户程序中的主程序，在每一次循环中操作系统程序调用一次 OB1，允许有多个程序循环 OB。

　　（2）启动组织块。当 CPU 的工作模式从 STOP 切换到 RUN 时，执行一次启动组织块初始化程序循环 OB 中的某些变量，可以有多个启动 OB，默认的为 OB100。

　　（3）中断组织块。中断处理用于实现对特殊内部事件或外部事件的快速响应。如果出现中断事件，CPU 暂停正在执行的程序块，自动调用一个分配给该事件的组织块（中断程序）处理中断事件。执行完中断组织块后，返回被中断程序的断点处继续执行原来的程序，如图 4-3 所示。

C　函 数

　　函数 FC（Function）是用户编写的子程序。函数没有固定的存储区，函数执行结束后，其临时变量中的数据就丢失了。

D　函 数 块

　　函数块 FB（Function Block）是用户编写的子程序。调用函数块时，需要指定背景数

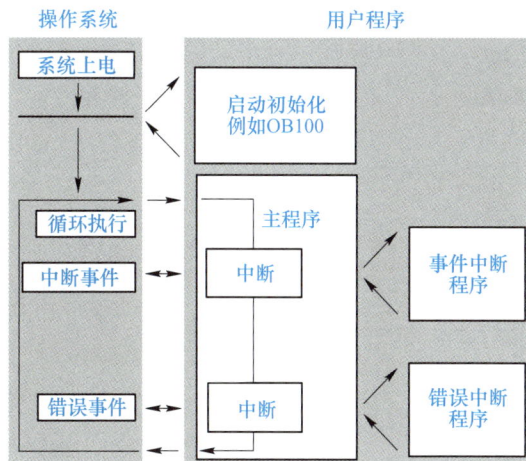

图 4-3　中断执行及返回

据块，后者是函数块专用的存储区。FB 的输入、输出参数和局部静态变量保存在背景数据块中。FB 的典型应用是执行不能在一个扫描周期完成的操作。

使用不同的背景数据块调用同一个函数块，可以控制不同的设备。

F　数据块

数据块 DB 是用于存放执行代码块时所需的数据区，包括：

（1）全局数据块存储供所有的代码块使用的数据；

（2）背景数据块存储的数据供特定的 FB 使用。

4.1.2.3　事件与组织块

A　启动组织块的事件

组织块 OB 是操作系统与用户程序的接口，出现启动组织块的事件时，由操作系统调用对应的组织块。如果当前不能调用 OB，则按照事件的优先级将其保存到队列。如果没有为该事件分配 OB，则会触发默认的系统响应。

B　事件执行的优先级与中断队列

事件一般按优先级的高低来处理，先处理高优先级的事件。优先级相同的事件按"先来先服务"的原则处理。如果设置为 OB 可中断模式，更高优先级的事件将中断正在运行的 OB，见表 4-2。各事件有默认的组织块，此外还可以生成编号大于等于 123 的组织块。

表 4-2　中断事件类型及优先级

事件类型	OB 编号	OB 数	启 动 事 件	优先级
程序循环	1 或 ≥123	≥1	启动结束或上一个循环 OB 结束	1
启动	100 或 ≥123	≥0	从 STOP 切换到 RUN 模式	1
时间中断	10～17 或 ≥123	≤2	已达到启动时间	2
延时中断	20～23 或 ≥123	≤4	延时时间结束	3

续表 4-2

事件类型	OB 编号	OB 数	启 动 事 件	优先级
循环中断	30~33 或≥123	≤4	设定时间已用完	8
硬件中断	40~47 或≥123	≤50	上升沿（≤16 个）、下降沿（≤16 个）	18
			HSC：计数值=设定值、计数方向变化、外部复位，均为≤6 个	18
状态中断	55	1	CPU 接收到状态中断，如从站中的模块更改了操作模式	4
更新中断	56	1	CPU 接收到更新中断，如更改了从站或设备的插槽参数	4
制造商中断	57	1	CPU 接收到制造商或配置文件特定的中断	4
时间错误	80	1	超过最大循环时间，中断队列溢出、中断过多丢失中断	26
诊断错误中断	82	1	模块故障	5
拔出/插入中断	83	1	拔出/插入分布式 I/O 模块	6
机架错误	86	1	分布式 I/O 的 I/O 系统错误	6

C　用 DIS_AIRT 与 EN_AIRT 指令禁止与激活中断

可以用指令 DIS_AIRT 延时处理优先级高于当前组织块的中断 OB，调用指令 EN_AIRT 启用以前调用 DIS_AIRT 延时的组织块处理。

4.1.2.4　时间中断指令

A　时间中断的功能

时间中断用于在设置的日期和时间产生一次中断，或从设置的日期时间开始，周期性地重复产生中断。时间中断 OB 的编号应为 10~17，或大于等于 123。

在 OB1 中调用指令 QRY_TINT 查询时间中断的状态。在 I0.0 的上升沿，调用指令 SET_TINTL 和 ACT_TINT 分别设置和激活时间中断 OB10。

参数 LOCAL 为 1 表示使用本地时间，如图 4-4 所示。16#0201 表示每分钟产生一次时间中断。参数 ACTIVATE 为 1 时，该指令设置并激活时间中断；为 0 仅设置时间中断。本例用指令 ACT_TINT 激活时间中断。

B　设置中断指令

设置中断指令 SET_TINTL，如图 4-5 所示。

（1）参数 SDT（DTL 类型）是起始日期时间。

（2）参数 PERIOD（Word 类型）用于设置产生时间中断的时间间隔，可以设置为 16#0000（单次）、16#0201（每分钟一次）、16#0401（每小时一次）、16#1001（每天一次）、16#1201（每周一次）、16#1401（每月一次）、16#1801（每年一次）、16#2001（月末）。

（3）参数 LOCAL（Bool 类型）为"1"或"0"分别表示使用本地时间或系统时间。

（4）参数 ACTIVATE（Bool 类型）为"1"时表示使用该指令设置并激活时间中断；

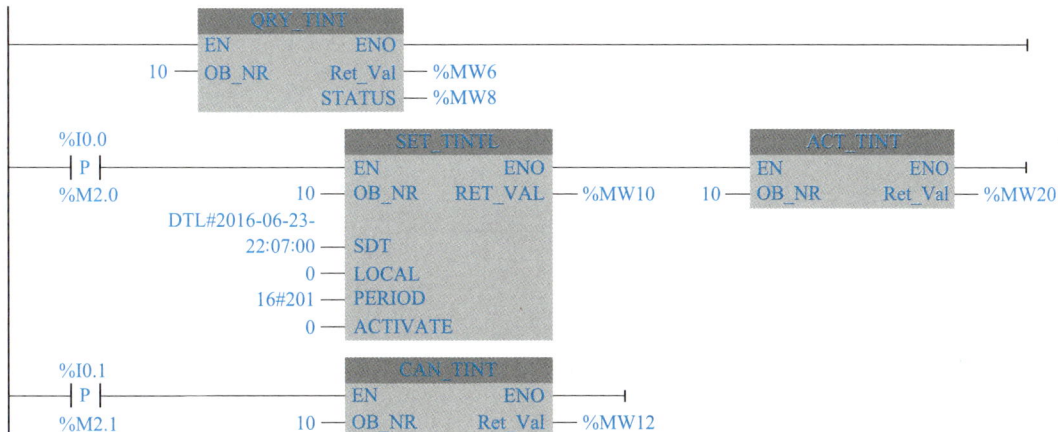

图 4-4 时间中断举例

为"0"时表示仅设置时间中断，需要调用 ACT_TINT 指令激活时间中断。

C 启用时间中断指令 ACT_TINT

启用时间中断指令 ACT_TINT（见图 4-6）是对指定的中断 OB_NR 进行激活。

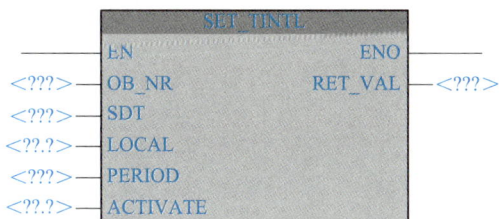

图 4-5 设置中断指令

图 4-6 启用时间中断指令

D 取消中断指令 CAN_TINT

在不需要时间中断的时候，可以使用取消中断指令 CAN_TINT（见图 4-7）取消指定的中断 OB_NR。

E 读取系统时间指令

使用读取系统时间指令（见图 4-8）读取系统的日期和时间到 OUT 指定的 DTL 地址中。

图 4-7 取消时间中断指令

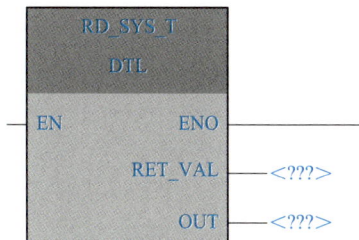

图 4-8 读取系统时间指令

4.1.3　任务实施

4.1.3.1　硬件组态与编程

A　硬件组态

新建一个项目，添加新设备"CPU1214C AC/DC/Rly"，版本号 V4.2。打开 PLC 硬件属性"系统和时钟存储器"，勾选"启用系统存储器字节"和"启用时钟存储器字节"。

B　创建变量并编写程序

（1）添加组织块 OB10，如图 4-9 所示。

图 4-9　添加新块

（2）编写时间中断服务程序，如图 4-10 所示。

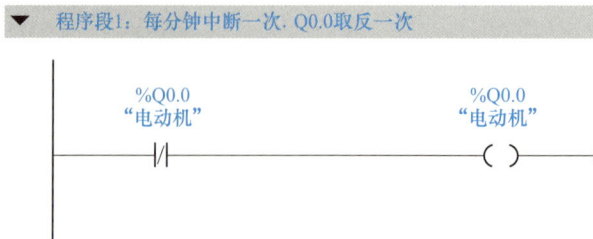

图 4-10　中断服务程序

（3）编写主程序。

1）添加临时变量，如图 4-11 所示。

图 4-11 临时变量表

2）主程序的编写，如图 4-12 所示。

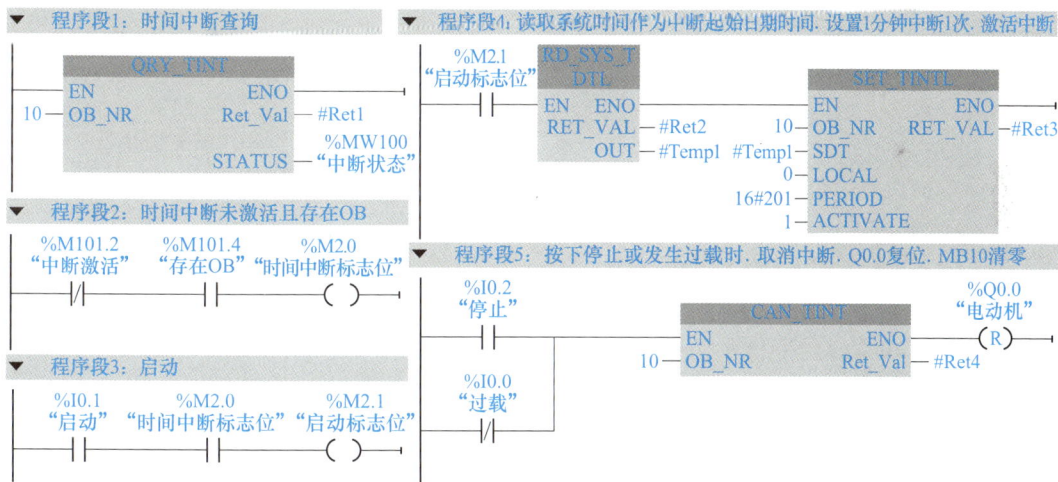

图 4-12 OB1 主程序

4.1.3.2 仿真运行

"项目"上单击右键→选择"属性"→"保护"，选择"块编译时支持仿真"。

（1）依次单击仿真按钮 ▤ →单击 ，在新建一个仿真项目→"下载预览"中单击"装载"，将 PLC_1 站点下载到仿真器中→仿真界面中，打开"SIM 表格_1"，单击 ，添加项目变量（见图 4-13）→单击工具栏中的 ，使 PLC 运行。

（2）勾选"过载"，单击"启动"按钮，经过 1 min，可以看到 Q0.0 为"TRUE"，电动机运行；再经过 1 min，Q0.0 为"FALSE"，电动机停止，如此反复。

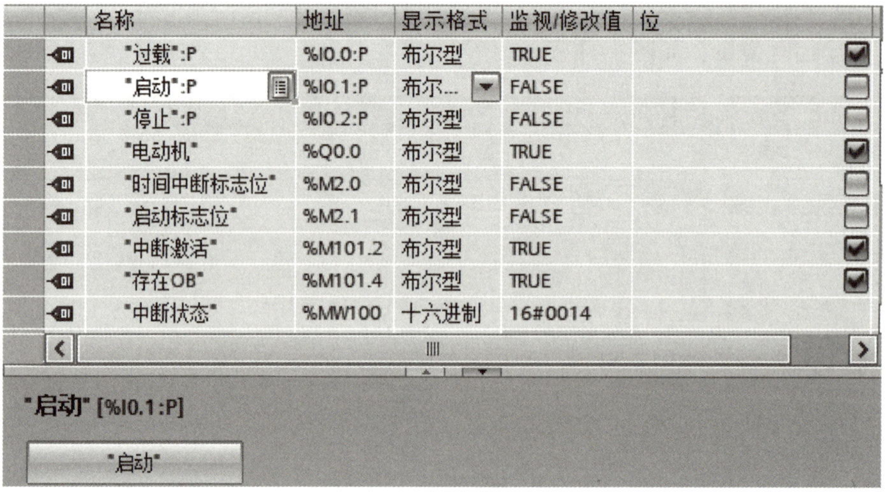

	名称	地址	显示格式	监视/修改值	位	
	"过载":P	%I0.0:P	布尔型	TRUE		☑
	"启动":P	%I0.1:P	布尔...	FALSE		☐
	"停止":P	%I0.2:P	布尔型	FALSE		☐
	"电动机"	%Q0.0	布尔型	TRUE		☑
	"时间中断标志位"	%M2.0	布尔型	FALSE		☐
	"启动标志位"	%M2.1	布尔型	FALSE		☐
	"中断激活"	%M101.2	布尔型	TRUE		☑
	"存在OB"	%M101.4	布尔型	TRUE		☑
	"中断状态"	%MW100	十六进制	16#0014		

"启动" [%I0.1:P]

"启动"

图 4-13 仿真变量表

（3）当单击"停止"按钮或取消勾选"过载"时，Q0.0 一直为"FALSE"，电动机停止。

任务 4.2 应用硬件中断实现电动机的启停控制

4.2.1 任务引入

应用硬件中断实现对电动机的控制，控制要求如下：

（1）当按下"启动"按钮时，电动机启动运行；

（2）当按下"停止"按钮或电动机过载时，电动机停止。

4.2.2 知识背景

4.2.2.1 电气接线图

应用硬件中断实现电动机的启停控制电气原理图，如图 4-14 所示。其中，输入 I0.0 接入热继电器的保护触点，I0.1 接入启动信号，I0.2 接入停止信号；Q0.0 输出控制接触器线圈 KM。

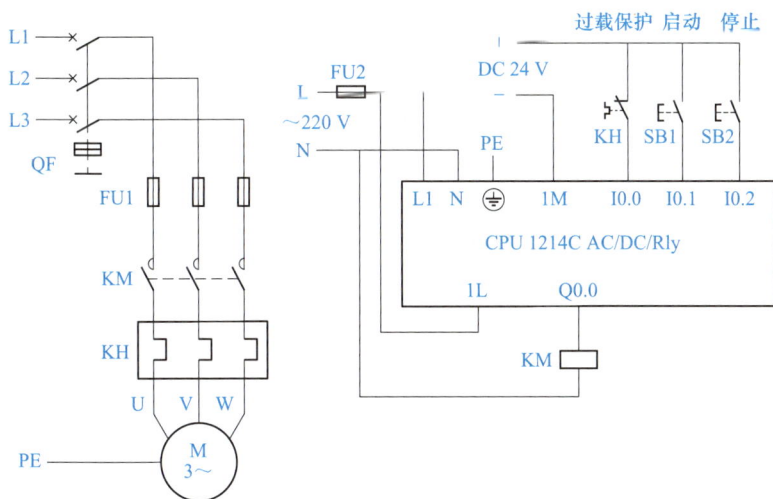

图 4-14 电动机启停控电路图

4.2.2.2 硬件中断

A 硬件中断事件与硬件中断组织块

硬件中断事件用于处理需要快速响应的过程事件。当出现硬件中断事件时，立即中止当前正在执行的程序，改为执行对应的硬件中断 OB。

S7-1200 支持的硬件中断事件有：

（1）CPU 内置的数字量输入、信号板的数字量输入的上升沿事件和下降沿事件，不支持信号模块的数字量输入事件；

（2）高速计数器（HSC）的当前计数值等于设定值事件；

（3）HSC 的计数方向改变事件，即计数值由增大变为减少或由减少变为增大；

（4）HSC 的数字量外部复位输入的上升沿事件，计数值被复位为 0。硬件中断事件最多可以生成 50 个硬件中断 OB，其编号应为 40~47，或大于等于 123。

B　中断连接指令和中断分离指令

（1）ATTACH 指令用于建立硬件中断事件 EVENT 与中断组织块 OB 的连接，参数 EVENT 为要分配给 OB 的硬件中断事件，参数 ADD（Bool 类型）的默认值为 0，表示将指定的事件取代连接到原来分配给这个 OB 的所有事件；ADD 设为 1，表示该事件将添加到此 OB 之前的事件分配中，如图 4-15 所示。

（2）DETACH 指令用于断开硬件中断事件 EVENT 与中断组织块 OB 的连接，如图 4-16 所示。

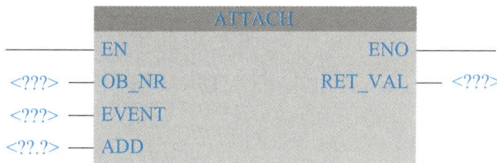

图 4-15　中断连接指令　　　　　　　图 4-16　中断分离指令

要求使用指令 ATTACH 和 DETACH，当出现 I0.0 上升沿事件时，交替调用硬件中断组织块 OB40 和 OB41，分别将不同的数写入 QB0。如图 4-17 所示，在硬件组态时将 OB40 分配给 I0.0 的上升沿中断事件，该中断事件出现时调用 OB40。在 OB40 中，断开该事件与 OB40 的连接，建立该事件与 OB41 的连接，用 MOVE 指令给 QB0 赋值为 16#F。

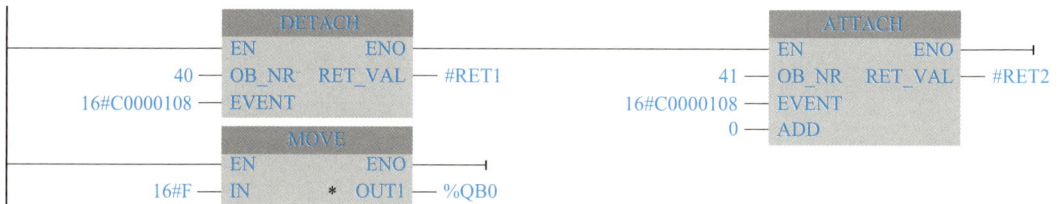

(a)

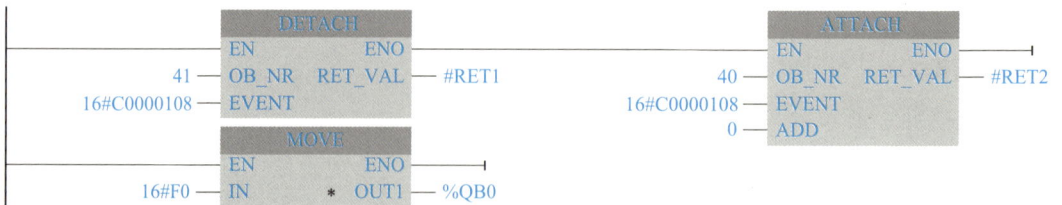

(b)

图 4-17　硬件中断指令举例

（a）OB40；（b）OB41

下一次出现 I0.0 上升沿事件时，在 OB41 中断开该事件与 OB41 的连接，建立该事件与 OB40 的连接，用 MOVE 指令给 QB0 赋值为 16#F0。

4.2.3　任务实施

4.2.3.1　硬件组态与编程

A　硬件组态

新建一个项目→"添加新设备 CPU1214C AC/DC/Rly"，版本号 V4.2→打开 PLC 硬件属性"系统和时钟存储器"，勾选"启用系统存储器字节"和"启用时钟存储器字节"。

I0.0：通道 0→勾选"启用下降沿检测"→"下降沿 0"，硬件中断选 OB40（复位输出）。

I0.1：通道 1→勾选"启用上升沿检测"→"硬件中断"→OB41（置位输出），如图 4-18 所示。

I0.2：通道 2→勾选"启用上升沿检测"→硬件中断选择 OB40。

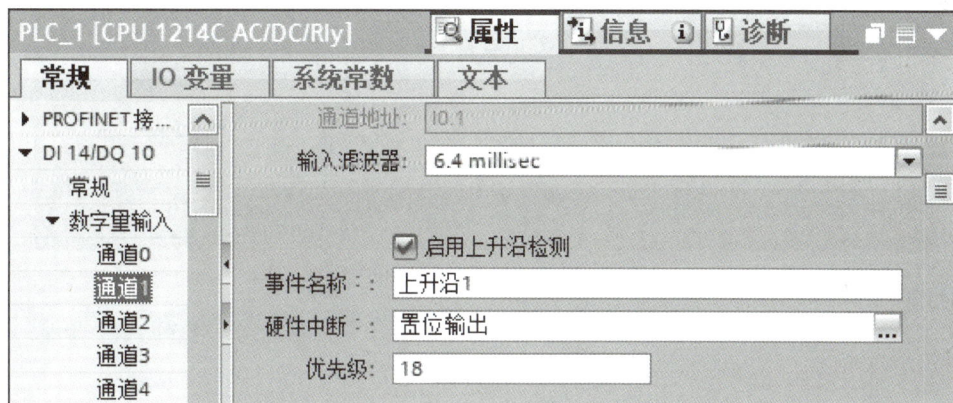

图 4-18　硬件中断通道配置

B　编写程序

添加新块并建立事件编号，如图 4-19 所示。建立 OB40 和 OB41 梯形图程序，如图 4-20 所示。

4.2.3.2　仿真运行

"项目"上单击右键→选择"属性"→"保护"，选择"块编译时支持仿真"。

（1）依次单击仿真按钮 🖳→单击 🔆，在新建一个仿真项目→"下载预览"中单击"装载"，将 PLC_1 站点下载到仿真器中→仿真界面中，打开"SIM 表格_1"，单击 🔲，添加项目变量（见图 4-21）→单击工具栏中的 🔚，使 PLC 运行。

（2）勾选"I0.0"，单击"I0.1"按钮，Q0.0 为"TRUE"，电动机启动。单击"I0.2"按钮，Q0.0 为"FALSE"，电动机停止。取消勾选"I0.0"，Q0.0 为"FALSE"，电动机停止。

图 4-19　添加硬件中断组织块

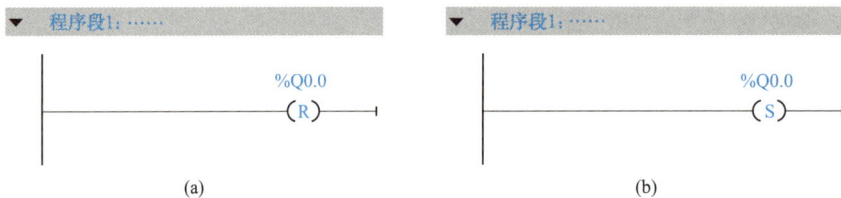

图 4-20　中断服务程序
（a）OB40 的程序；（b）OB41 的程序

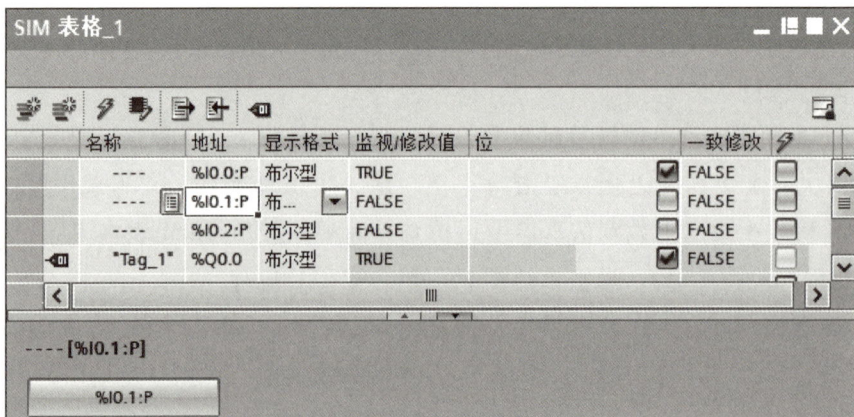

图 4-21　仿真变量表

任务 4.3　应用函数 FC 实现两组电动机的顺序启动控制

4.3.1　任务引入

某设备有两组电动机，要求使用函数 FC 进行模块化编程，实现两组电动机的顺序启动控制。控制要求如下：

（1）第一组有两台电动机，第一台电动机 M11 启动后经过 5 s，第二台电动机 M12 启动；

（2）第二组也有两台电动机，第一台电动机 M21 启动后经过 10 s，第二台电动机 M22 启动。

4.3.2　知识背景

4.3.2.1　电气接线图

应用函数 FC 实现两组电动机的顺序启动控制 IO 地址分配，见表 4-3。

表 4-3　顺序启动控制系统 I/O 分配表

电动机	输入端子	输入器件	作用	输出端子	输出器件	作用
	I0.0	SB1	组 1 启动	Q0.0	接触器 KM11	控制电动机 M11
第一组	I0.1	SB2	组 1 停止	Q0.1	接触器 KM12	控制电动机 M12
	I0.2	KH1	组 1 过载			
	I0.3	SB3	组 2 启动	Q0.2	接触器 KM21	控制电动机 M21
第二组	I0.4	SB4	组 2 停止	Q0.3	接触器 KM22	控制电动机 M22
	I0.5	KH2	组 2 过载			

4.3.2.2　函数 FC

A　函数的特点

函数 FC 和函数块 FB 是用户编写的子程序，它们包含完成特定任务的程序，FC 和 FB 有与调用它的块共享的输入、输出参数。

例如，设压力变送器量程的下限为 0 MPa，上限为 High MPa，经 A/D 转换后得到 0~27648 的整数。转换后的数字 N 和压力 p 之间的计算公式为

$$p = (High * N)/27648(MPa)$$

可以用函数 FC1 实现上述运算。

B　生成函数

在"指令树"中"添加新块"，单击"添加新块"对话框中的"函数"按钮，FC 默认的编号为 1，默认的语言为 LAD。设置函数的名称为"计算压力"，单击"确定"按钮生成 FC1。

C　生成函数的局部数据

向下拉动程序区最上面的分隔条，分隔条上面是函数的接口区，下面是程序区。

在接口区中生成局部变量，后者只能在它所在的块中使用。

右键单击项目树中的"FC1"，单击快捷菜单中的"属性"，选中打开的对话框左边的"属性"，用复选框取消默认的属性"块的优化访问"。成功编译后接口区出现"偏移量"列，只有临时数据才有偏移量。

函数各种类型的局部变量的作用如下：

（1）输入参数 Input 用于接收调用它的主调块提供的输入数据。

（2）输出参数 Output 用于将块的程序执行结果返回给主调块。

（3）输入_输出参数 InOut 的初值由主调块提供，块执行完后用同一个参数将它的值返回给主调块，如图 4-22 所示。

		名称	数据类型	偏移量	默认值
1	▼	Input			
2	■	输入数据	Int		
3	■	量程上限	Real		
4	▼	Output			
5	■	压力值	Real		
6	▶	InOut			
7	▼	Temp			
8	■	中间变量	Real		0.0
9	▶	Constant			
10	▼	Return			
11	■	计算压力	Void		

图 4-22　FC 局部变量

（4）文件夹 Return 中自动生成的返回值"计算压力"与函数的名称相同，属于输出参数。数据类型为 Void，表示函数没有返回值。

函数还有两种局部数据：

（1）临时数据 Temp 是暂时保存在局部数据堆栈中的数据。每次调用块之后，临时数据可能被同一优先级中后面调用的块的临时数据覆盖。

（2）常量 Constant 是块中使用并且带有符号名的常量。

D　FC1 的程序设计

FC1 程序设计如图 4-23 所示，运算的中间结果用临时局部变量"中间变量"保存。STEP 7 自动地在局部变量的前面添加"#"号。

图 4-23　FC1 程序设计

E　在 OB1 中调用 FC1

在变量表中生成调用 FC1 时需要的 3 个变量，如图 4-24 所示。将项目树中的"FC1"

拖放到右边的程序区的水平"导线"上。FC1 的方框中左边的"输入数据"等是在 FC1 的接口区中定义的输入参数和输入/输出参数，右边的"压力值"是输出参数，它们被称为块的形式参数，简称为形参，形参在 FC 内部的程序中使用。方框外是调用时为形参指定的实际参数，简称为实参。实参与它对应的形参应具有相同的数据类型，STEP 7 自动地在全局变量的符号地址两边添加双引号。

9	压力转换值	Int	%IW64
10	压力计算值	Real	%MD18
11	压力计算	Bool	%I0.6

图 4-24　主程序调用及变量表

4.3.3　任务实施

4.3.3.1　硬件组态与编程

A　硬件组态

新建一个项目→"添加新设备 CPU1214C AC/DC/Rly"，版本号 V4.2。→打开 PLC 硬件属性"系统和时钟存储器"，勾选"启用系统存储器字节"和"启用时钟存储器字节"。

B　编写程序

（1）新建"函数 FC"（FC1），命名为"顺序启动控制"，如图 4-25 所示。

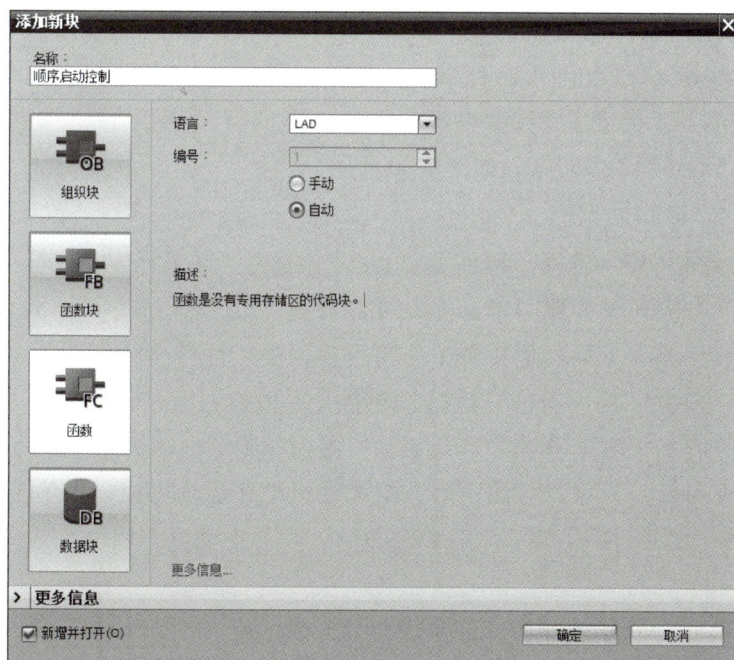

图 4-25　创建函数 FC

（2）将 TON 定时器拖放到程序区，弹出"调用选项"，选择"参数实例"，接口参数名称为"定时器"，单击"确定"按钮，自动在 InOut 下生成参数"定时器"，如图 4-26 所示。

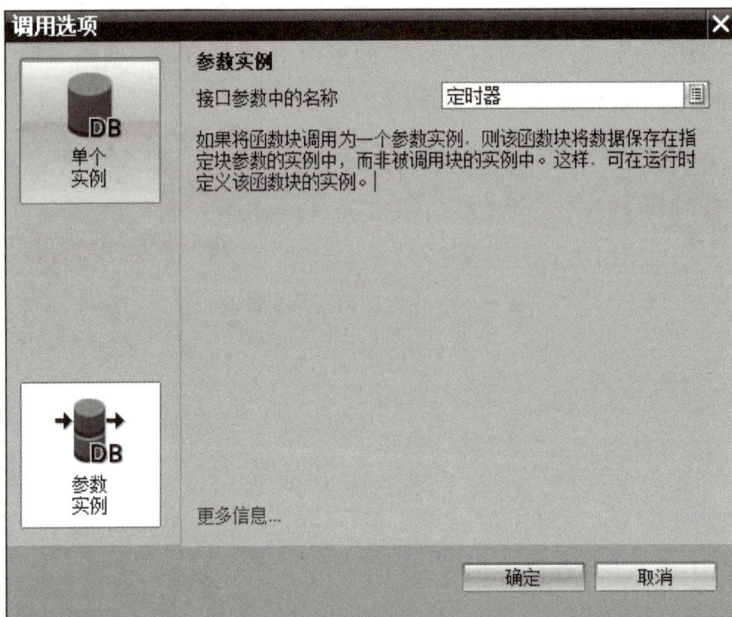

图 4-26　创建定时器参数

（3）FC1 接口参数及程序设计，如图 4-27 所示。

（4）OB1 调用 FC1 步骤如下：

1）添加"数据块"，如图 4-28 所示；

2）OB1 调用 FC1 的程序，如图 4-29 所示。

（5）建立启动组织块 OB100，如图 4-30 所示。

4.3.3.2　仿真运行

"项目"上单击右键→选择"属性"→"保护"，选择"块编译时支持仿真"。

（1）依次单击仿真按钮 ![icon]→单击 ![icon]，在新建一个仿真项目→"下载预览"中单击"装载"，将 PLC_1 站点下载到仿真器中→仿真界面中，打开"SIM 表格_1"，单击 ![icon]，添加项目变量（见图 4-31）→单击工具栏中的 ![icon]，使 PLC 运行。

（2）勾选"组 1 过载"，单击"组 1 启动"按钮，则"电动机 M11"为"TRUE"，经过 5 s，"电动机 M12"为"TRUE"，第一组电动机顺序启动完成。当单击"组 1 停止"按钮或取消勾选"组 1 过载"时，"电动机 M11"和"电动机 M12"均为"FALSE"，第一组两台电动机同时停止。

（3）勾选"组 2 过载"，单击"组 2 启动"按钮，则"电动机 M21"为"TRUE"，经过 10 s，"电动机 M22"为"TRUE"，第二组电动机顺序启动完成。当单击"组 2 停止"按钮或取消勾选"组 2 过载"时，"电动机 M21"和"电动机 M22"均为"FALSE"，第二组两台电动机同时停止。

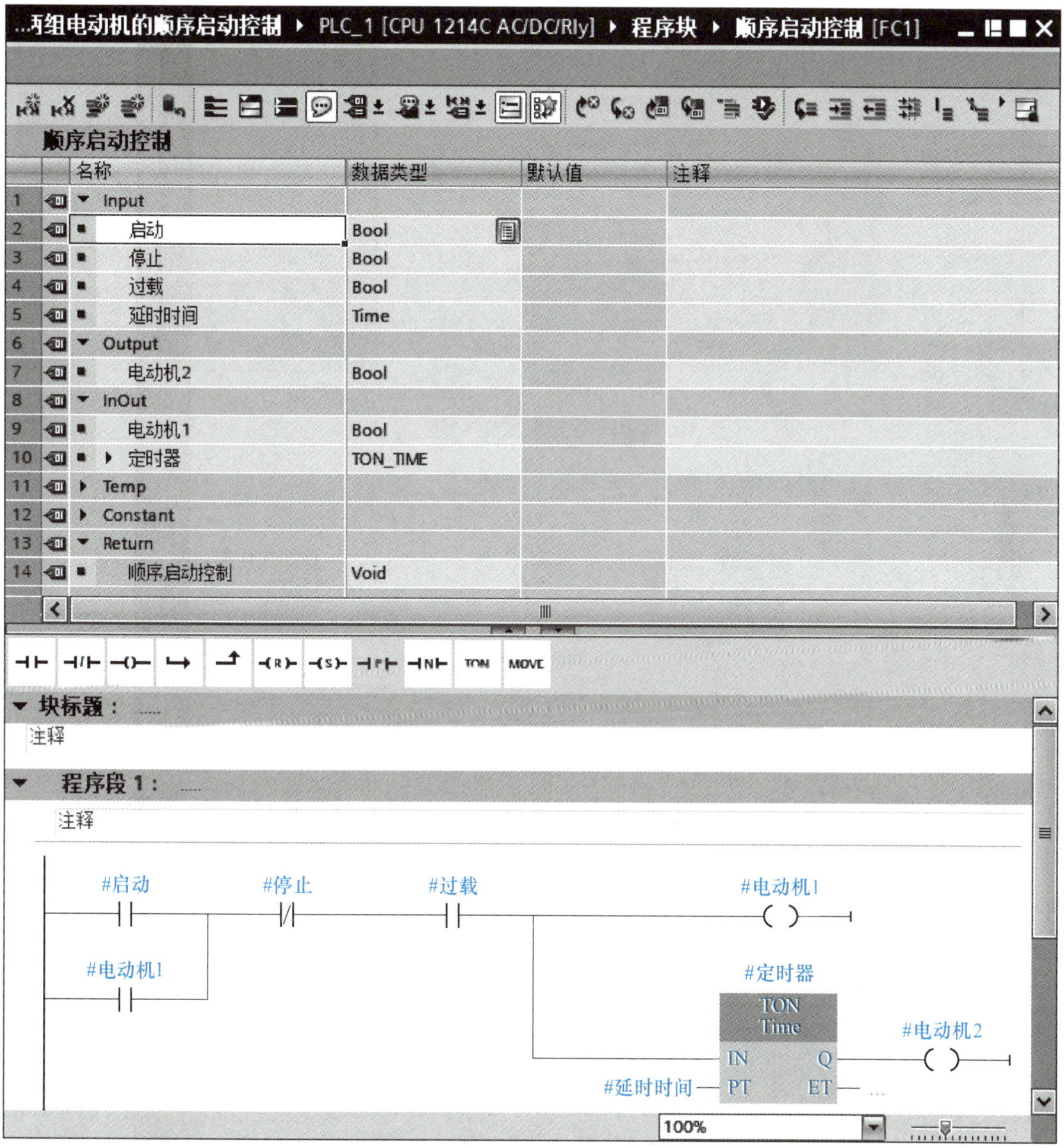

图 4-27　创建接口参数及程序

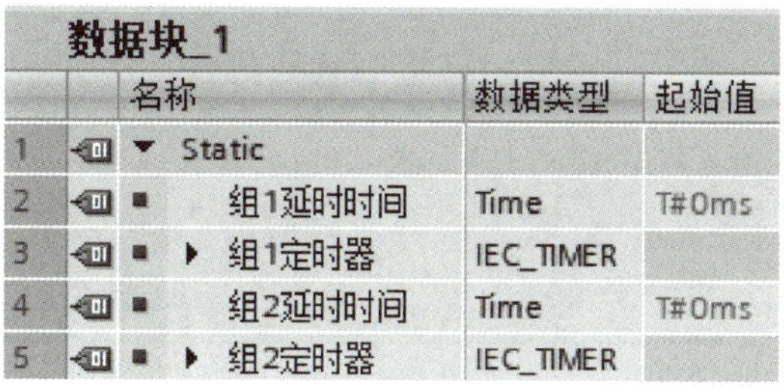

图 4-28　主程序数据块

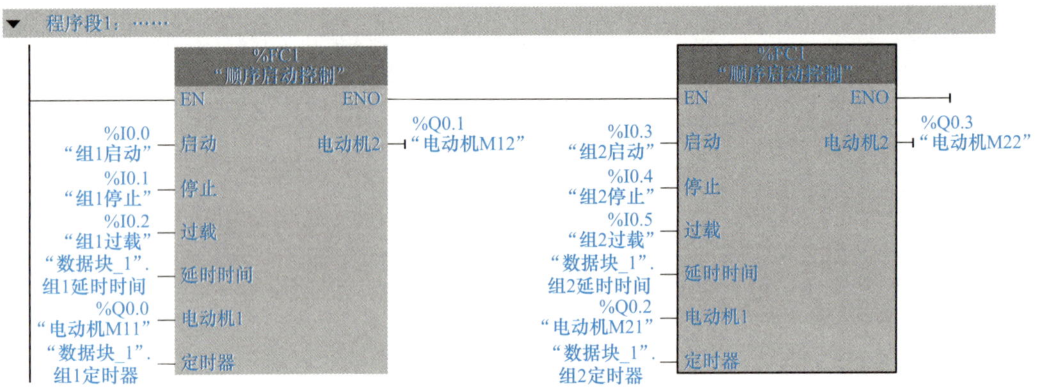

程序段1：……

图 4-29 主程序 OB1

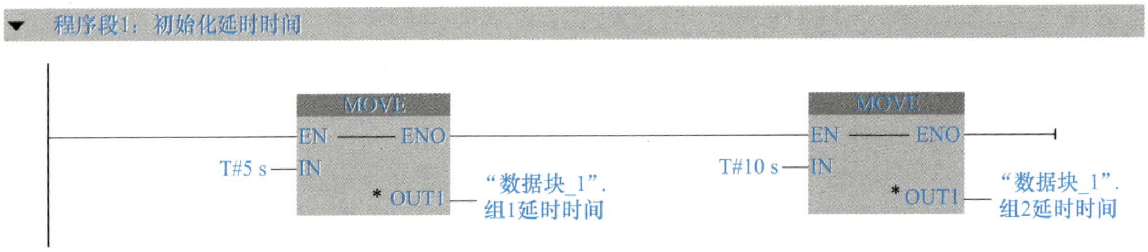

程序段1：初始化延时时间

图 4-30 启动组织块 OB100

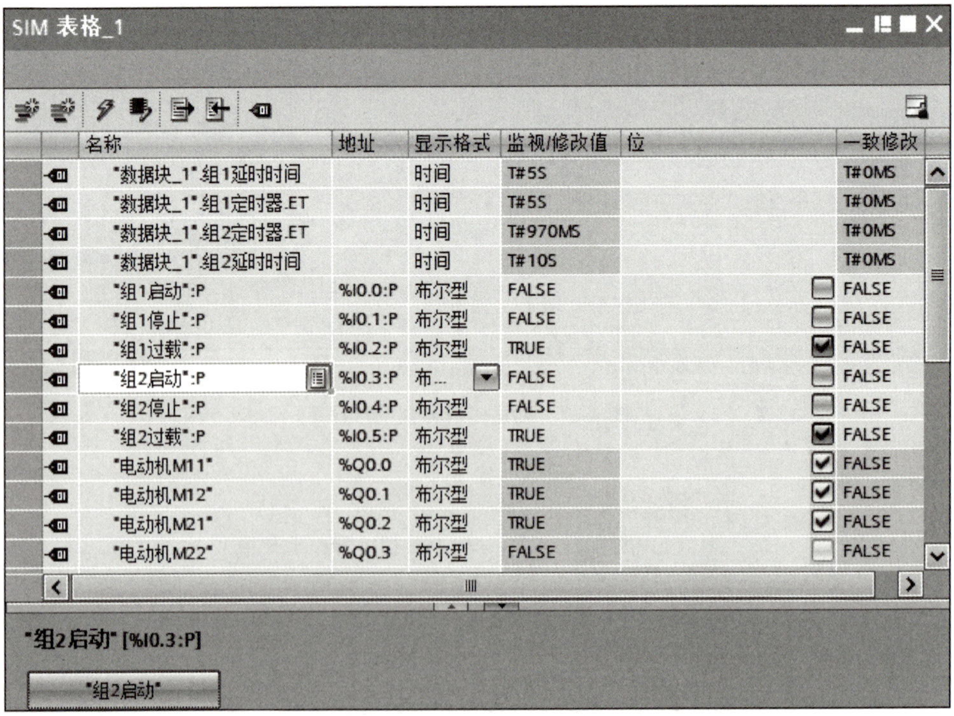

	名称	地址	显示格式	监视/修改值	位	一致修改
	"数据块_1"组1延时时间		时间	T#5S		T#0MS
	"数据块_1"组1定时器.ET		时间	T#5S		T#0MS
	"数据块_1"组2定时器.ET		时间	T#970MS		T#0MS
	"数据块_1"组2延时时间		时间	T#10S		T#0MS
	"组1启动":P	%I0.0:P	布尔型	FALSE	☐	FALSE
	"组1停止":P	%I0.1:P	布尔型	FALSE	☐	FALSE
	"组1过载":P	%I0.2:P	布尔型	TRUE	☑	FALSE
	"组2启动":P	%I0.3:P	布... ▼	FALSE	☐	FALSE
	"组2停止":P	%I0.4:P	布尔型	FALSE	☐	FALSE
	"组2过载":P	%I0.5:P	布尔型	TRUE	☑	FALSE
	"电动机,M11"	%Q0.0	布尔型	TRUE	☑	FALSE
	"电动机,M12"	%Q0.1	布尔型	TRUE	☑	FALSE
	"电动机,M21"	%Q0.2	布尔型	TRUE	☑	FALSE
	"电动机,M22"	%Q0.3	布尔型	FALSE	☐	FALSE

"组2启动" [%I0.3:P]

"组2启动"

图 4-31 仿真变量表

任务 4.4 应用函数块 FB 实现水泵和油泵控制

4.4.1 任务引入

某设备有水泵和油泵，使用函数块 FB 进行模块化编程，控制要求如下：

（1）按下水泵的"启动"按钮，水泵启动，同时测量输水管道压力（压力传感器的测量范围 0~10 kPa，输出 0~10 V）；按下水泵的"停止"按钮或水泵发生过载时，水泵停止。

（2）按下油泵的"启动"按钮，油泵启动，同时测量输油管道压力（压力传感器的测量范围 0~1 kPa，输出 0~10 V）；按下油泵的"停止"按钮或油泵发生过载时，油泵停止。

4.4.2 知识背景

4.4.2.1 电气接线图

应用函数块 FB 实现水泵和油泵控制，如图 4-32 所示。其中，输入 I0.0 接入水泵的过载保护触点，I0.1 接入水泵停止信号，I0.2 接入水泵启动信号，I0.3 接入油泵的过载保护触点，I0.4 接入油泵的停止信号，I0.5 接入油泵的启动信号；模拟量输入 0 通道接入水泵压力传感器，信号为电压信号 0~10 V；模拟量输入 1 通道接入油泵压力传感器，信号为电压信号 0~10 V。输出 Q0.0 控制水泵接触器线圈 KM1，Q0.1 控制油泵接触器线圈 KM2。

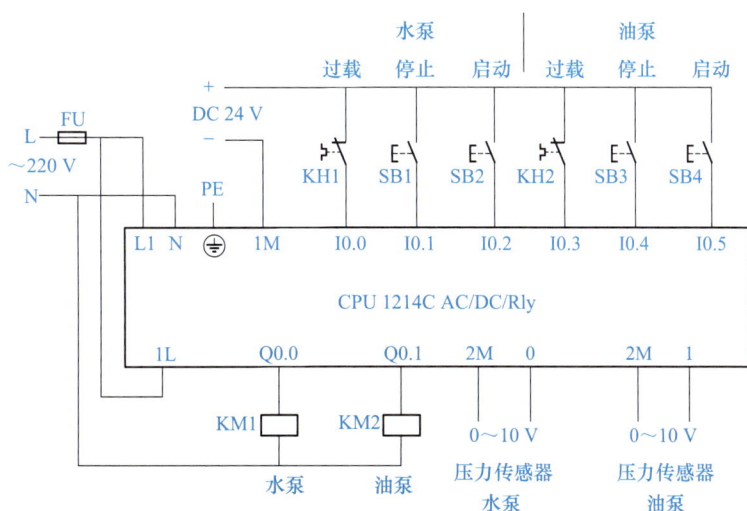

PLC与伺服控制器的连接

图 4-32 水泵、油泵控制电路图

4.4.2.2　函数块 FB

A　函数块

函数块（FB）是用户编写的有自己的存储区（背景数据块）的代码块，FB 的典型应用是执行不能在一个扫描周期结束的操作。每次调用函数块时，都需要指定一个背景数据块。

B　生成函数块

在项目"函数与函数块"中添加名为"电动机控制"的 FB1，取消 FB1 默认的属性"块的优化访问"。

C　生成函数块的局部变量

函数块的输入、输出参数和静态数据用指定的背景数据块保存，如图 4-33 所示。在 FB 中，定时器如果使用一个固定的背景数据块，在同时多次调用该 FB 时，该数据块将会被同时用于两处或多处。为此，在块接口中生成数据类型为 IEC_TIMER 的静态变量"定时器 DB"，用它提供定时器 TOF 的背景数据。

		电动机控制 名称	数据类型	偏移量	默认值
1		▼ Input			
2		■　起动按钮	Bool	0.0	false
3		■　停止按钮	Bool	0.1	false
4		■　定时时间	Time	2.0	T#0ms
5		▼ Output			
6		■　制动器	Bool	6.0	false
7		▼ InOut			
8		■　电动机	Bool	8.0	false
9		▼ Static			
10		▶　定时器DB	IEC_TIMER	10.0	
11		▶ Temp			
12		▶ Constant			

		电动机数据1 名称	数据类型	偏移量	启动值
1		▼ Input			
2		■　起动按钮	Bool	0.0	false
3		■　停止按钮	Bool	0.1	false
4		■　定时时间	Time	2.0	T#0ms
5		▼ Output			
6		■　制动器	Bool	6.0	false
7		▼ InOut			
8		■　电动机	Bool	8.0	false
9		▼ Static			
10		■　▶　定时器DB	IEC_TIMER	10.0	

图 4-33　FB1 接口区和背景数据块

D　FB1 的控制要求与程序

用输入参数"起动按钮"和"停止按钮"控制 InOut 参数"电动机"。按下停止按钮，断开延时定时器（TOF）开始定时，输出参数"制动器"为 1 状态，经过输入参数"定时时间"设置的时间预置值后，停止制动。

在 TOF 定时期间，每个扫描周期执行完 FB1 之后，用静态变量"定时器 DB"保存 TOF 的背景数据，可以修改函数块的输入、输出参数和静态变量的默认值，该默认值作为 FB 的背景数据块同一个变量的启动值，调用 FB 时没有指定实参的形参使用背景数据块中的启动值，FB1 程序如图 4-34 所示。

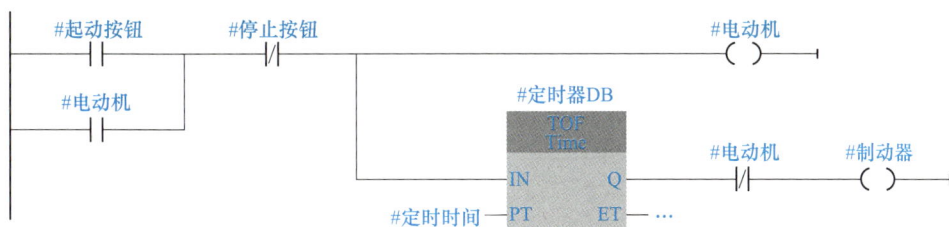

图 4-34　FB1 程序

E　在 OB1 中调用 FB1

在 PLC 变量表中生成两次调用 FB1 使用的符号地址。在 OB1 中两次调用 FB1，自动生成背景数据块，为各形参指定实参。

F　调用函数块的仿真实验

将程序下载到仿真 PLC，后者进入 RUN 模式。在 S7-PLCSIM 的项目视图打开项目树中的"SIM 表 1"，在表中生成 IB0 和 QB0 的 SIM 表条目。

两次单击起动按钮 I0.0，1 号设备 Q0.0 变为 1 状态。两次单击停止按钮 I0.1，Q0.0 变为 0 状态，制动 Q0.1 变为 1 状态。经过参数"定时时间"设置的时间后 Q0.1 变为 0 状态，可以令两台设备几乎同时起动、同时停车和制动延时。

OB1 主程序如图 4-35 所示。

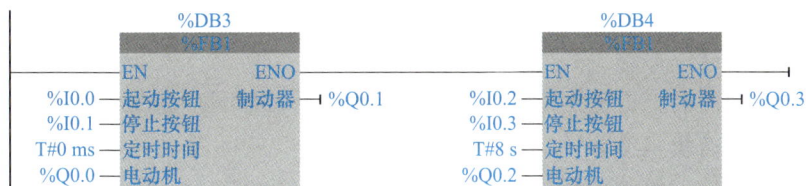

图 4-35　OB1 主程序

G　处理调用错误

调用符号名为"电动机控制"的 FB1 之后，在 FB1 的接口区增加了输入参数"定时时间"，被调用 FB1 的字符变为红色。右键单击出错的 FB1，执行快捷菜单中的"更新块调用"命令，出现"接口同步"对话框，显示出原有的块接口和增加了输入参数后的块接口，单击"确定"按钮，"接口同步"对话框消失。被调用的 FB1 被修改为新的接口，程序中 FB1 的红色字符变为黑色。错误调用处理如图 4-36 所示。

H　函数与函数块的区别

FB 和 FC 均为用户编写的子程序，接口区中均有 Input、Output、InOut 参数和 Temp 数据，FC 的返回值实际上属于输出参数。FC 和 FB 的区别如下。

（1）函数块有背景数据块，函数没有。

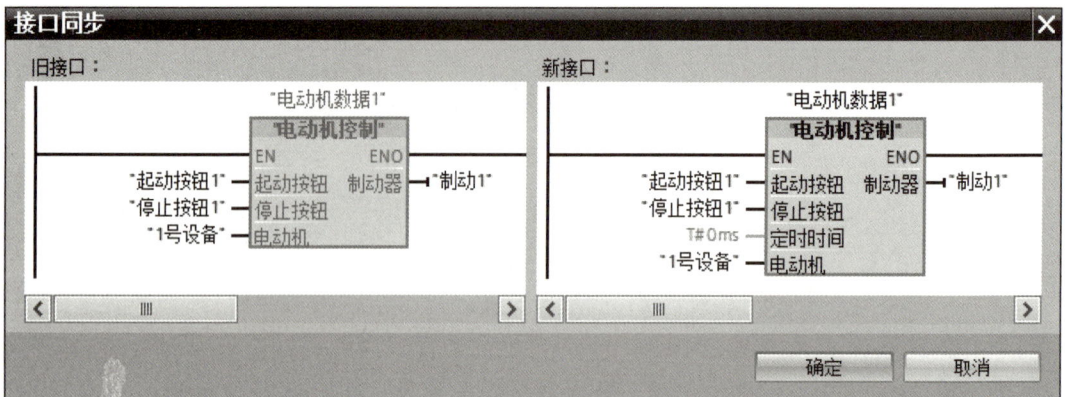

图 4-36 错误调用处理

（2）只能在函数内部访问它的局部变量，其他代码块或 HMI 可以访问函数块的背景数据块中的变量。

（3）函数没有静态变量，函数块有保存在背景数据块中的静态变量。如果函数或函数块的内部不使用全局变量，只使用局部变量，不需要做任何修改，就可以将块移植到其他项目。如果代码块有执行完后需要保存的数据，应使用函数块。

（4）在调用函数块时可以不设置某些输入、输出参数的实参，而是使用它们的默认值。函数的局部变量没有默认值，调用时应给所有的形参指定实参。

（5）函数块的输出、输入参数和用静态数据保存的内部状态数据有关。

I 组织块与 FB 和 FC 的区别

出现事件或故障时，由操作系统调用对应的组织块，FB 和 FC 是用户程序在代码块中调用的。组织块没有输出参数、InOut 参数和静态数据，它的输入参数是操作系统提供的启动信息。用户可以在组织块的接口区生成临时变量和常量，组织块中的程序是用户编写的。

4.4.3 任务实施

4.4.3.1 硬件组态与编程

A 硬件组态

新建一个项目→"添加新设备 CPU1214C AC/DC/Rly"，版本号 V4.2。→打开 PLC 硬件属性"系统和时钟存储器"，勾选"启用系统存储器字节"和"启用时钟存储器字节"。

B 编写程序

（1）新建"函数块 FB"（FB1），命名为"压力测量"，如图 4-37 所示。

（2）"函数块 FB"接口区参数设定及数据处理程序，如图 4-38 所示。

（3）主程序 OB1 添加全局数据块 DB1，如图 4-39 所示。

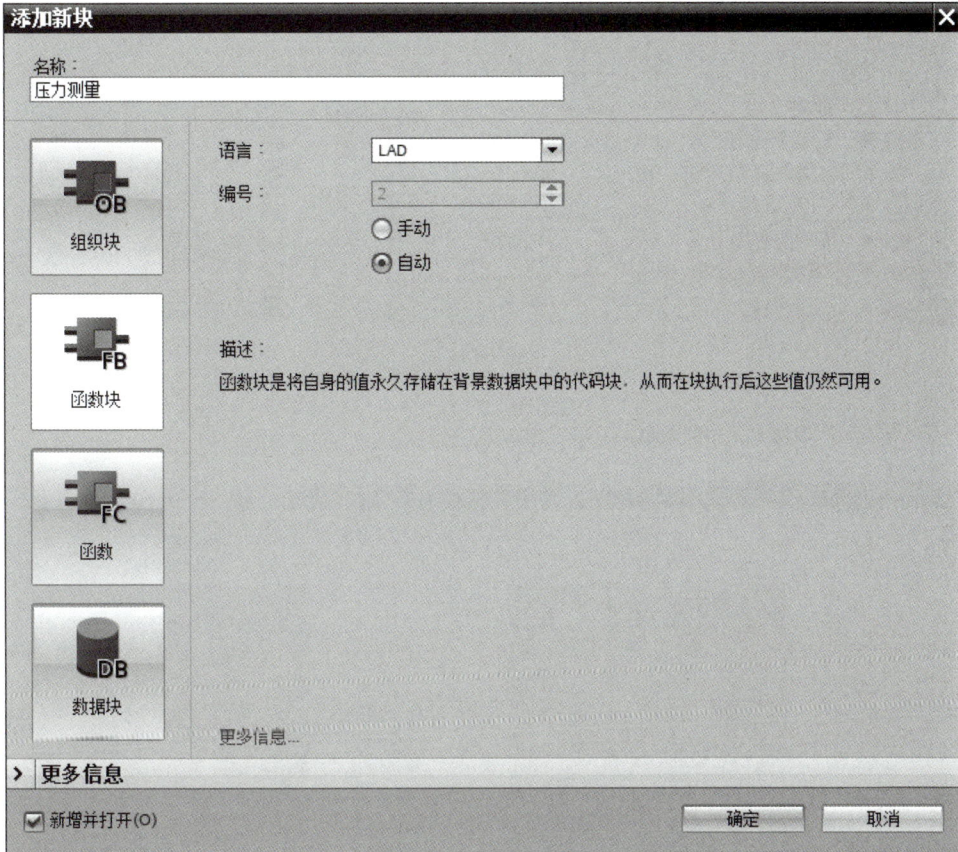

图 4-37　新建函数块

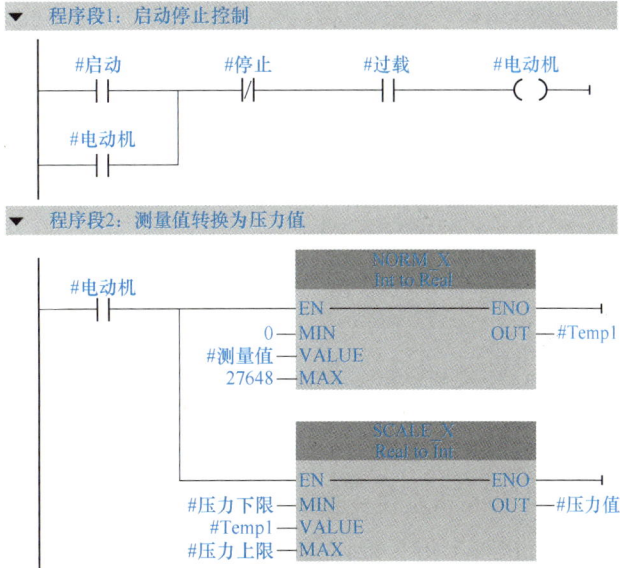

		名称	数据类型
1		▼ Input	
2		■ 启动	Bool
3		■ 停止	Bool
4		■ 过载	Bool
5		■ 测量值	Int
6		■ 压力上限	Int
7		■ 压力下限	Int
8		▶ Output	
9		▼ InOut	
10		■ 电动机	Bool
11		▼ Static	
12		■ 压力值	Int
13		▼ Temp	
14		■ Temp1	Real
15		▶ Constant	

(a)

(b)

图 4-38　接口区参数设定及程序

（a）FB1 的接口区；（b）FB1 的程序

		名称	数据类型	起始值	保持	从 HMI/OPC..	从 H...	在 HMI ...
1	▼	Static			☐	☐	☐	☐
2	■	水泵压力上限	Int	10000	☐	☑	☑	☑
3	■	水泵压力下限	Int	0	☐	☑	☑	☑
4	■	水泵压力	Int	0	☐	☑	☑	☑
5	■	油泵压力上限	Int	1000	☐	☑	☑	☑
6	■	油泵压力下限	Int	0	☐	☑	☑	☑
7	■	油泵压力	Int	0	☐	☑	☑	☑

数据块_1

图 4-39　全局数据块

（4）编写主程序，如图 4-40 所示。

图 4-40　OB1 主程序

4.4.3.2　仿真运行

"项目"上单击右键→选择"属性"→"保护"，选择"块编译时支持仿真"。

（1）依次单击仿真按钮🖳→单击🔧，在新建一个仿真项目→"下载预览"中单击"装载"，将 PLC_1 站点下载到仿真器中→仿真界面中，打开"SIM 表格_1"，单击🔳，添加项目变量（见图 4-41）→单击工具栏中的🔳，使 PLC 运行。

（2）勾选"水泵过载"，单击"水泵启动"按钮，水泵启动。单击"水泵压力测

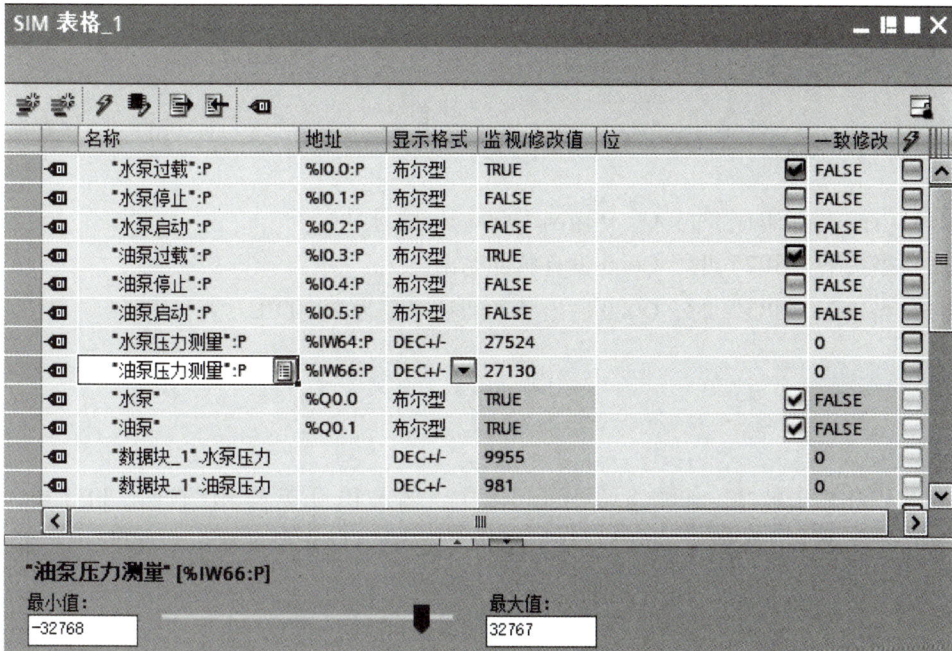

图 4-41　仿真变量表

量"，拖动滑动块，"水泵压力"值发生相应变化。单击"水泵停止"按钮或取消勾选"水泵过载"，水泵停止。

（3）勾选"油泵过载"，单击"油泵启动"按钮，油泵启动。单击"油泵压力测量"，拖动滑动块，"油泵压力"的值发生相应变化。单击"油泵停止"按钮或取消勾选"油泵过载"，油泵停止。

任务 4.5 应用 PTO 输出脉冲

4.5.1 任务引入

（1）当按下"SB1"时，Q0.0 输出 10000 Hz 的脉冲。

（2）当按下"SB2"时，Q0.0 没有脉冲输出。

（3）当按下"SB3"时，Q0.0 输出脉冲的频率变为 20000 Hz。

4.5.2 知识背景

4.5.2.1 电气接线图

应用 PTO 输出脉冲，如图 4-42 所示。其中，输入 I0.0 接入 SB1 按钮，I0.1 接入 SB2 按钮，I0.2 接入 SB3 按钮；输出 Q0.0 与公共端接入 2 kΩ 电阻并接入示波器。

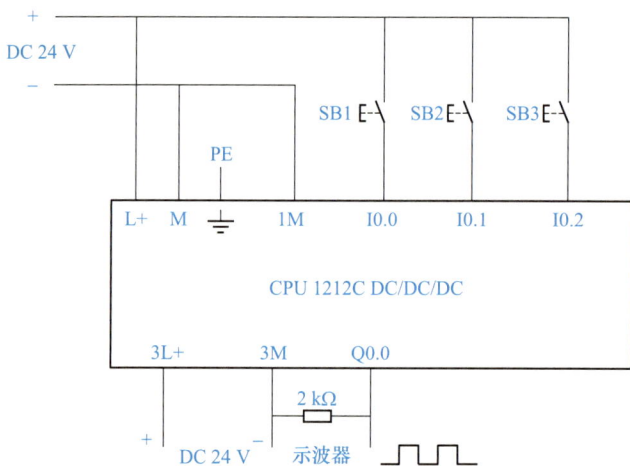

图 4-42 PTO 输出脉冲电路图

4.5.2.2 高速脉冲 PTO 输出

A 高速脉冲输出

每个 CPU 有 4 个 PTO/PWM 发生器，通过 DC 输出的 CPU 集成的 Q0.0～Q0.3 或信号板上的 Q4.0～Q4.3 输出 PTO 或 PWM 脉冲。

脉冲宽度与脉冲周期之比称为占空比，脉冲列输出（PTO）功能提供占空比为 50% 的方波脉冲列输出。脉冲宽度调制（PWM）功能提供脉冲宽度可以用程序控制的脉冲列输出。

B PTO 输出信号类型

PTO 输出信号类型有四种，分别为"脉冲 A 和方向 B""脉冲上升沿 A 和脉冲下降沿 B""A/B 相移"和"A/B 相移-四倍频"，可以用 PTO 输出脉冲控制步进电机或伺服电机。如图 4-43 所示，其中 PTO（脉冲 A 和方向 B）这种方式是比较常见的"脉冲+方向"

方式，其中 A 用来产生高速脉冲串、B 用来控制轴运动的方向，其波形图如图 4-43（a）所示。

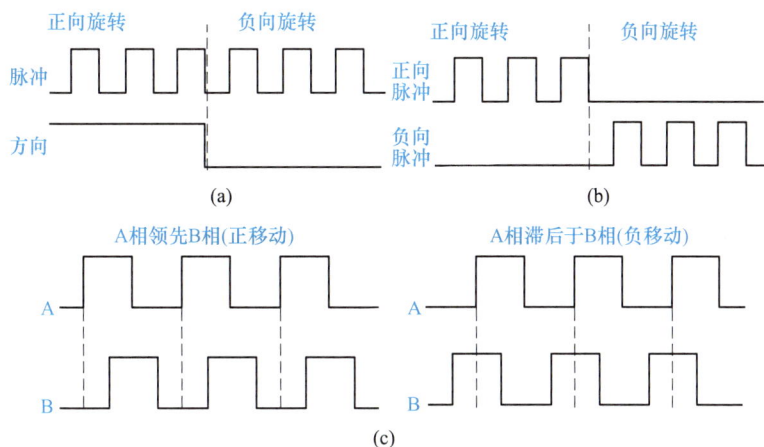

图 4-43　PTO 输出脉冲电路图

（a）脉冲和方向；（b）正向脉冲和负向脉冲；（c）A/B 相移

C　PTO 输出端子

S7-1200 CPU 1214C AC/DC/Rly 脉冲的硬件输出有 4 路，见表 4-4。硬件输出选择哪一路可以根据需要进行选择，但是每路的输出频率根据 CPU 型号的不同有一定差别，S7-1200 CPU 不论是使用板载 I/O 或 SB I/O 还是两者的组合，最多可以组态 4 个脉冲发生器。

表 4-4　1200 脉冲输出硬件表

输出路号	脉冲输出口		方向输出口	
PULSE1	Q0.0		Q0.1	
PULSE2	Q0.2		Q0.3	
PULSE3	Q0.4		Q0.5	
PULSE4	Q0.6		Q0.7	
CPU 型号	1211	1212	1214	1215
Q0.0	100 kHz	100 kHz	100 kHz	100 kHz
Q0.1	100 kHz	100 kHz	100 kHz	100 kHz
Q0.2	100 kHz	100 kHz	100 kHz	100 kHz
Q0.3	100 kHz	100 kHz	100 kHz	100 kHz
Q0.4		20 kHz	20 kHz	20 kHz
Q0.5		20 kHz	20 kHz	20 kHz
Q0.6			20 kHz	20 kHz
Q0.7			20 kHz	20 kHz
Q1.0			20 kHz	20 kHz
Q1.1			20 kHz	20 kHz

D　CTRL_PTO 指令

CTRL_PTO 指令将以既定频率生成一个脉冲序列，如图 4-44 所示。此时，无需使用工艺对象的轴数据块。使用 CTRL_PTO 指令时，需激活脉冲发生器，可在硬件配置中进行激活并选择信号类型。为此，需要在参数 "PTO" 中指定脉冲发生器，并将参数 "REQ" 置位为 "TRUE"，"FREQUENCY" 输入待输出的脉冲序列频率（单位：Hz）。

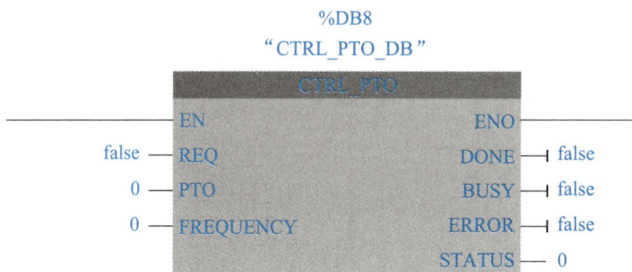

图 4-44　CTRL_PTO 指令

4.5.3　任务实施

4.5.3.1　硬件组态与编程

A　硬件组态

新建一个项目，添加 "CPU1214C DC/DC/DC"，版本号为 V4.4。单击巡视窗口中的 "属性"→"常规"→"脉冲发生器（PTO/PWM）"（见图 4-45）→"PTO1/PWM1"（见图 4-46）→"常规"，勾选 "启用该脉冲发生器"。

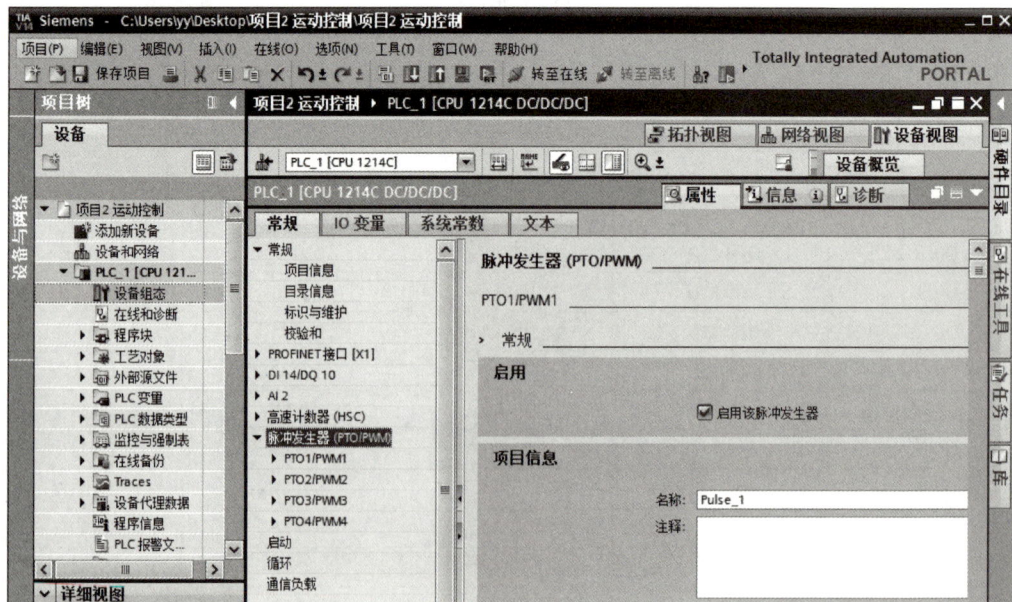

图 4-45　脉冲输出启用

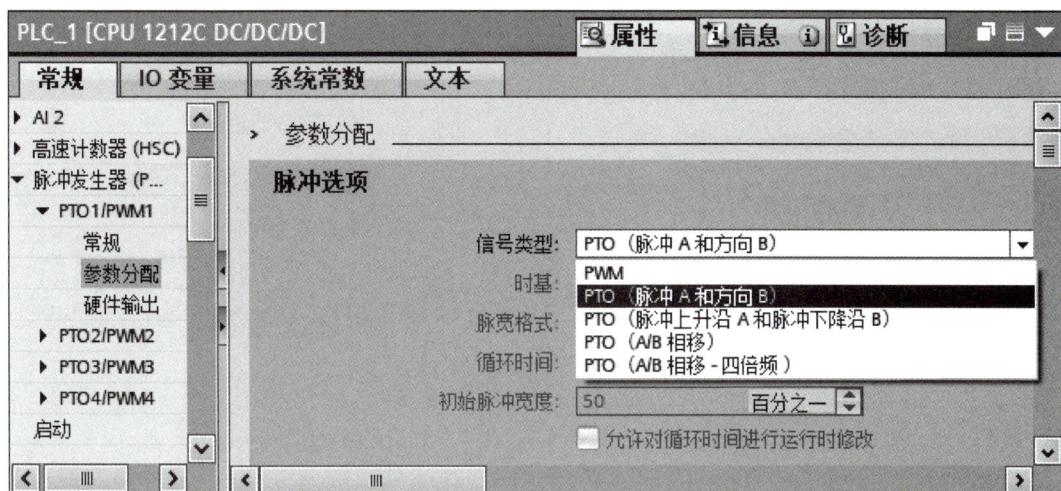

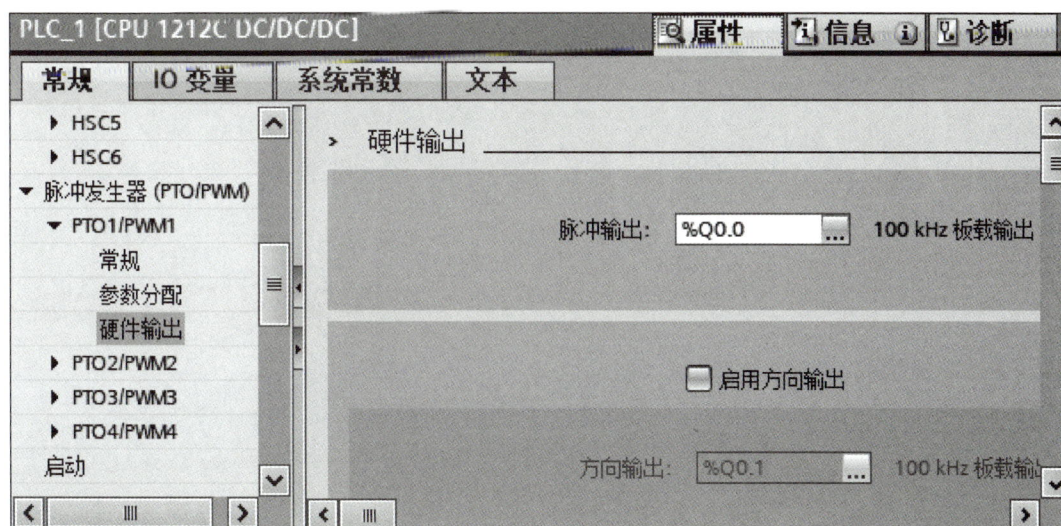

图 4-46　脉冲输出参数配置

B　编写程序

编写脉冲程序，如图 4-47 所示。

4.5.3.2　仿真运行

本任务的仿真不能查看输出效果，故只能采用示波器查看脉冲输出。

程序段1：输出10000 Hz脉冲

```
        %I0.0
       "按钮1"                 MOVE
        ┤├           EN ── ENO
              10000 ─ IN                    %MD10
                          * OUT1 ──       "输出频率"
```

程序段3：输出20000 Hz脉冲

```
        %I0.2
       "按钮3"                 MOVE
        ┤├           EN ── ENO
              20000 ─ IN                    %MD10
                          * OUT1 ──       "输出频率"
```

程序段4：调用CTRL_PTO指令输出脉冲

```
                              %DB1
                          "CTRL_PTO_DB"
                             CTRL_PTO
                    EN                ENO
              1 ─   REQ              DONE ── #Done
            265 ─   PTO              BUSY ── #Busy
 "Local~Pulse_1" ─  PTO             ERROR ── #Error
          %MD10                    STATUS ── #Status
        "输出频率" ─ FREQUENCY
```

程序段2：输出0 Hz脉冲

```
        %I0.1
       "按钮2"                 MOVE
        ┤├           EN ── ENO
                  0 ─ IN                    %MD10
                          * OUT1 ──       "输出频率"
```

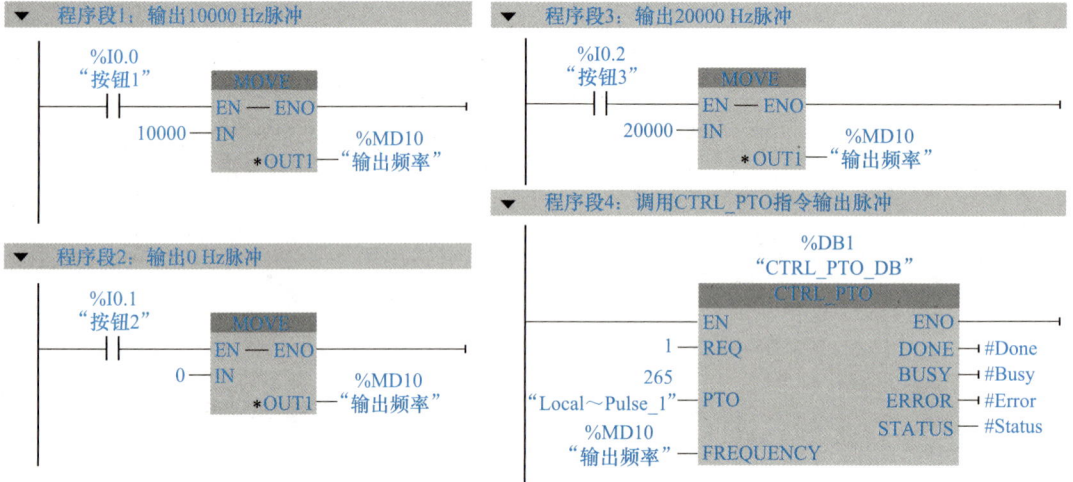

图 4-47 脉冲输出程序

任务 4.6 应用 PWM 输出脉冲

4.6.1 任务引入

（1）当按下"SB1"时，从 Q0.0 输出的脉冲占空比增加 5%。

（2）当按下"SB2"时，从 Q0.0 输出的脉冲周期增加 50 μs。

4.6.2 知识背景

4.6.2.1 电气接线图

应用 PWM 输出脉冲，如图 4-48 所示。其中，输入 I0.0 接入 SB1 按钮，I0.1 接入 SB2 按钮；输出 Q0.0 与公共端接入 2 kΩ 电阻并接入示波器。

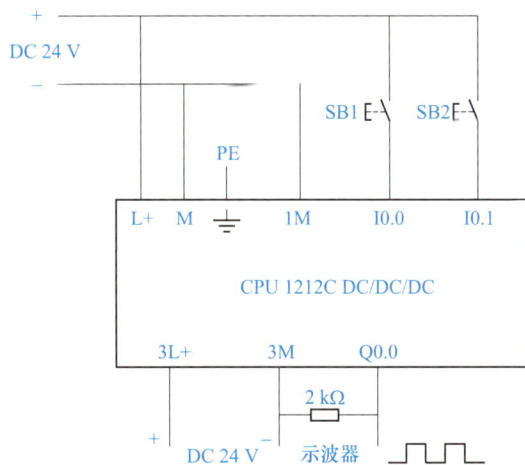

图 4-48 PWM 脉冲输出电路图

4.6.2.2 高速脉冲 PWM 输出

脉冲宽度调制（Pulse-Width Modulation，PWM）功能提供占空比可调的脉冲列输出。

A PWM 的组态

打开设备视图，选中"CPU"，选中巡视窗口的"属性"→"常规"选项卡，再选中左边的"PTO1/ PWM1"文件夹中的"常规"，用右边窗口的复选框启用该脉冲发生器。选中左边窗口的"参数分配"，设置信号类型为 PWM，"时基"为"ms"，"脉宽格式"为百分之一，用"循环时间"输入域设置脉冲周期为 2 ms，"初始脉冲宽度"为 50%。

选中左边窗口的"I/O 地址"，右边窗口 PWM1 默认的起始地址为 1000。PWM 的输出端子见表 4-5。

表 4-5   PWM 脉冲输出硬件表

PWM	类型	脉冲	最小周期/μs
PWM1	集成输出	Q0.0	10
	SB 输出	Q4.0	5
PWM2	集成输出	Q0.2	10
	SB 输出	Q4.2	5
PWM3	集成输出	Q0.4	50
	SB 输出	Q4.1	5
PWM4	集成输出	Q0.6	50
	SB 输出	Q4.3	5

B   PWM 的编程

将指令列表"扩展指令"选项板的文件夹"脉冲"中"脉宽调制"指令 CTRL_PWM 拖放到 OB1，单击出现"调用选项"对话框中的"确定"按钮，生成该指令的背景数据块 DB1。

单击参数 PWM 左边的问号，再单击出现的按钮，用下拉式列表选中 PWM1 的硬件标识符"Local~Pulse_1"，其值为"9"。EN 为 1 状态时，用输入参数 ENABLE（I0.4）启动或停止脉冲发生器。参数 STATUS 是状态代码，如图 4-49 所示。

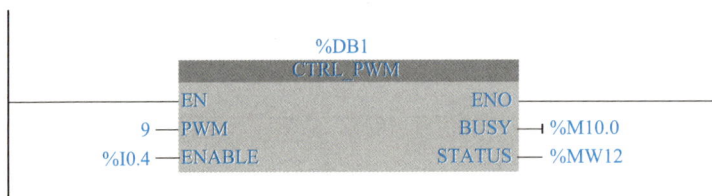

图 4-49   CTRL_PWM 指令

C   通过用户程序更改循环时间

在相应脉冲发生器的"脉冲方式"（pulse options）中，选择"允许在运行时更改循环时间"（permit change to cycle time in runtime）复选框。选择该复选框时，前 2 个字节为脉冲的持续时间，输出字节 3~6 为循环时间。在脉冲发生器的运行过程中，可在所分配的输出存储器的结尾处更改该双字的值，这将导致 PWM 信号的循环时间发生变更。

示例：选择该复选框后，CPU 将为 PWM1 分配 6 个输出字节，并选择 AB1008~AB1013。将程序加载到 CPU 中并启动脉冲发生器后，则可通过写入 AW1008 更改脉冲持续时间，通过写入 AD1010 更改循环时间。

4.6.3　任务实施

4.6.3.1　硬件组态与编程

A　硬件组态

新建一个项目，添加"CPU1214C DC/DC/DC"，版本号为 V4.4。单击巡视窗口中的"属性"→"常规"→"脉冲发生器（PTO/PWM）"→"PTO1/PWM1"→"常规"，勾选"启用该脉冲发生器"，如图 4-50 所示。

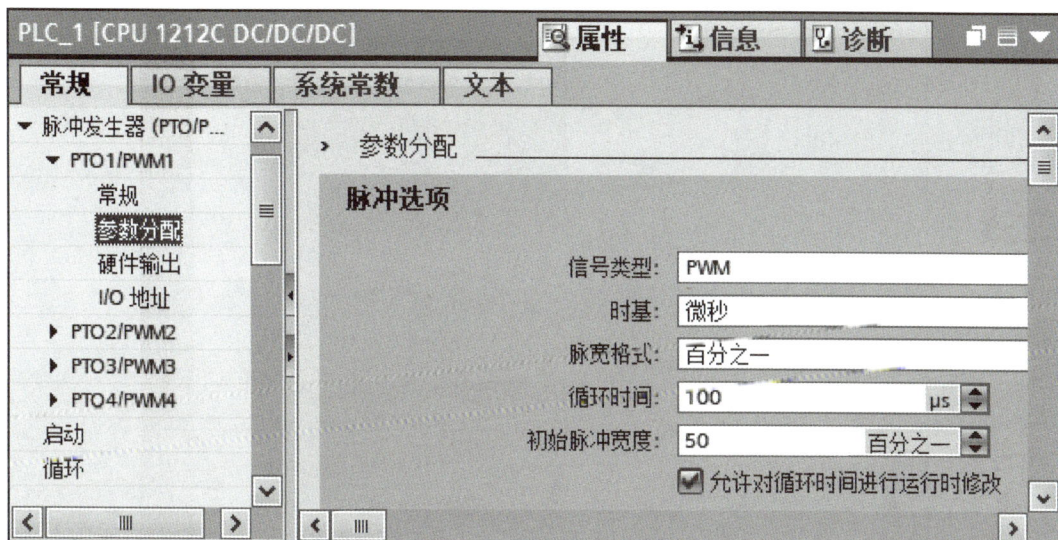

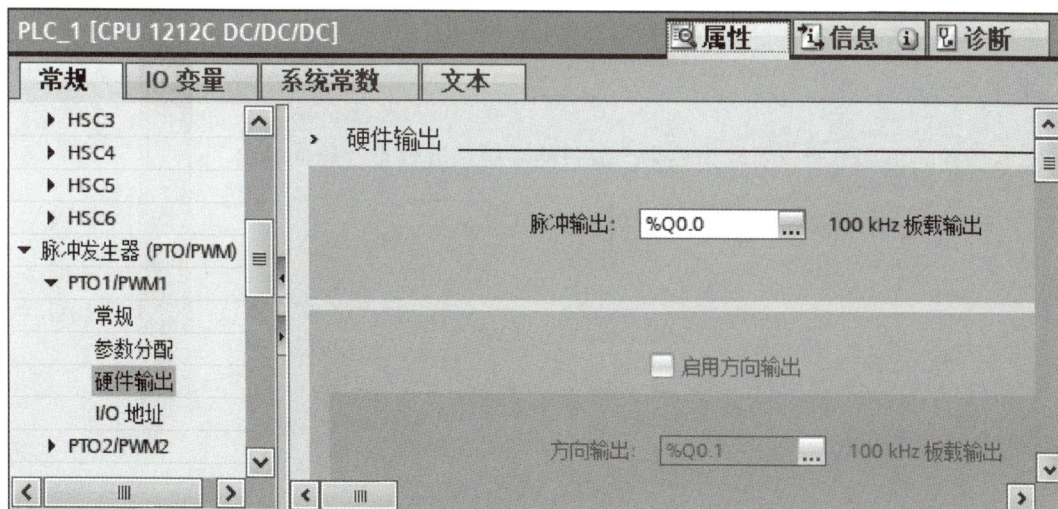

图 4-50　PWM 脉冲输出硬件配置

B　编写程序

编写 PWM 脉冲输出程序，如图 4-51 所示。

▼   程序段1：脉冲宽度增加5%

```
        %I0.0
      "增加脉宽"              ADD
                           Auto(Unint)
        ┤ P ├           EN        ENO

        %M10.0
       "Tag_1"    %QW1008               %QW1008
                 "脉冲宽度" ─ IN1    OUT ─ "脉冲宽度"

                        5 ─ IN2 *
```

▼   程序段2：周期增加50 μs

```
        %I0.1
      "增加周期"              ADD
                          Auto(UDInt)
        ┤ P ├           EN        ENO

        %M10.1
       "Tag_2"    %QD1010               %QD1010
                 "脉冲周期" ─ IN1    OUT ─ "脉冲周期"

                       50 ─ IN2 *
```

▼   程序段3：从Q0.0输出PWM脉冲

```
                                %DB1
                            "CTRL_PWM_DB"
                              CTRL_PWM
                       EN              ENO

                                     BUSY ─ #Ret1

                 265
           "Local~Pulse_1" ─ PWM   STATUS ─ #Status

                     1 ─ ENABLE
```

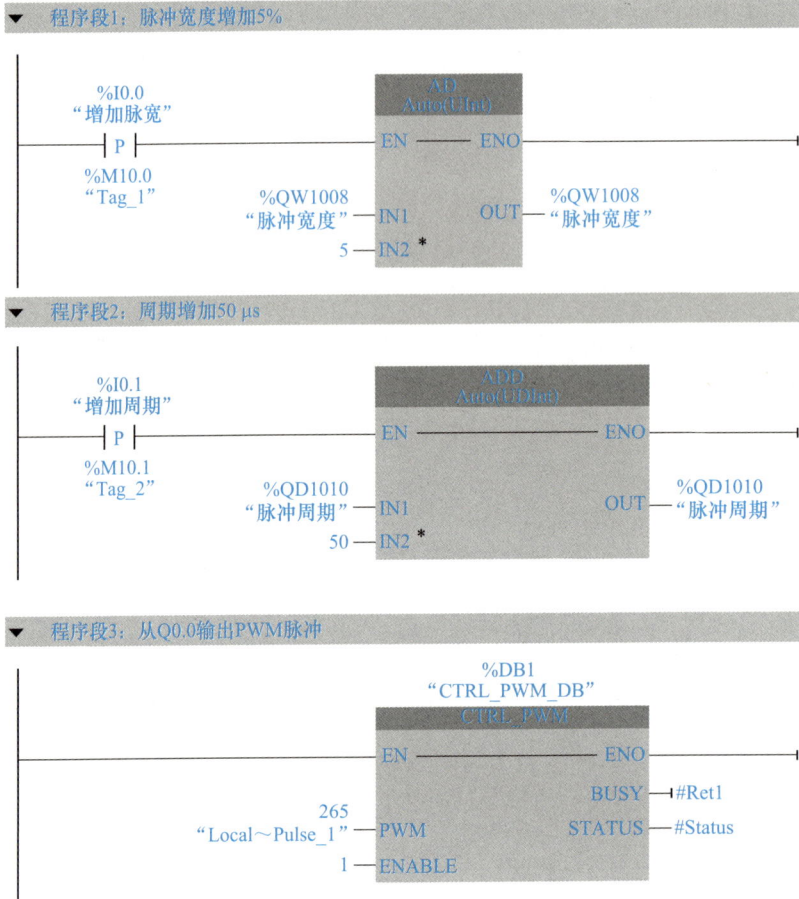

图 4-51   PWM 脉冲输出程序

4.6.3.2 仿真运行

本任务的仿真不能查看输出效果，故只能采用示波器查看脉冲输出。

任务 4.7　应用高速计数器实现转速测量

4.7.1　任务引入

与电动机同轴的测量轴安装一个增量型旋转编码器，该编码器每转输出 1000 个 A/B 相正交脉冲，控制要求如下：

（1）当按下"启动"按钮时，电动机 M 启动，对电动机转速进行测量，测量转速保存到 MD100 中；

（2）当按下"停止"按钮或过载时，电动机 M 停止。

4.7.2　知识背景

4.7.2.1　电气接线图

应用高速计数器实现转速测量电路，如图 4-52 所示。其中，输入 I0.0 接入旋转编码器信号端，I0.1 接入电动机热继电器常闭触点，I0.2 接入电动机停止信号，I0.3 接入电动机启动信号；输出 Q0.1 控制电动机线圈 KM。

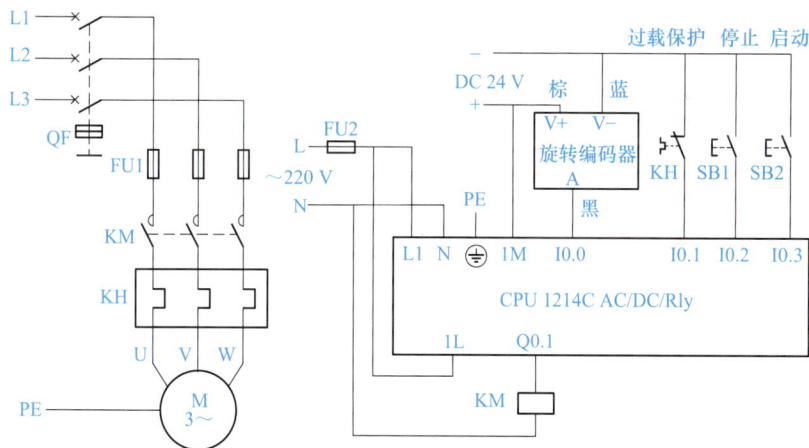

图 4-52　高速计数器测速电路图

4.7.2.2　高速计数器的工作模式与端子

高速计数器与增量式编码器一起工作。单通道增量式编码器内部只有 1 对光耦合器，只能产生一个脉冲列。双通道增量式编码器又称为 A/B 相或正交相位编码器，输出相位差为 90° 的两组独立脉冲列，如图 4-53 所示。正转和反转时两路脉冲的超前、滞后关系相反，可以识别出转轴旋转的方向。

A　高速计数器的功能

HSC 有四种高速计数工作模式：内部、外部方向控制的单相计数器，两路时钟脉冲输入的双相计数器和 A/B 相正交计数器，见表 4-6。

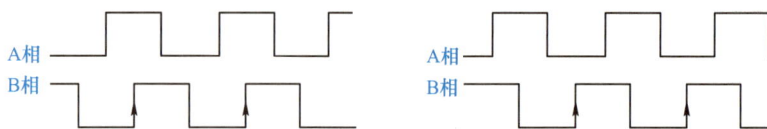

图 4-53　双通道增量式编码器正反转相位

表 4-6　高速计数器工作模式

高速计数器模式		数字量输入字节 0（默认 I0. x）								数字量输入字节 1（默认 I1. x）						最高频率 /kHz
		0	1	2	3	4	5	6	7	0	1	2	3	4	5	
HSC1	单	C	[D]		[R]											100
	双	CU	CD		[R]											100
	AB	A	B		[R]											80
HSC2	单		[R]	C	[D]											100
	双		[R]	CU	CD											100
	AB		[R]	A	B											80
HSC3	单					C	[D]		[R]							100
	双					CU	CD		[R]							100
	AB					A	B		[R]							80
HSC4	单						[R]	C	[D]							30
	双						[R]	CU	CD							30
	AB						[R]	A	B							20
HSC5	单									C	[D]	[R]				30
	双									CU	CD	[R]				30
	AB									A	B	[R]				20
HSC6	单												C	[D]	[R]	30
	双												CU	CD	[R]	30
	AB												A	B	[R]	20

　　每种 HSC 模式都可以使用或不使用复位输入。复位输入为 1 状态时，HSC 的实际计数值被清除。

　　某些 HSC 模式可以选用三种频率测量的周期测量频率值。

　　使用扩展高速计数器指令 "CTRL_HSC_EXT"，可以按指定的时间周期测量出被测信号的周期。

B　高速计数器的组态步骤

　　（1）选中设备视图中的 CPU，选中巡视窗口的 "属性" 选项卡左边的高速计数器 HSC1 的 "常规"，用复选框选中 "启用该高速计数器"。

（2）选中左边窗口的"功能"，设置"计数类型"为"计数"，"工作模式"为"单相"，"计数方向取决于"为"用户程序（内部方向控制）"，"初始计数方向"为"加计数"。

（3）选中左边窗口的"复位为初始值"，设置"初始计数器值"为"0"，"初始参考值"为"2000"。

（4）选中左边窗口的"事件组态"，用右边窗口的复选框激活"计数器值等于参考值这一事件生成中断"。生成硬件中断组织块 OB40 后，将它指定给计数值等于参考值的中断事件。

（5）选中左边窗口的"硬件输入"，在右边窗口可以看到该 HSC 使用的时钟发生器输入点为 I0.0、最高频率为 100 kHz。

（6）选中左边窗口的"I/O 地址"，可以看到 HSC1 的起始地址为"1000"。

C　设置数字量输入"输入滤波器"的滤波时间

高速计数器的数字量输入点 I0.0 的滤波时间应小于计数输入脉冲宽度（1 ms），故设置 I0.0 的输入滤波时间为 0.8 ms。

4.7.3　任务实施

4.7.3.1　硬件组态与编程

A　硬件组态

新建一个项目，添加"CPU1214C AC/DC/Rly"，版本号为 V4.2。单击"属性"→"常规"→"高速计数器（HSC）"→"HSC1"（见图 4-54）→"常规"，勾选"启用该高速计数器"。

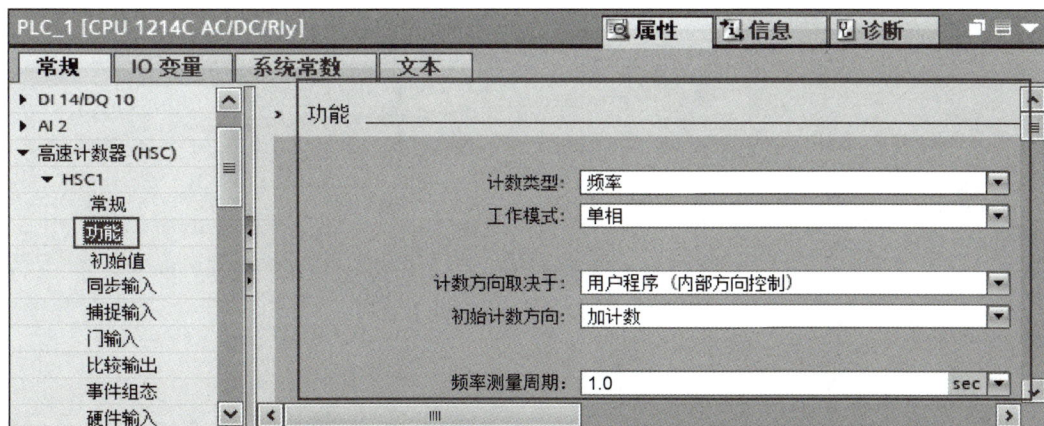

图 4-54

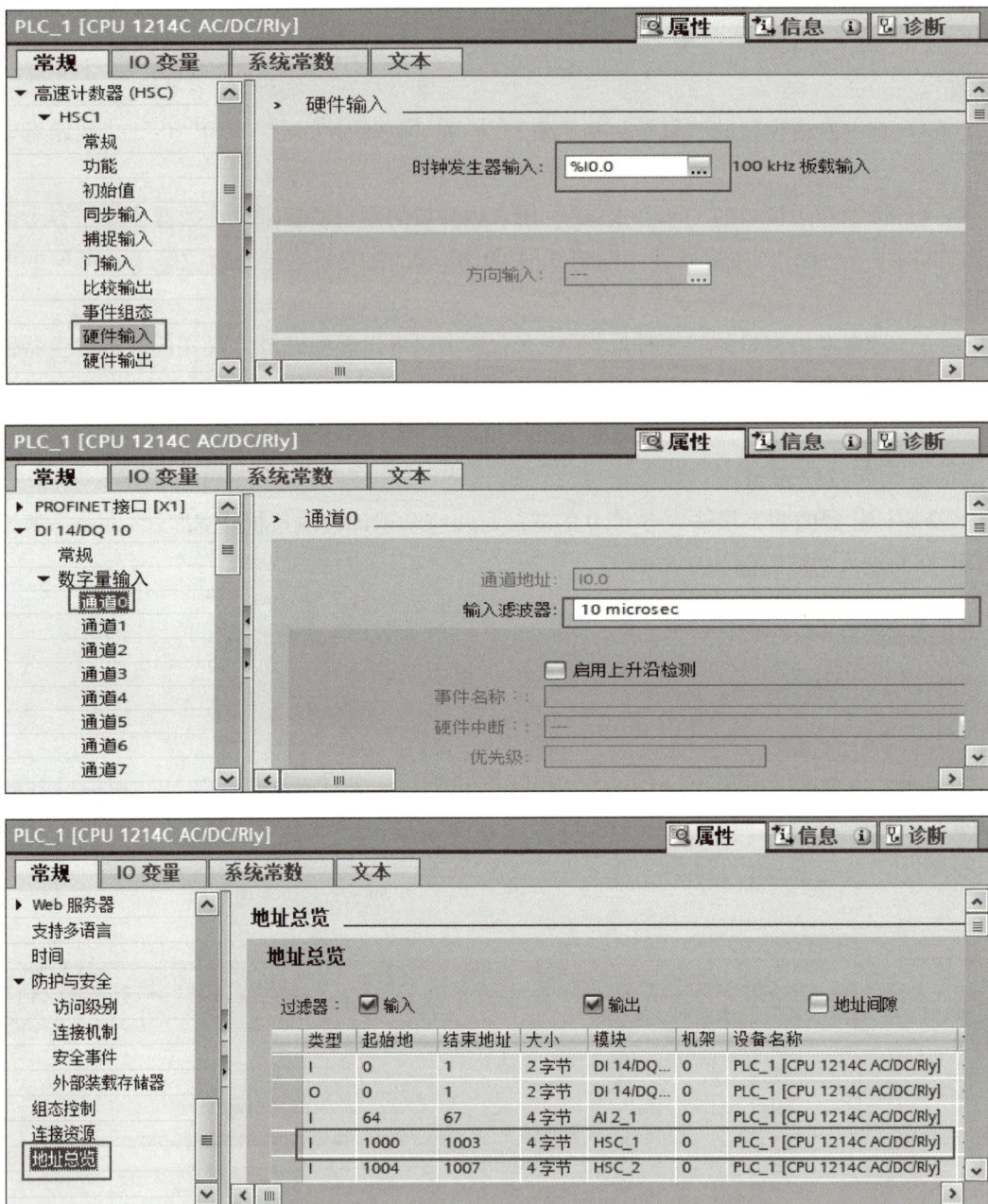

图 4-54　高速计数器硬件组态过程

B　编写程序

编写高速计数器测速程序，如图 4-55 所示。

4.7.3.2　仿真运行

本任务的仿真不能查看输出效果，故只能采用实物运行。

▼　程序段1：启停控制

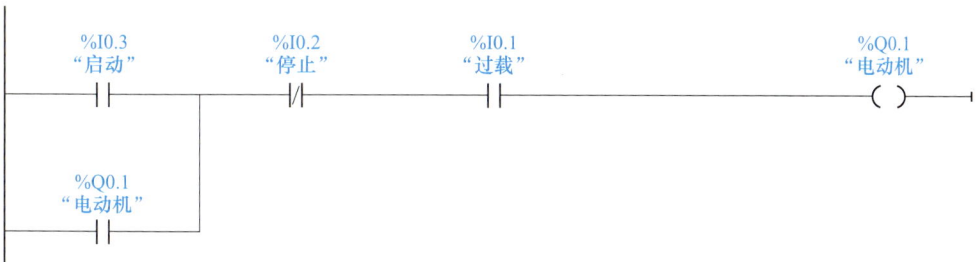

```
    %I0.3              %I0.2              %I0.1                                    %Q0.1
    "启动"             "停止"             "过载"                                   "电动机"
  ──┤ ├──┬──────────┤/├──────────────┤ ├───────────────────────────────────────( )──
          │
    %Q0.1 │
    "电动机"│
  ──┤ ├──┘
```

▼　程序段2：输出频率换算为速度

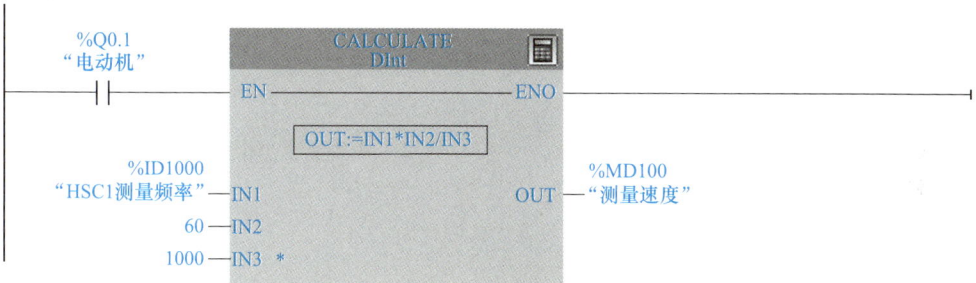

```
    %Q0.1              ┌─────────────────────────────────┐
    "电动机"           │         CALCULATE          ▣   │
  ──┤ ├────────────EN──┤           DInt                 │
                       │                               ENO─────────────────────────
                       │      ┌──────────────────┐       │
                       │      │ OUT:=IN1*IN2/IN3 │       │
                       │      └──────────────────┘       │
   %ID1000             │                                 │           %MD100
"HSC1测量频率"───IN1   │                              OUT─── "测量速度"
           60───IN2    │                                 │
         1000───IN3  * │                                 │
                       └─────────────────────────────────┘
```

图 4-55　高速计数器测速程序

习　题

4-1　填空：

（1）背景数据块中的数据是函数块的_____中的参数和数据（不包括临时数据和常数）。

（2）在梯形图中调用函数和函数块时，方框内是块的_____，方框外是对应的_____。方框的左边是块的_____参数和_____参数，右边是块的_____参数。

（3）S7-1200 在起动时调用_____。

4-2　函数和函数块有什么区别？

4-3　S7-1200 PLC 支持几种类型的中断事件？

4-4　简述附加中断指令 ATTACH 的功能、输入端 ADD 的取值及作用。

4-5　S7-1200 PLC 支持几种类型的高速脉冲输出，它们有什么区别？

4-6　高速计数器与普通计数器的区别有哪些，S7-1200 PLC 中最多有多少个高速计数器？

4-7　S7-1200 高速计数器有哪几种工作模式？

4-8　S7-1200 PLC 的程序设计有几种方法，各有什么特点？

4-9　什么情况应使用函数块？

4-10　组织块与 FB 和 FC 有什么区别？

4-11　怎样实现多重背景？

4-12　怎样在程序中输入硬件数据类型常量的值？

4-13　要求设计循环程序，求 DB1 中 10 个浮点数数组元素的平均值。

4-14　要求设计求圆周长的函数 FC1。

4-15　要求设计 FC2 计算以"℃"为单位的温度测量值。

4-16　要求 FC1 用 SCL 编程，输入参数为浮点数"温度设定值""实际温度值"和"允许误差值"。输出参数为 Bool 变量"风扇"和"加热器"。温度上限为设定值"$+0.5*$ 允许误差值"，下极限值为设定值"$-0.5*$ 允许误差值"。实际温度值大于上极限值时启动风扇，实际温度值小于下极限值时启动加热器。在 OB1 中调用 FC1，为输入参数指定具体的地址，为输出参数指定控制风扇和加热器的数字量输出点地址。

4-17　要求在 DB1 中生成数据类型为 Array［1..10］of Int 的数组，用 SCL 编程的 FC1 求数组元素的最大值和平均值。

项目 5　S7-1200 扩展模块的应用

课程思政

　　科学研究严肃且庄重，在探索未知的过程中，科技工作者既要有严谨严格的作风，又要有敢想敢干的精神。严谨求实、探索创新，是一代代科学家的坚守与坚持。

　　科技强国一直被地球物理学家黄大年视作自己的使命。1992 年，品学兼优、科研能力突出的他被选送至英国利兹大学攻读博士学位。在英国，他潜心学习地球物理学前沿科学技术，一步步成长为世界航空地球物理研究领域的"领头羊"。

　　2009 年 12 月，经过几番思考，黄大年毅然放弃剑桥之畔处于巅峰的事业，回到长春，只为赴一个与祖国的约定："我是国家培养出来的，是从东北这块黑土地走出去的，吉林大学是我梦开始的地方，我就一定会回到这里！"

　　2010 年，科技部一个航空重力梯度仪项目找上了刚刚归国的黄大年。航空重力梯度仪，形象地说，就是给飞机、舰船、卫星等移动平台安装上"千里眼"，以"看穿"地下每个角落。这一技术不仅可以民用，进行深层能源的分布探测，更关乎国土安全，能让潜伏在深海的目标无处遁形。

　　"这是关系国家战略安全的重大研究，我愿意做。"黄大年二话不说，便挑起重担。

　　在外国长期对华技术封锁的情况下，中国想要在这一领域取得突破非常艰难。黄大年跑遍了与航空重力梯度仪研究相关的所有科研院所摸"家底儿"，然后便把自己关进办公室。

　　在黄大年日复一日、年复一年的执着探索下，我国深部探测关键仪器装备研制与实验取得突破性进展。近年来，航空重力梯度仪系统在探明国外深海大型油田、盆地边缘大型油气田等成功实验中，发挥了至关重要的作用，成为"颠覆性"技术推动行业发展的典范。2016 年，在由多位院士专家组成的验收会上，黄大年团队的研究成果入选国家科技创新成就展。

　　1988 年，黄大年在入党志愿书中写道：若能做一朵小小的浪花奔腾，呼啸加入献身者的滚滚洪流中推动历史向前发展，我觉得这才是一生中最值得骄傲和自豪的事情。归国 7 年，黄大年像陀螺般不知疲倦地旋转，常常忘了睡觉、忘了吃饭。2016 年 11 月 29 日凌晨，黄大年晕倒在出差途中，经查，已是胆管癌晚期……

　　2018 年 5 月，"黄大年创新实验班"授牌仪式在吉林大学举行。仪式上，"黄大年班"的学生将右手高高举起、紧紧握住，庄严宣誓道："振兴中华，乃我辈之责。我们要沿着黄老师的足迹奋勇前行，黄大年精神将永存心间！"

应用模拟量信号模块实现烘仓温度测量

任务引入

某维纶生产线需要对烘仓温度进行控制，温度检测使用铂电阻 Pt100，控制要求如下：

（1）温度控制范围为 200~250 ℃。

（2）当按下"启动"按钮时，开始加热；温度高于 200 ℃，生产线启动。

（3）将测量温度保存到 MW100，用于显示。

（4）当温度大于 250 ℃时，HL1 指示灯亮，同时停止加热；否则熄灭。

（5）当温度低于 200 ℃时，HL2 指示灯亮，同时启动加热；否则熄灭。

（6）当温度超出 300 ℃或按下"停止"按钮时，"生产线"和"加热"同时停止。

知识背景

5.1.2.1 电气接线图

应用模拟量信号模块实现烘仓温度测量电路，如图 5-1 所示。输入 I0.0 接入停止加热按钮，I0.1 接入启动加热按钮；输出 Q0.0 接 KM1 线圈控制生产线启动，Q0.1 接 KM2 线圈控制。

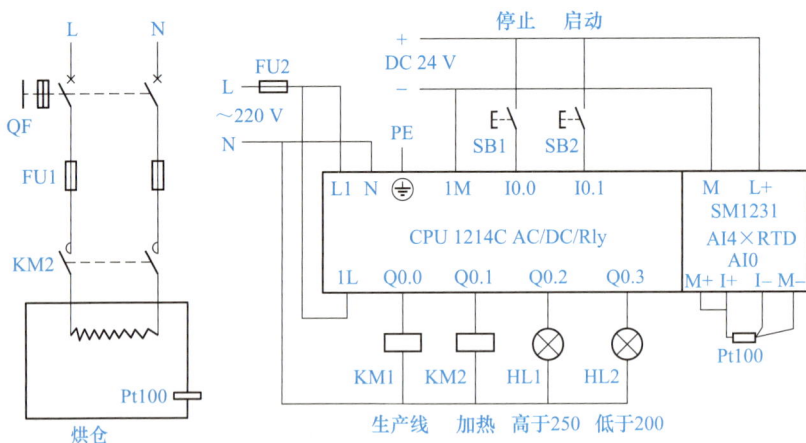

图 5-1 烘仓温度测量电路

5.1.2.2 模拟量输入控制

在工业生产过程中有很多连续变化的模拟量信号，如水塔水位、泵出口压力、温度、流量、位移、速度等物理量。所有这些物理量需要利用传感器进行检测，检测出来的信号为连续的电压信号或者电流信号，然后通过变送器将这些电压信号或者电流信号转换为标准的模拟信号，如±10 V、±5 V、±2.5 V、0~10 V、0~20 mA、4~20 mA 等，并将这些标准模拟量信号送到模拟量模块，模拟量模块通过 A/D 转换，转换成数字量给 CPU 处理。

西门子 S7-1200 PLC 模拟 I/O 是以标准模块方式实现的，其 CPU 模块上自带 2 路模拟量输入，输入为电压信号，输入电压范围为 0~10 V，满量程范围为 0~27468，默认地址为 IW64 和 IW66。

A　模拟量输入模块（AI）

模拟量输入模块是将模拟量信号转换为数字信号，其主要部分为 A/D 转换器。西门子提供了 SM1231 模拟输入模块和 SB1231 模拟量输入信号板，可以将标准的电压信号或电流信号转换为数字信号，其通道数和 A/D 转换器的位数如图 5-2 所示。

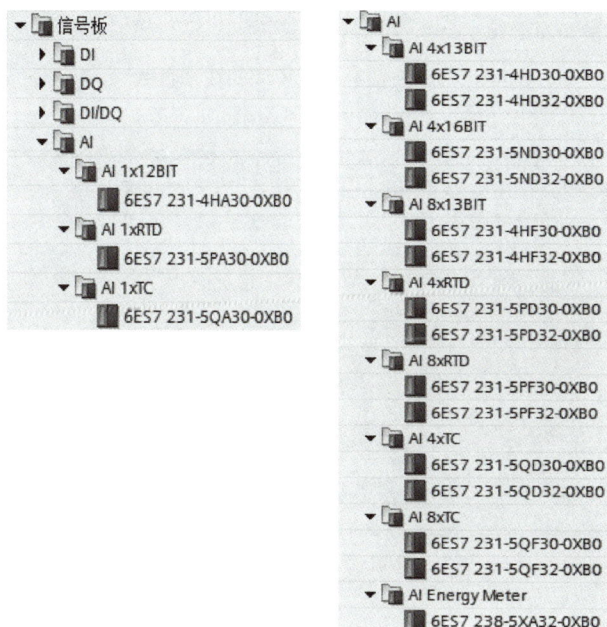

图 5-2　模拟量输入模块

B　SM1231 模拟量输入模块

双极性的模拟量满量程转换后对应的数据字为−27648~+27648，单极性的模拟量满量程转换后对应的数据字为 0~+27648。SM1231 热电偶（TC）和热电阻（RTD）模块分辨率为 0.1 ℃或 0.1 ℉，技术参数如图 5-3 所示。

5.1.3　任务实施

5.1.3.1　硬件组态与编程

A　硬件组态

新建一个项目，添加"CPU1214C AC/DC/Rly"，版本号为 V4.2。展开"AI→AI 4×RTD"，将订货号"6ES7 231-5PD32-0XB0"拖放到 2 号槽，输入通道参数配置如图 5-4 所示，并配置模拟量输入通道。

型号	SM 1231 AI 4x13 位	SM 1231 AI 8x13 位	SM 1231 AI 4 x 16 位
订货号（MLFB）	6ES7 231-4HD32-0XB0	6ES7 231-4HF32-0XB0	6ES7 231-5ND32-0XB0
常规			
尺寸 W x H x D（mm）	45 x 100 x 75	45 x 100 x 75	45 x 100 x 75
重量	180 g	180 g	180 g
功耗	2.2 W	2.3 W	2.0 W
电流消耗（SM 总线）	80 mA	90 mA	80 mA
电流消耗（24 V DC）	45 mA	45 mA	65 mA
模拟输入			
输入路数	4	8	4
类型	电压或电流（差动）；可 2 个选为一组		电压或电流（差动）
范围	±10 V、±5 V、±2.5 V 或 0 - 20 mA		±10 V、±5 V、±2.5 V、±1.25 V、0 - 20 mA 或 4 mA - 20 mA
满量程范围（数据字）	-27,648 - 27,648		
过冲/下冲范围（数据字）	电压：32,511 - 27,649/-27,649 - -32,512 电流：32,511 - 27,649/0 - -4864		电压：32,511 - 27,649/-27,649 - -32,512 电流：(0-20 mA)：32,511 - 27,649/0 - -4,864、4 - 20 mA；32511 - 27,649/-1 - -4,864
上溢/下溢（数据字）	电压：32,767 - 32,512/-32,513 - -32,768 电流：32,767 - 32,512/-4865 - -32,768		电压：32,767 - 32,512/-32,513 - -32,768 电流：0 - 20 mA；32,767 - 32,512/-4,865 - -32,768、4 - 20 mA；32,767 - 32,512/-4,865 - -32,768

图 5-3   模拟量输入模块的技术参数

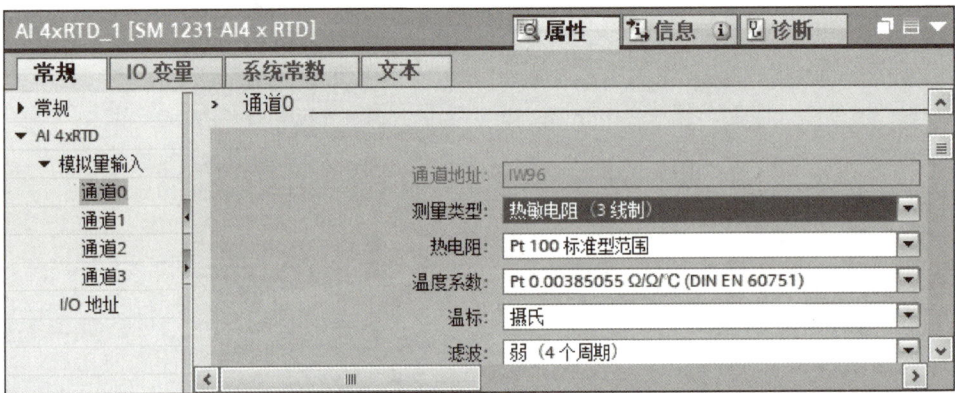

图 5-4   温度测量输入通道配置

B   编写程序

编写温度测量梯形图程序如图 5-5 所示。

5.1.3.2   仿真运行

"项目"上单击右键→选择"属性"→"保护"，选择"块编译时支持仿真"。

（1）依次单击仿真按钮 🔳 →单击 🔳 ，在新建一个仿真项目→"下载预览"中单击"装载"，将 PLC_1 站点下载到仿真器中→仿真界面中，打开"SIM 表格_1"，单击 🔳 ，添加项目变量（见图 5-6）→单击工具栏中的 🔳 ，使 PLC 运行。

（2）单击"启动"按钮，开始加热，同时"低于 200 指示灯"亮。拖动"模拟值"的滑动条，改变模拟输入值。当"温度值"高于 200 ℃时，生产线开始启动，同时"低于 200 ℃指示灯"熄灭。

（3）如果"温度值"高于 250 ℃，停止加热，同时"高于 250 ℃指示灯"亮。如果"温度值"下降到低于 200 ℃，重新开始加热。如果"温度值"高于 300 ℃或单击"停止"按钮，"加热"和"生产线"同时停止。

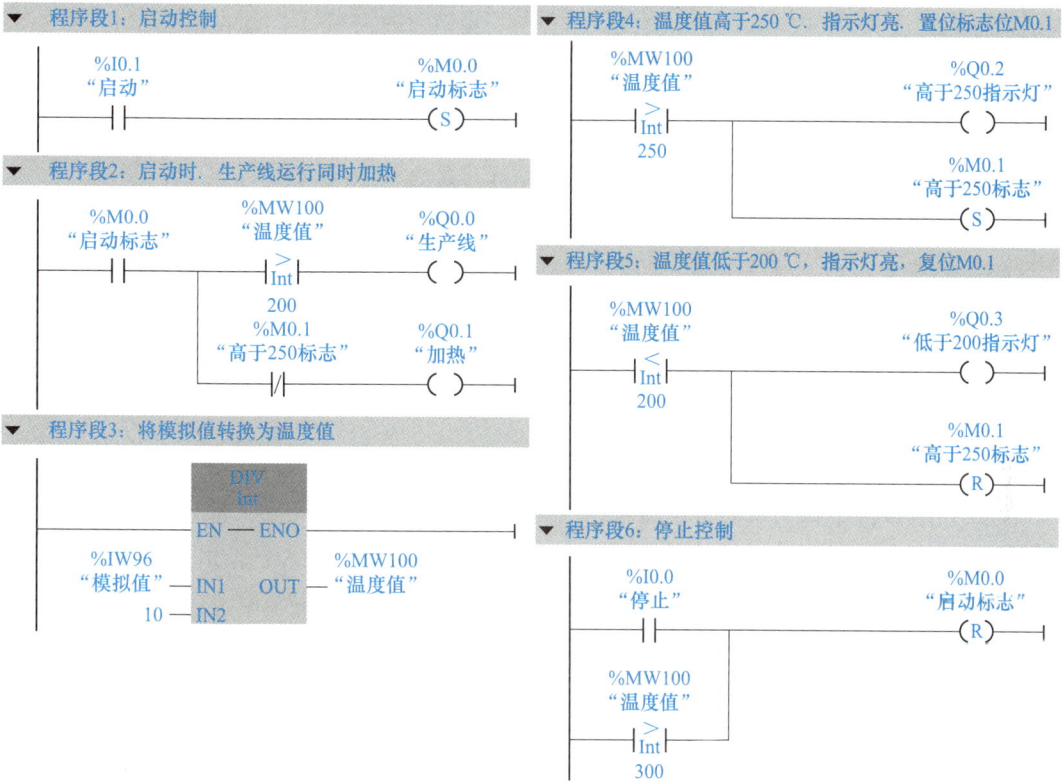

图 5-5　温度测量程序

图 5-6　仿真变量表

任务 5.2　应用模拟量信号板实现模拟电流输出

5.2.1　任务引入

（1）按下增加按钮 SB1，输出电流增加 1 mA，最大到 20 mA。

（2）按下减少按钮 SB2，输出电流减少 1 mA，最小到 0 mA。

（3）高于 4 mA，"大于 4 mA" 指示灯亮。

（4）等于 20 mA，"20 mA" 指示灯亮。

5.2.2　知识背景

5.2.2.1　电气接线图

应用模拟量信号板实现模拟电流输出电路，如图 5-7 所示。其中，输入 I0.0 接入 SB1 按钮完成电流增指令输入；I0.1 接入 SB2 按钮完成电流减指令输入；输出 Q0.0 接 HL1 指示灯显示输出大于 4 mA 电流，Q0.1 接 HL2 指示灯显示输出 20 mA 电流。SB1232 模块输出到电流表，显示电流输出。

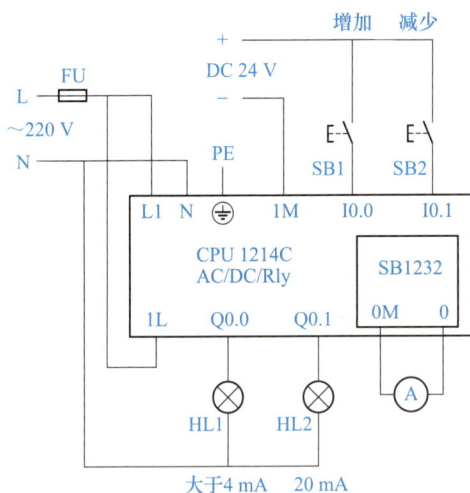

图 5-7　模拟量输出电路图

5.2.2.2　模拟量输出控制

模拟量输出模块（AQ）。将 CPU 处理过的数字量信号转换成成比例的电压信号或电流信号，对执行机构进行调节或控制。西门子提供了 SM1232 模拟量输出模块和 SB1232 模拟量输出信号板，其具体型号、通道数和 A/D 转换器的位数如图 5-8 所示，模拟量输出模块的技术参数如图 5-9 所示。

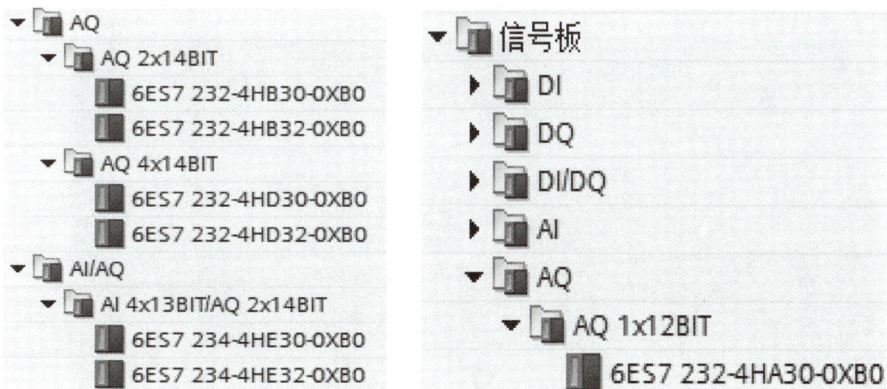

图 5-8　模拟量输出模块

图 5-9　模拟量输出模块的技术参数

5.2.3　任务实施

5.2.3.1　硬件组态与编程

A　硬件组态

新建一个项目，添加"CPU 1214C AC/DC/Rly"，版本号为 V4.2。展开"信号板"→"AQ"→"AQ 1×12BIT"，将订货号"6ES7 232-4HA30-0XB0"（见图 5-10）拖放到 CPU 面板的框中，配置电流输出通道 0。

B　编写程序

编写模拟量电流输出梯形图程序如图 5-11 所示。

5.2.3.2　仿真运行

"项目"上单击右键→选择"属性"→"保护"，选择"块编译时支持仿真"。

（1）依次单击仿真按钮▣→单击▧，在新建一个仿真项目→"下载预览"中单击"装载"，将 PLC_1 站点下载到仿真器中→仿真界面中，打开"SIM 表格_1"，单击▧，添加项目变量（见图 5-12）→单击工具栏中的▧，使 PLC 运行。

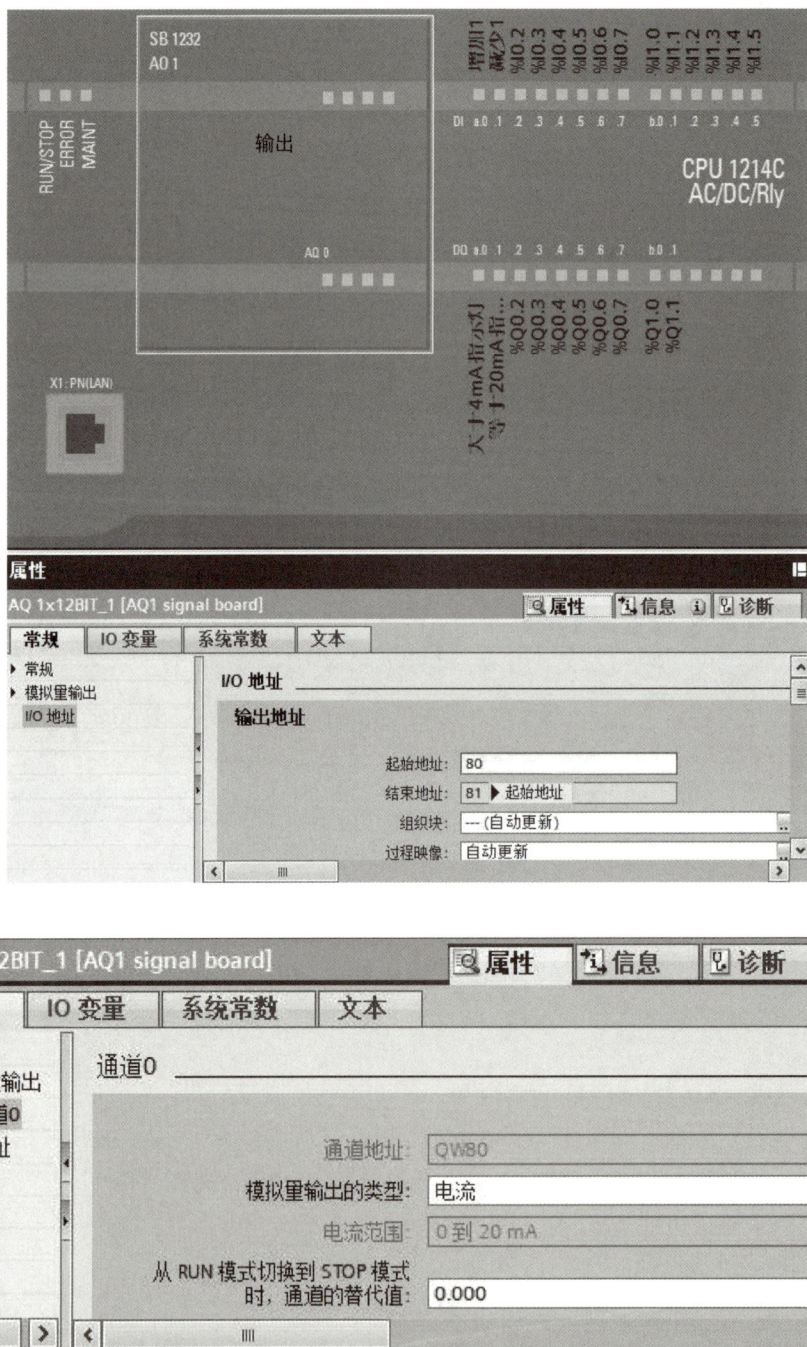

图 5-10　模拟量输出硬件配置

（2）单击"增加 1 mA"按钮，"输出"值增加。连续单击 4 次，即增加到 4 mA，"大于 4 mA 指示灯"亮，Q0.0 有输出。

（3）连续单击"增加 1 mA"按钮，当"输出"值增加到 27648 时，变量"等于

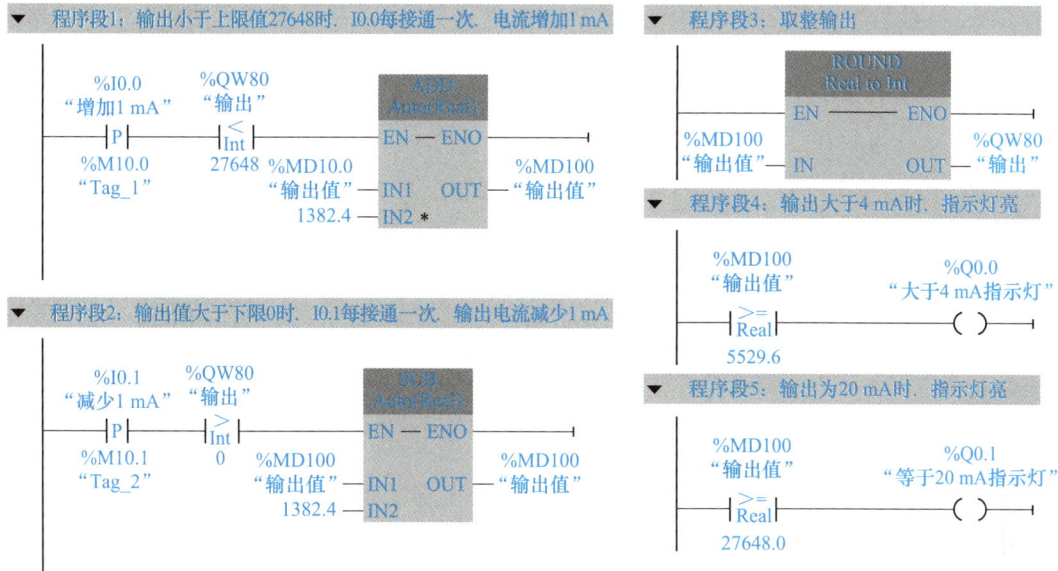

图 5-11　模拟量电流输出程序

图 5-12　电流输出仿真变量表

20 mA 指示灯"亮。Q0.1 有输出，再单击该按钮，"输出"值不再增加。

（4）单击"减少 1 mA"按钮，"输出"值减少。当"输出"值减少到 5530 以下时（小于 4 mA），"大于 4 mA 指示灯"熄灭。当"输出"值减少到 0 时，不再减少。

5.2.4　知识扩展

5.2.4.1　CPU 可扩展的模块数量

（1）各种 CPU 的正面都可以添加 1 块信号板 SB 或通信板 CB。

（2）在 CPU 的右侧可以扩展信号模块 SM，CPU1211C 不能扩展信号模块，CPU1212C 最多扩展两个信号模块，其他 CPU 最多可以扩展 8 个信号模块。

（3）所有的 CPU 左侧最多可以安装 3 个通信模块 CM。

5.2.4.2　电源计算

例如，某系统使用 CPU1214C AC/DC/Rly 的 PLC，扩展了 1 个 SM1231 AI4×13 位、3 个 SM1223 DI8×DC 24 V/DQ8×继电器和 1 个 SM1221 DI8×DC 24 V。

CPU 提供的背板总线 5 VDC 电流为 1600 mA，消耗的 DC 5 V 电流为 1×80+3×145+1×105＝620 mA，CPU 提供了足够的 DC 5 V 电流。

DC 24 V 传感器电源提供的电流为 400 mA，CPU 的数字量输入为 14 点，则消耗的 DC 24 V 电流为 14×4+1×45+3×8×4+3×8×11+8×4＝493 mA，大于传感器电源提供的电流，故需要外接一个 DC 24 V 电源。

习　题

5-1　西门子 S7-1200 模拟量输入信号采用（　　）寻址。

　　A. 位　　　　　　　　　B. 字节　　　　　　　　C. 字　　　　　　　　D. 双字

5-2　在实际应用中，输入的模拟量信号会受到（　　）情况扰动。

　　A. 噪声　　　　　　　　B. 电流　　　　　　　　C. 电压　　　　　　　D. 电阻

5-3　模拟量输入模块支持（　　）信号。

　　A. 载波　　　　　　　　B. 电感　　　　　　　　C. 电压　　　　　　　D. 调节波

5-4　当 S7-1200 输入 0~10 V 模拟量，经 A/D 转换后，我们得到的数值是 AIW0 为 12800，相应的模拟电信号是（　　）V。

　　A. 4　　　　　　　　　B. 5　　　　　　　　　C. 6　　　　　　　　D. 7

5-5　在 S7-1200 中，模拟量信号 0~20 mA 输出信号的数值范围是（　　）。

　　A. 0~+27648　　　　B. −27648~+27648　　C. 0~+32000　　　D. −32000~+32000

5-6　在 S7-1200 中，模拟量信号−10~10 V 输出信号的数值范围是（　　）。

　　A. 0~+27648　　　　B. −27648~+27648　　C. 0~+32000　　　D. −32000~+32000

5 7　下面为 S7-1200 PLC 一个模拟量通道输出地址的是（　　）。

　　A. Q8.0　　　　　　　B. QB80　　　　　　　C. QD80　　　　　　D. QW80

5-8　西门子 S7-1200 PLC 热电偶模块满量程对应测量值−27648~27648，如通道测量值为 253，则对应的温度值为（　　）℃。

　　A. 2.53　　　　　　　B. 25.3　　　　　　　C. 253　　　　　　D. 253 * 100/27648

5-9　由于各家对源型、漏型，针对输出侧只要确定 M(N) 端子为电源+，则为（　　）输出；M(N) 端子为电源−，则为（　　）输出。

　　A. 漏型、源型　　　　B. 源型、漏型　　　　C. 漏型、漏型　　　D. 源型、源型

5-10　简述利用 PLC 采集工业现场各种物理量的过程。

5-11　数字控制器能够接收的标准电信号有哪些类型，信号较远距离传输时应采用什么类型的标准信号，为什么？

5-12　PLC 配置 0~20 mA 的模拟量输入模块，转换后的数字量范围是多少？某转速传感器输入量程为 0~970 r/min、输出量程为 0~20 mA，将传感器输出信号接至 PLC 模拟量输入模块中，现假设转换后的数字量为 x，试求当前的实际转速 n。

5-13　PLC 配置 0~10 V 的模拟量输入模块，某温度传感器输入量程为 0~100 ℃、输出量程为 0~10 V，将传感器输出信号接至 PLC 模拟量输入模块中，现假设当前温度为 75 ℃，试求转换后的数字量 y。

5-14　S7-200 PLC 模拟量扩展模块的性能指标有哪些，如何正确使用模拟量扩展模块？

5-15　用于测量温度（0~99 ℃）的变送器输出信号为 4~20 mA，模拟量输入模块将 0~20 mA 转换为数字 0~32000，试求当温度为 40 ℃时，转换后得到的二进制数 N。

5-16　模拟量输出模块的基本配置有哪些？

5-17　模拟量输出模块的接线方法有哪些？

项目 6 S7-1200 通信的应用

课程思政

从仿制出我国第一代防空导弹，到自主研制出现代化的低空、超低空防空导弹，中国工程院院士于本水，在我国导弹研制的道路上默默无闻走过了 56 年，使我国的国土防空能力不断提升。今天我们就来认识一下这位为国家强大不懈奋斗半个多世纪的科学家。

于本水，中国工程院院士，我国防空导弹专家。他先后主持和参与我国多型号导弹武器的研制工作，对我国国防和航天事业做出了创造性成就和重大贡献。

1960 年，于本水从莫斯科航空学院毕业回国，开始从事第一代防空导弹研制，这时的工作主要是仿制苏联的导弹。

从那时起，于本水就抱定了一个人生目标，一定要研制出属于中国自己的防空导弹，不仅要中国造，还要最先进。20 世纪 70 年代，于本水敏锐观察到低空、超低空空袭战术正被各国采用。他建议，我国也应研制一种机动性能好、反应时间快、机动过载大、抗干扰能力强的低空、超低空防空导弹。最终该建议被采纳，并被列为国家重点发展项目。

1980 年，以于本水为主任设计师的科研团队，开始自主研发现代化低空、超低空防空导弹。针对这一新课题，于本水提出了一系列解决方案，使导弹具备了更出色的飞行和打击性能。1982 年，导弹发射试验圆满成功；经过实弹测试，该型导弹不仅具备良好的目标毁伤能力，并且在紧急情况下，几秒钟就能把导弹发射出去。它的成功研制，使我国的低空防御能力一跃走在了世界前列。1992 年，该型低空、超低空导弹获得了国家科技进步特等奖。随后，于本水又主持研制出我国的第一个第三代舰空导弹，在中国首次实现了拦截掠海飞行的导弹。做了一辈子防空导弹的于本水说，强国梦一直以来就是他的人生奋斗目标。

任务 6.1　应用 TCP 协议实现 S7-1200 之间的通信

6.1.1　任务引入

有两台 CPU1214C，通过 TCP 通信实现控制要求如下：

（1）PLC_1 控制 PLC_2 的电动机正反转；

（2）PLC_2 控制 PLC_1 的电动机丫-△降压启动。

6.1.2　知识背景

6.1.2.1　电气接线图

应用 TCP 协议实现两台 S7-1200 通信电路，如图 6-1 所示。PLC_1 的输入 I0.0 接入 SB1 按钮完成 PLC_2 的正转指令输入；I0.1 接入 SB2 按钮完成 PLC_2 的反转指令输入，I0.2 接入 SB3 按钮完成 PLC_2 的停止指令输入；输出 Q0.0 接 KM1 负责 1 号电机电源接入，Q0.1 接 KM2 负责 1 号电机丫形启动，Q0.2 接 KM3 负责 1 号电机△形启动。KM2 和 KM3 实现电气互锁。

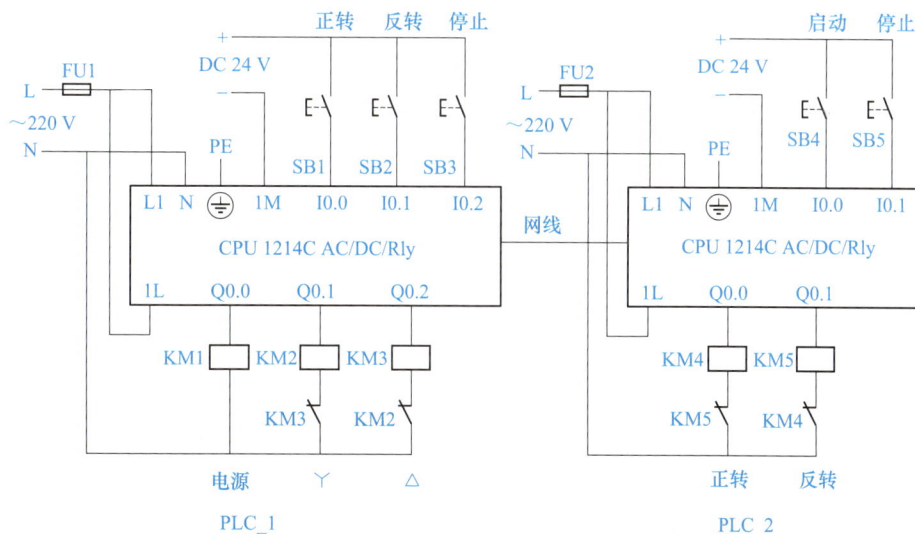

图 6-1　TCP 通信控制电路图

PLC_2 的输入 I0.0 接入 SB4 按钮完成 PLC_1 的启动指令输入；I0.1 接入 SB5 按钮完成 PLC_1 的停止指令输入；输出 Q0.0 接 KM4 负责 2 号电机正转，Q0.1 接 KM5 负责 2 号电机反转，Q0.2 接 KM5 负责 2 号电机△形启动。KM4 和 KM5 实现电气互锁。

6.1.2.2　SIMATIC 通信网络

S7-1200 CPU 至少集成了一个 PROFINET 接口，可支持非实时通信和实时通信等通信服务。非实时通信包括 PG 通信、HMI 通信、S7 通信、OUC（Open User Communication）通信和 Modbus TCP 等，实时通信可支持 PROFINET IO 通信。S7-1200 CPU 支持 TCP、ISO-on-TCP 和 UDP 等开放式用户通信，如图 6-2 所示。

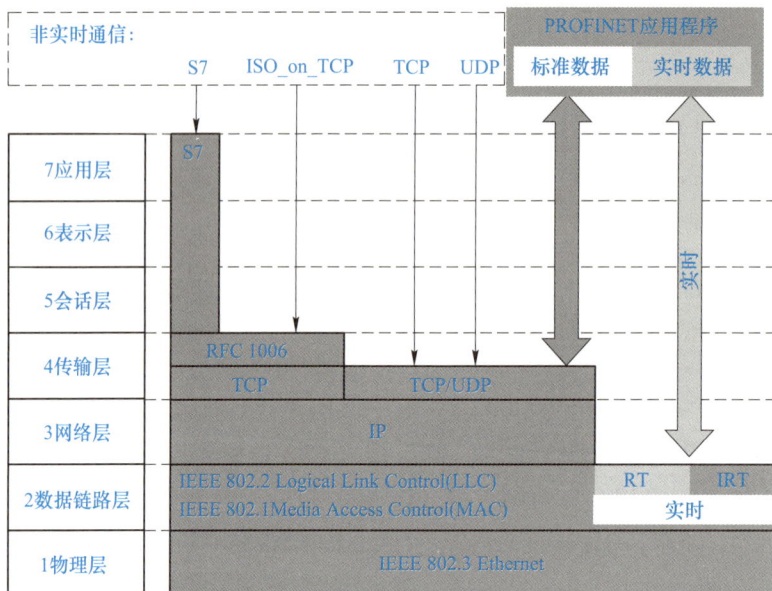

图 6-2　SIMATIC 通信网络

A　以太网通信

西门子工业以太网可以应用于单元级、管理级的网络，其通信数据量大、传输距离长。西门子工业以太网可同时运行多种通信服务，例如，PG/OP 通信、S7 通信、开放式用户通信和 PROFINET 通信。S7 通信和开放式用户通信为非实时性通信，它们主要用于站点间数据通信。基于工业以太网开发的 PROFUNET 通信具有很好的实时性，主要用于连接现场分布式站点。

设备与设备之间进行以太网通信需要配合 IEFC RJ45 插头使用。IE FC 2×2 电缆单根通信电缆的通信距离为 100 M，通信速率可达 100 Mbit/s。IEFC 4×2 电缆可用于主干网连接，其通信速率最大可达到 1000 Mbit/s。使用光纤通信时，通信距离没有限制，但是设备和光纤之间的传输还是要遵循上述规则。

S7-1200 CPU 本体集成了 1 个以太网接口，其中 CPU 1211C、CPU 1212C 和 CPU 1214C 只有一个以太网 RJ45 端口，CPU 1215C 和 CPU 1217C 则内置了一个双 RJ45 端口的以太网交换机。S7-1200 CPU 以太网接口可以通过直接连接或交换机连接的方式与其他设备通信。

B　现场总线网络

PROFIBUS（Process Field Bus）具有标准化的设计和开放的结构，是国际现场总线标准 IEC61158（TYPE Ⅲ）和中华人民共和国国家标准 GB/T 20540—2006 的重要组成部分。遵循这一标准的设备即使由不同的公司制造，也能够互相兼容。

PROFIBUS 由三种通信协议组成，即 PROFIBUS DP、PROFIBUS PA 和 PROFIBUS FMS。PROFIBUS DP 在主站和从站之间采用轮循的通信方式，主要应用于自动化系统中单元级和现场级通信，适用于传输中小量的数据。PROBUS PA 是为过程控制的特殊要求设计的，使用了扩展的 PROFIBUS DP 协议进行数据传输，电源和数据通过总线并行传输，可用于对本职安全有要求的场合，主要用于面向过程自动化系统中单元级和现场级通信。PROFIBUS FMS 主要用于车间级主站之间的通信，是面向对象的通信，适用于大数据量的数据传输。对于西门子 PLC 系统，PRIFIBUS 还提供了 S7 通信和 S5 兼容通信（PROFIBUS FDL）两种通信方式。

SIMATIC S7-1200 不支持 PROFIBUS FMS 和 PROFIBUS FDL 通信，可以通过 PROFIBUS DP 或者 PROFIBUS S7 与其他设备通信。

PROFIBUS DP 网络中的设备类型有以下三种。

（1）1 类 DP 主站：完成总线通信控制和管理、从站交换数据等，如具有 DP 接口的 PLC、插有 PROFUBUS DP 主站板卡的 PC。

（2）2 类 DP 主站：负责对 DP 系统进行配置、对网络进行诊断等，如操作员站、编程器。

（3）DP 从站：负责执行主站的输出命令，向主站提供现场传感器采集到的输入信号和输出信号，如分布式 I/O、具有 DP 接口的驱动器、传感器、执行机构等。PROFIBUS 允许构成单主站或多主站系统，在同一总线上最多可连接 126 个站点。PROFIBUS DP 是一个分布式的具有周期性循环特点的实时系统，系统中的各个站点平等地连在总线上，且具有唯一的逻辑地址。

6.1.2.3　TSEND_C 指令和 TRCV_C 指令

A　TSEND_C 指令

TSEND_C 指令（见图 6-3）用于建立连接并发送数据。在 REQ 的上升沿，将 DATA 指向的数据通过建立的 CONNECT 进行发送。

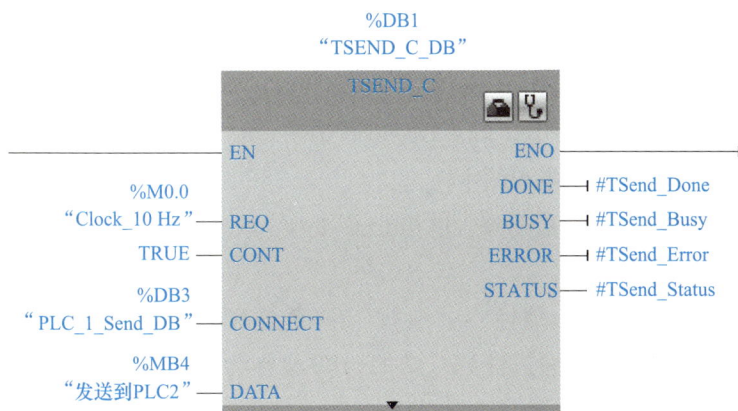

图 6-3　TSEND_C 指令

TSEND_C 参数的意义如下：在请求信号 M0.0 的每秒 10 次 REQ 的上升沿，根据 DB3 中的连接描述，发送数据。发送成功后，DONE 在一个扫描周期内为"1"。CONT 为"1"时建立和保持连接，为"0"时断开连接。LEN 为默认值"0"时，发送 DATA 定义的所有数据。COM_RST 为"1"时，断开现有的通信连接，新的连接被建立。BUSY 为"1"时任务尚未完成，ERROR 为"1"时出错，STATUS 中是错误的详细信息。

B   TRCV_C 指令

TRCV_C（见图 6-4）指令用于建立连接并接收数据。参数 EN_R 为"1"时，启用接收功能。将通过已经建立的连接 CONNECT 接收的数据保存到 DATA 指向的接收区。

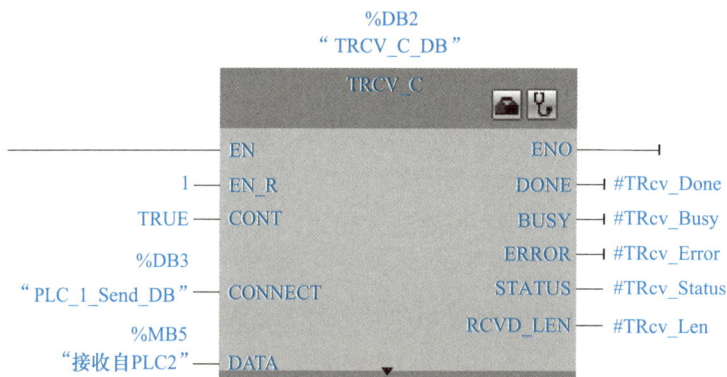

图 6-4   TRCV_C 指令

指令 TRCV_C 的 EN_R 为"1"时准备好接收数据，CONT 和 EN_R 均为"1"时连续接收数据。RCVD_LEN 是实际接收数据的字节数。

6.1.3   任务实施

6.1.3.1   硬件组态与编程

A   硬件组态

（1）新建一个项目，添加新设备"CPU1214C AC/DC/Rly"，版本号为 V4.2。

（2）依次打开"网络视图"→"控制器"→"SIMATIC S7-1200"→"CPU"→"CPU 1214C AC/DC/Rly"，单击订货号"6ES7 214-1BG40-0XB0"，从下面"信息"窗口中选择版本"4.2"，将该订货号拖放到网络视图中。

（3）单击网络设备按钮 网络，链接 PLC_1 和 PLC_2 的以太网接口并分配以太网地址，如图 6-5 所示。

（4）单击 PLC_1，打开"属性"→"常规"→"系统和时钟存储器"，勾选"启用时钟存储器字节"。按照同样的方法，将 PLC_2 的 MB0 也作为时钟存储器字节。

B   编写程序

（1）编写 PLC_1 梯形图程序如图 6-6 所示。

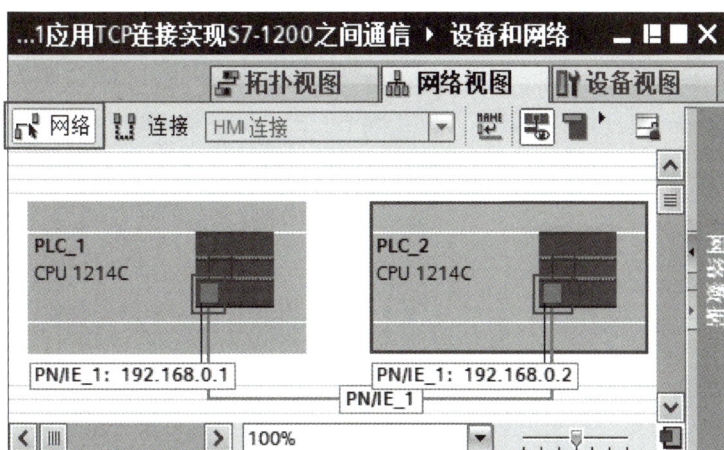

图 6-5　硬件组态网络视图

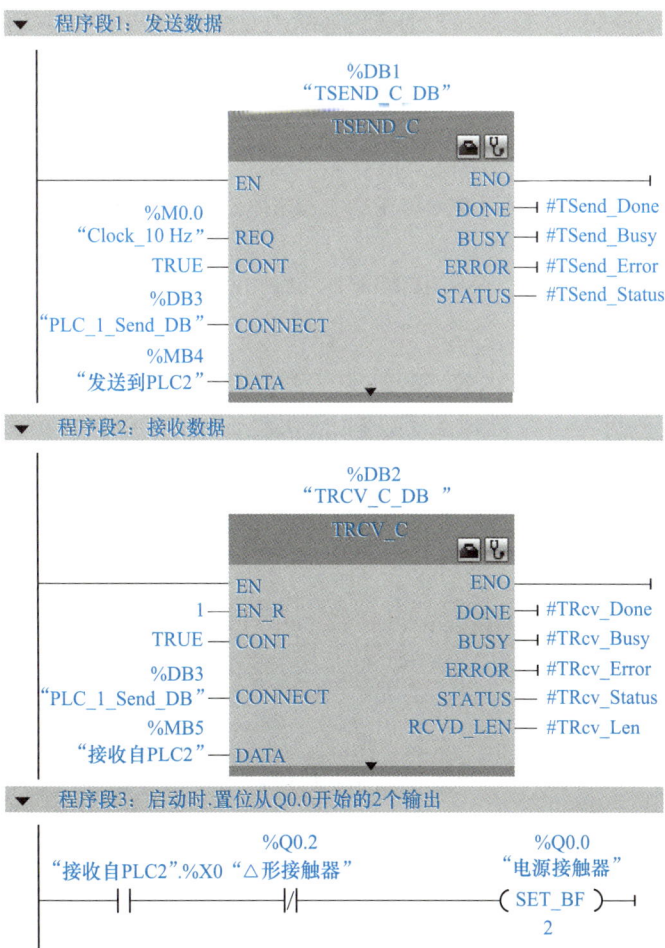

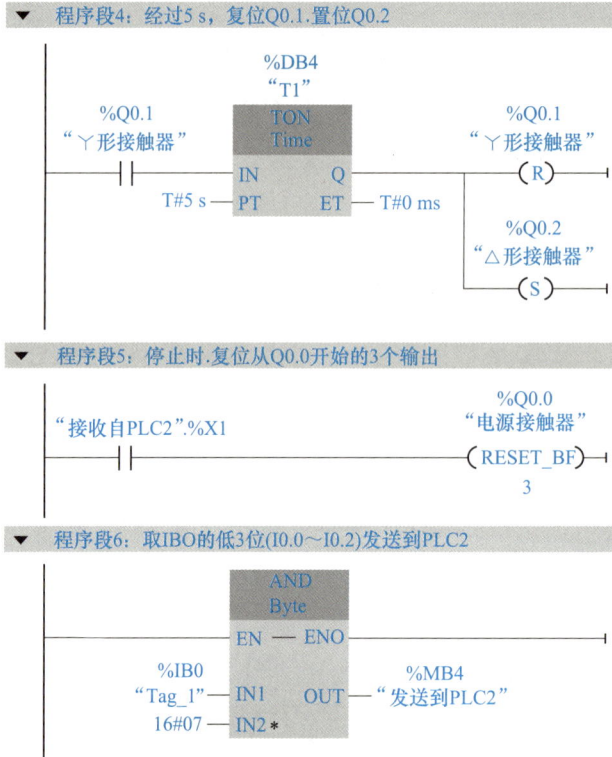

图 6-6　PLC_1 梯形图程序

（2）TSEND_C 指令的组态，单击指令中开始组态按钮 🔧，如图 6-7 所示。TRCV_C 指令的组态方式与此相同。

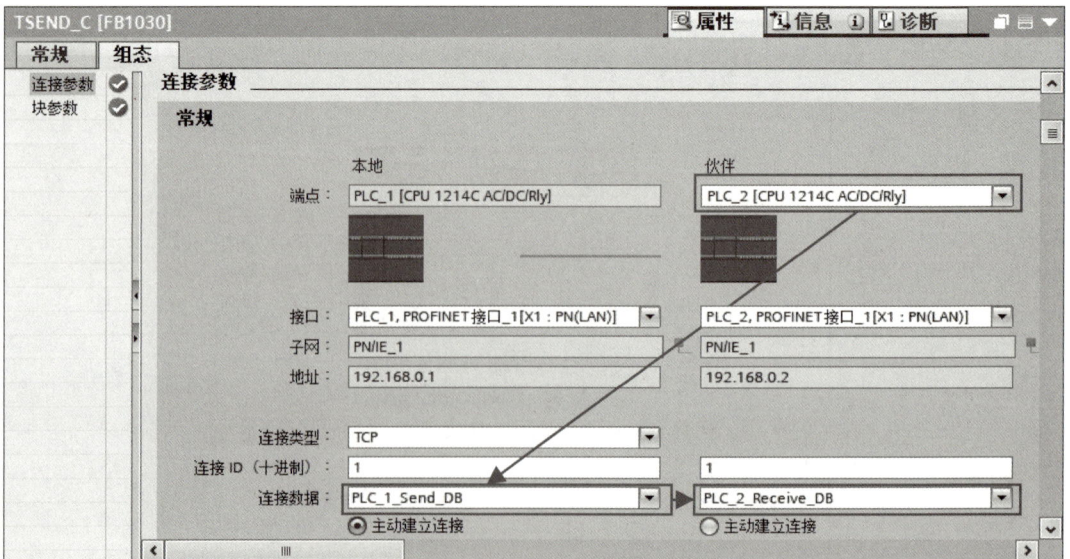

图 6-7　TSEND_C 指令的连接参数

（3）编写 PLC_2 梯形图程序如图 6-8 所示。

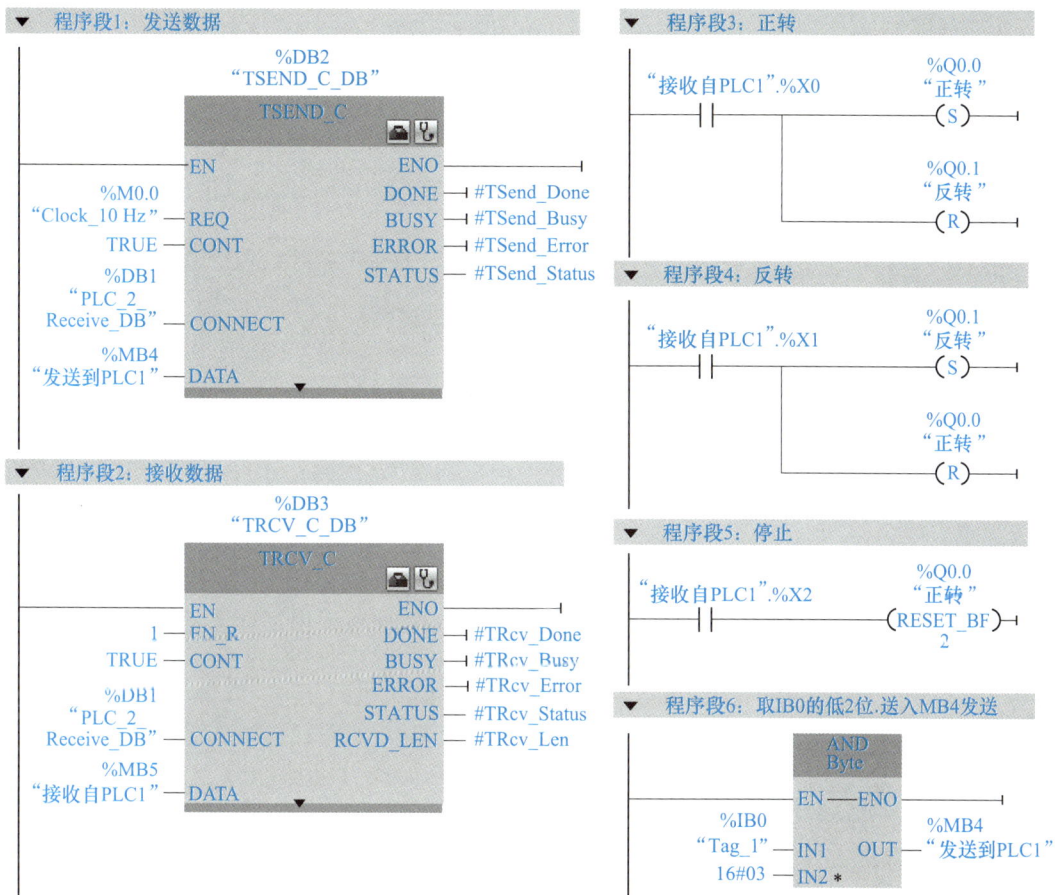

图 6-8　PLC_2 梯形图程序

6.1.3.2　仿真运行

"项目"上单击右键→选择"属性"→"保护"，选择"块编译时支持仿真"。

（1）依次单击仿真按钮 →单击 ，在新建一个仿真项目→"下载预览"中单击"装载"，将 PLC_1 站点下载到仿真器中→按照同样的方法，将 PLC_2 下载到另一个仿真项目中→仿真界面中，打开"SIM 表格_1"，单击 ，添加项目变量见图 6-9（a），打开 PLC_2 的"SIM 表格_1"，单击 ，添加项目变量〔见图 6-9（b）〕，单击工具栏中的 ，使 PLC 运行。

（2）在 PLC_1 的仿真器中，通断一次 IB0 的最低位（I0.0），PLC_2 仿真器中电动机正转。

通断一次 I0.1，PLC_2 仿真器中电动机反转；通断一次 I0.2，PLC_2 仿真器中电动机停止。

（3）在 PLC_2 的仿真器中，通断一次 IB0 的最低位（I0.0），PLC_1 仿真器中电动机

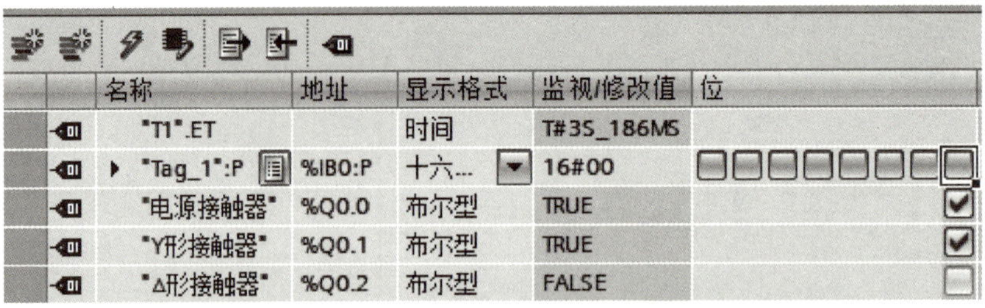

		名称	地址	显示格式	监视/修改值	位
		"T1".ET		时间	T#3S_186MS	
	▶	"Tag_1":P	%IB0:P	十六…	16#00	☐☐☐☐☐☐☐☐
		"电源接触器"	%Q0.0	布尔型	TRUE	☑
		"Y形接触器"	%Q0.1	布尔型	TRUE	☑
		"△形接触器"	%Q0.2	布尔型	FALSE	☐

(a)

		名称	地址	显示格式	监视/修改值	位
		"正转"	%Q0.0	布尔型	TRUE	☑
		"反转"	%Q0.1	布尔型	FALSE	☐
	▶	"Tag…	%IB0:P	十六…	16#00	☐☐☐☐☐☐☐☐

(b)

图 6-9   TCP 通信仿真变量表

(a) PLC_1 的仿真；(b) PLC_2 的仿真

Y形启动，同时定时器 T1 的当前值 ET 开始延时。延时时间到由Y形启动切换为△形运行。通断一次 I0.1，PLC_1 仿真器中的电动机停止。

6.1.4   知识扩展

6.1.4.1   ISO-on-TCP 通信

ISO-on-TCP 是在 TCP 中定义了 ISO 传输的属性，ISO 协议是通过数据包进行数据传输。ISO-on-TCP 是面向消息的协议，数据传输时传送关于消息长度和消息结束标志。

将项目"6-1 应用 TCP 协议实现 S7-1200 之间通信"另存为一个项目，将"连接类型"修改为"ISO-on-TCP"，用户的程序和其他组态数据都不变，即可进行仿真操作。

6.1.4.2   UDP 通信

UDP 是一种非面向连接协议，发送数据之前无须建立通信连接，传输数据时只需要指定 IP 地址和端口号作为通信端点，不具有 TCP 中的安全机制，数据的传输无须伙伴方应答，因而数据传输安全不能得到保障。

任务 6.2 应用 S7 连接实现 S7-1200 之间的通信

6.2.1 任务引入

应用 S7 通信实现如下控制要求：

（1）服务器向客户端发送启动、停止，对客户端水泵进行启停控制；

（2）客户端向服务器发送水泵的运行状态和测量压力（传感器测量范围 0~10 kPa，输出 0~10 V）。

6.2.2 知识背景

6.2.2.1 电气接线图

应用 S7 连接实现两台 1200 通信电路如图 6-10 所示。用一台 CPU1212C 作为服务器，输入 I0.0 接入 SB1 按钮负责启动水泵信号输入，I0.1 接入 SB2 按钮负责停止水泵信号输入。另一台 1214C 作为客户端，输出 Q0.0 负责启停水泵，模拟量输入 0 通道负责采集压力传感器。

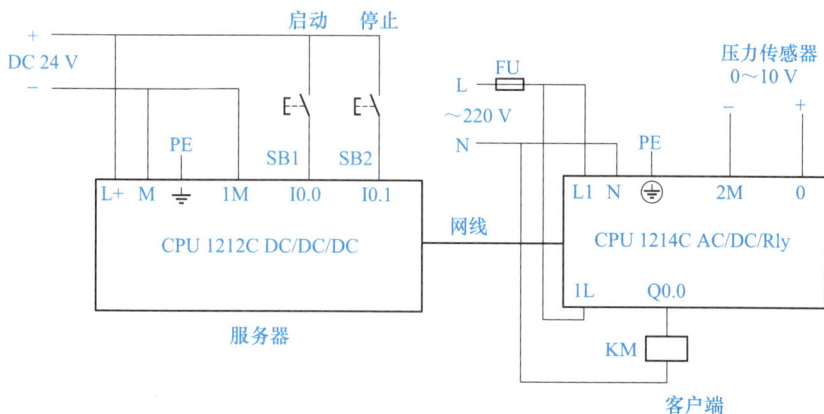

图 6-10　S7 协议通信电路图

6.2.2.2 S7 协议通信

A　S7 协议

S7 协议是专为西门子控制产品优化设计的通信协议，是面向连接的协议。连接是指两个通信伙伴之间为了执行通信服务建立的逻辑链路。S7 连接是需要组态的静态连接，静态连接要占用 CPU 的连接资源。S7-1200 仅支持 S7 单向连接。

单向连接中的客户机（Client）是向服务器（Server）请求服务的设备，客户机调用 GET/PUT 指令读、写服务器的存储区。服务器是通信中的被动方，用户不用编写服务器的 S7 通信程序，S7 通信是由服务器的操作系统完成的。

B　创建 S7 连接

在名为 "1200_1200IE_S7" 的项目中，PLC_1 为客户机，PLC_2 为服务器。采用默认的 IP 地址和子网掩码。组态时启用 MB0 为时钟存储器字节。

打开网络视图，单击按下 "连接" 按钮，设置连接类型为 S7 连接。用 "拖拽" 的方法建立两个 CPU 的 PN 接口之间名为 "S7_连接_1" 的连接。

单击网络视图右边竖条上向左的小三角形按钮，打开弹出的视图中 "连接" 选项卡，可以看到生成的 S7 连接的详细信息，连接 ID 为 16#100。

选中 "S7_连接_1"，再选中巡视窗口的 "特殊连接属性"，勾选复选框 "主动建立连接"。选中 "地址详细信息"，可以看到通信双方默认的 TSAP（传输服务访问点）。

使用固件版本为 V4.0 及以上的 S7-1200 CPU 作为 S7 通信的服务器，需要选中服务器设备视图中的 CPU，再选中巡视窗口中的 "保护"，激活复选框 "允许从远程伙伴……使用 PUT/GET 通信访问"。

C　编写程序

如图 6-11 所示，编一个程序为 PLC_1 生成 DB1 和 DB2、为 PLC_2 生成 DB3 和 DB4，在这些数据块中生成由 100 个整数组成的数组，不要启用数据块属性中的 "优化的块访问" 功能。

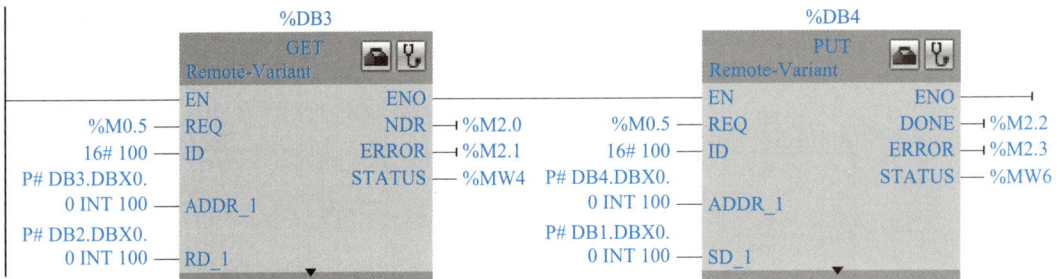

图 6-11　S7 通信举例

在时钟脉冲 M0.5 的上升沿，GET 指令每 1 s 读取 PLC_2 的 DB3 中 100 个整数，用本机的 DB2 保存。PUT 指令每 1 s 将本机的 DB1 中 100 个整数写入 PLC_2 的 DB4。客户机最多可以分别读取和改写服务器的 4 个数据区。

PLC_2 在 S7 通信中作服务器，不用编写调用指令 GET 和 PUT 的程序。

在双方的 OB100 中，预置 DB1 和 DB3 中要发送的 100 个字，将保存接收到数据的 DB2 和 DB4 中的 100 个字清零。在双方的 OB1 中，用周期为 0.5 s 的时钟脉冲 M0.3 的上升沿，将要发送的第 1 个字加 1。

6.2.2.3　PUT 指令和 GET 指令

A　PUT 指令

PUT 指令（见图 6-12）用于将数据写入伙伴 CPU。在 REQ 的上升沿，通过已组态的 ID 将本地 CPU 的 SD_1 指向的数据区写入 ADDR_1 指向伙伴 CPU 的待写入数据区。

%DB1
"PUT_DB"

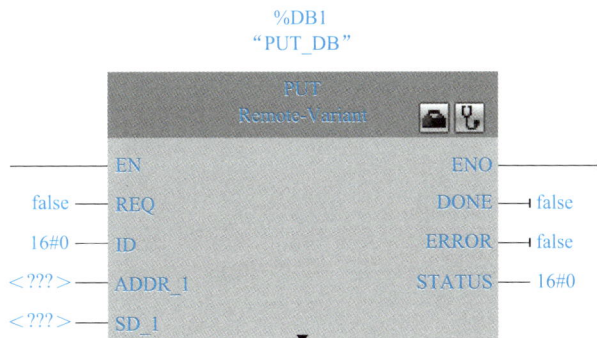

图 6-12　PUT 指令

B　GET 指令

GET 指令（见图 6-13）用于从伙伴 CPU 读取数据。在 REQ 的上升沿，通过已组态的 ID 将 ADDR_1 指向伙伴 CPU 的读取数据区读取到本地 CPU 的 RD_1 指向数据区。

%DB2
"GET_DB"

图 6-13　GET 指令

C　PUT/GET 指令参数

PUT/GET 指令参数，见表 6-1。

表 6-1　PUT/GET 指令参数表

PUT 指令				GET 指令			
参数	声明	数据类型	说　明	参数	声明	数据类型	说　明
REQ	Input	Bool	上升沿触发	REQ	Input	Bool	上升沿触发
ID	Input	Word	指定与伙伴 CPU 连接的寻址参数	ID	Input	Word	指定与伙伴 CPU 连接的寻址参数
ADDR_1	InOut	Remote	指向伙伴 CPU 写入区域的指针	ADDR_1	InOut	Remote	指向伙伴 CPU 待读取区域的指针
SD_1	InOut	Variant	指向本地 CPU 要发送数据区域的指针	RD_1	InOut	Variant	指向本地 CPU 要输入已读取数据区域的指针

PUT 指令				GET 指令			
参数	声明	数据类型	说明	参数	声明	数据类型	说明
DONE	Output	Bool	"1"：任务执行成功；"0"：任务未启动或正在执行	NDR	Output	Bool	"1"：任务执行成功；"0"：任务未启动或正在执行
ERROR	Output	Bool	"1"：执行任务出错；"0"：无错误	ERROR	Output	Bool	"1"：执行任务出错；"0"：无错误
STATUS	Output	Word	指令的状态	STATUS	Output	Word	指令的状态

6.2.3　任务实施

6.2.3.1　硬件组态与编程

A　硬件组态

（1）新建一个项目，添加 "CPU1212C DC/DC/DC"，版本号 V4.4，站点名称修改为 "Server"。

（2）依次打开 "网络视图"→"控制器"→"SIMATIC S7-1200"→"CPU"→"CPU 1214C AC/DC/Rly"，单击订货号 "6ES7 214-1BG40-0XB0"，从下面 "信息" 窗口中选择版本 "4.2"，将该订货号拖放到网络视图中。

（3）单击 ▦ 连接（见图 6-14），从右侧的下拉列表中选择 "S7 连接"。将 "Server" 的 PN 口（绿色）拖动到 "Client" 的 PN 口上，则添加了一个名为 "S7_连接_1" 的 S7 连接。

（4）单击 "Server" 的 CPU，再单击巡视窗口中 "防护与安全" 下的 "连接机制"，勾选 "允许来自远程对象的 PUT/GET 通信访问"。

（5）单击 "Client" 的 CPU，再单击巡视窗口中 "系统与时钟存储器"，勾选 "启用时钟存储器字节"，使用默认的 MB0。

B　添加全局数据块

（1）添加服务器（Server）的数据块，如图 6-15（a）所示；然后在项目树下的数据块 DB1 上单击鼠标右键，选择 "属性"，取消 "优化的块访问"，对数据块进行编译。

（2）添加客户端（Client）的数据块，如图 6-15（b）所示；然后在项目树下的数据块 DB1 上单击鼠标右键，选择 "属性"，取消 "优化的块访问"，对数据块进行编译。

C　编写程序

（1）客户端（Client）程序的编写，如图 6-16 所示；同时，单击 PUT/GET 指令框中的 ▦，在巡视窗口中单击 "组态" 选项卡下的 "连接参数"，将伙伴方选择为 "Server"。

（2）服务器（Server）程序的编写，如图 6-17 所示。

6.2.3.2　仿真运行

"项目" 上单击右键→选择 "属性"→"保护"，选择 "块编译时支持仿真"。

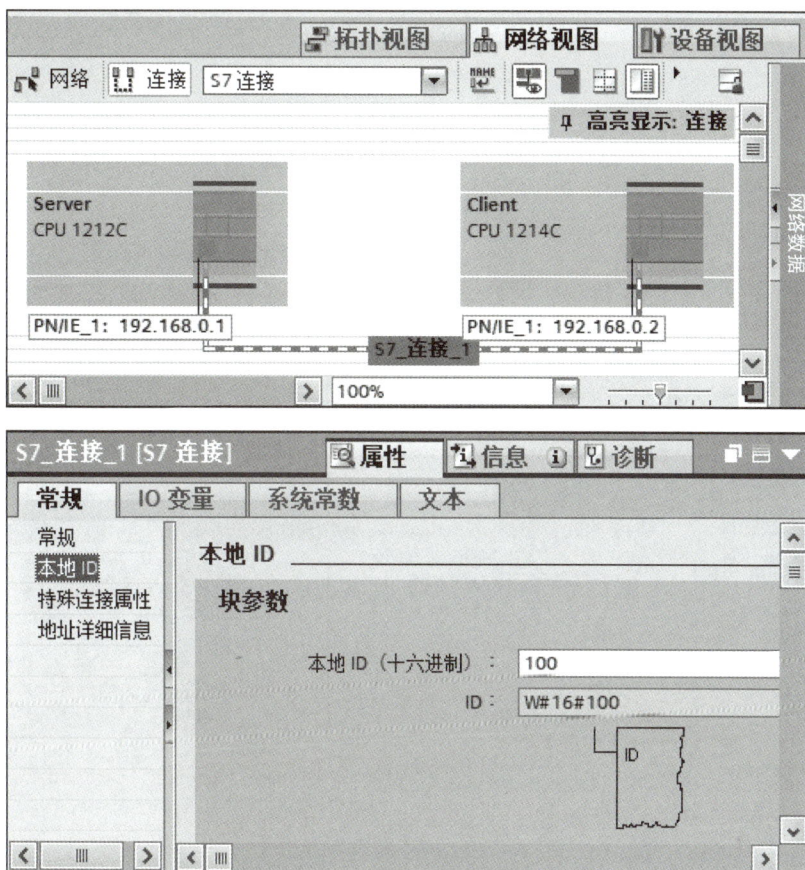

图 6-14　S7 连接网络视图

图 6-15　S7 通信数据块

（a）Server 全局数据块；（b）Client 全局数据块

（1）依次单击仿真按钮![按钮]→单击![按钮]，在新建一个仿真项目→"下载预览"中单击"装载"，将 Client 站点下载到仿真器中→按照同样的方法，将 Server 下载到另一个仿真项目中→打开 Client 的"SIM 表格_1"，添加项目变量［见图 6-18（a）］→打开 Server 的"SIM 表格_1"，添加项目变量［见图 6-18（b）］→单击工具栏中的![按钮]，使 PLC 运行。

（2）在 Server 仿真表格中，单击"启动"按钮，则 Client 仿真表格中的水泵运行；

程序段1: 将数据写入到服务器

```
                    %DB2
                   "PUT_DB"
                     PUT
                 Remote-Variant
            EN                 ENO
  %M0.0
"Clock_10 Hz" — REQ            DONE — #Put_Done
  W# 16#100   — ID             ERROR — #Put_Error
P# DB1.DBX2.0                  STATUS — #Put_Status
  BYTE 4     — ADDR_1
P# DB1.DBX2.0
 "ClientData".
SendToServer  — SD_1
```

程序段4: 水泵的运行状态发送给服务器

```
                              %DB1.DBX2.0
                             "ClientData".
  %Q0.0                      SendToServer.
  "水泵"                        运行状态
   ┤├                          ( )
```

程序段5: 将测量值进行标准化为0.0~1.0

```
                    NORM_X
                   Int to Real
            EN                 ENO
      0   — MIN             OUT — #Temp1
  %IW64
 "测量值" — VALUE
  27648 — MAX
```

程序段2: 从服务器读取数据

```
                    %DB3
                   "GET_DB"
                     GET
                 Remote-Variant
            EN                 ENO
  %M0.0
"Clock_10 Hz" — REQ            NDR — #Get_NDR
  W# 16#100   — ID             ERROR — #Get_Error
P# DB1.DBX0.0                  STATUS — #Get_Status
  BYTE 2     — ADDR_1
P# DB1.DBX0.0
 "ClientData".
RcvFromServer — RD_1
```

程序段6: 缩放为0~10000送入测量压力

```
                    SCALE_X
                   Real to Int
            EN                 ENO
      0   — MIN
  #Temp1 — VALUE              %DB1.DBW4
  10000 — MAX                "ClientData"
                            SendToServer.
                        OUT — 测量压力
```

程序段3: 启动停止控制

```
%DB1.DBX0.0   %DB1.DBX0.1
"ClientData".  "ClientData".
RcvFromServer. RcvFromServer.           %Q0.0
   启动          停止                    "水泵"
   ┤├           ┤/├                      ( )

   %Q0.0
   "水泵"
   ┤├
```

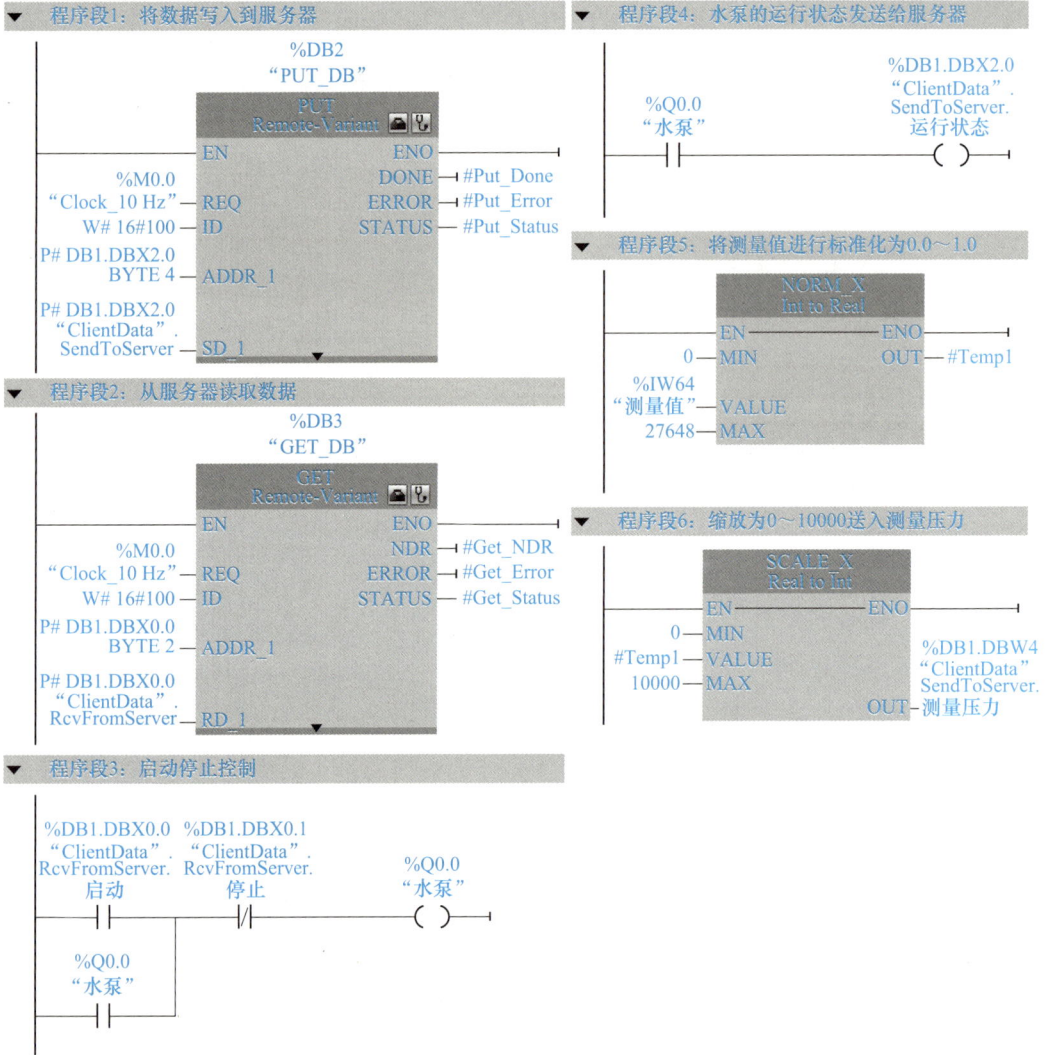

图 6-16　客服端（Client）程序

程序段1: 启动

```
                              %DB1.DBX0.0
                             "ServerData".
  %I0.0                      SendToClient.
  "启动"                       启动
   ┤├                          ( )
```

程序段2: 停止

```
                              %DB1.DBX0.1
                             "ServerData".
  %I0.1                      SendToClient.
  "停止"                       停止
   ┤├                          ( )
```

图 6-17　服务器（Server）程序

Server 表格中的变量"运行状态"也为"TRUE"，表示 Client 将水泵的运行状态发送到 Server。

（3）在 Client 仿真表格中，单击"测量值"，拖动下面的滑块，则 Client 的测量压力

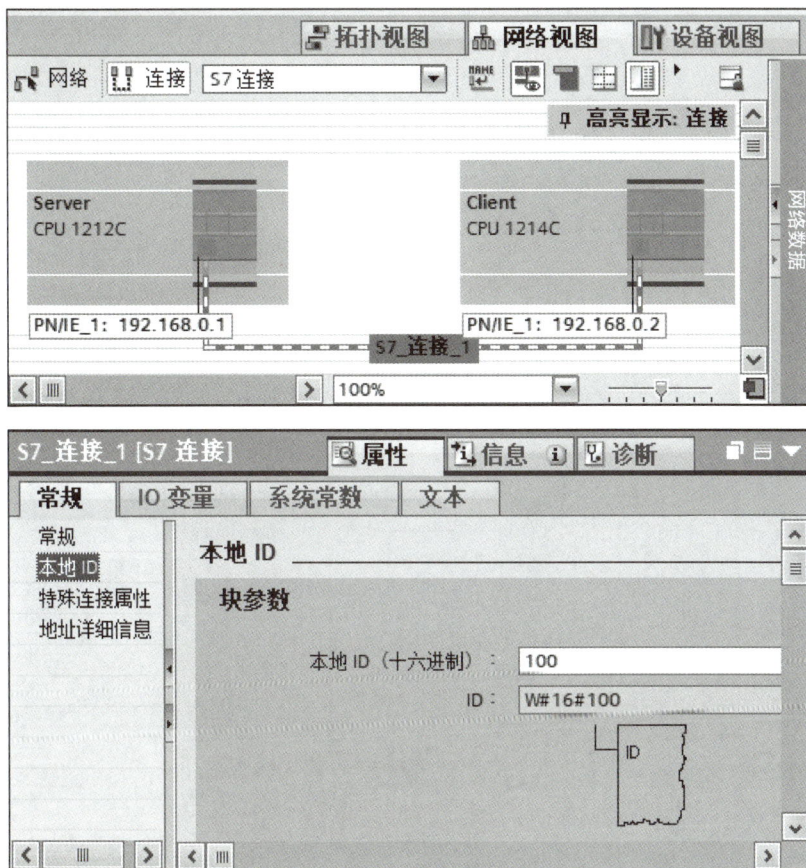

图 6-14　S7 连接网络视图

图 6-15　S7 通信数据块

（a）Server 全局数据块；（b）Client 全局数据块

（1）依次单击仿真按钮 ▣ →单击 ▣ ，在新建一个仿真项目→"下载预览"中单击"装载"，将 Client 站点下载到仿真器中→按照同样的方法，将 Server 下载到另一个仿真项目中→打开 Client 的"SIM 表格_1"，添加项目变量［见图 6-18（a）］→打开 Server 的"SIM 表格_1"，添加项目变量［见图 6-18（b）］→单击工具栏中的 ▣ ，使 PLC 运行。

（2）在 Server 仿真表格中，单击"启动"按钮，则 Client 仿真表格中的水泵运行；

程序段1：将数据写入到服务器

%DB2
"PUT_DB"

PUT	
Remote-Variant 🔒 📶	
EN	ENO
REQ	DONE — #Put_Done
ID	ERROR — #Put_Error
ADDR_1	STATUS — #Put_Status
SD_1	

%M0.0
"Clock_10 Hz" — REQ
W# 16#100 — ID
P# DB1.DBX2.0
BYTE 4 — ADDR_1
P# DB1.DBX2.0
"ClientData".
SendToServer — SD_1

程序段2：从服务器读取数据

%DB3
"GET_DB"

GET	
Remote-Variant 🔒 📶	
EN	ENO
REQ	NDR — #Get_NDR
ID	ERROR — #Get_Error
ADDR_1	STATUS — #Get_Status
RD_1	

%M0.0
"Clock_10 Hz" — REQ
W# 16#100 — ID
P# DB1.DBX0.0
BYTE 2 — ADDR_1
P# DB1.DBX0.0
"ClientData".
RcvFromServer — RD_1

程序段3：启动停止控制

%DB1.DBX0.0　　%DB1.DBX0.1
"ClientData".　"ClientData".
RcvFromServer.　RcvFromServer.
启动　　　　　　停止　　　　　　　%Q0.0
　┤├　　　　　　┤/├　　　　　　　"水泵"
　　　　　　　　　　　　　　　　　　( )

%Q0.0
"水泵"
┤├

程序段4：水泵的运行状态发送给服务器

%Q0.0　　　　　　　　　　　%DB1.DBX2.0
"水泵"　　　　　　　　　　　"ClientData".
　　　　　　　　　　　　　　SendToServer.
　┤├　　　　　　　　　　　　运行状态
　　　　　　　　　　　　　　( )

程序段5：将测量值进行标准化为0.0～1.0

NORM_X	
Int to Real	
EN	ENO
MIN	OUT — #Temp1
VALUE	
MAX	

0 — MIN
%IW64
"测量值" — VALUE
27648 — MAX

程序段6：缩放为0～10000送入测量压力

SCALE_X	
Real to Int	
EN	ENO
MIN	
VALUE	
MAX	OUT — 测量压力

0 — MIN
#Temp1 — VALUE
10000 — MAX
%DB1.DBW4
"ClientData"
SendToServer.
OUT — 测量压力

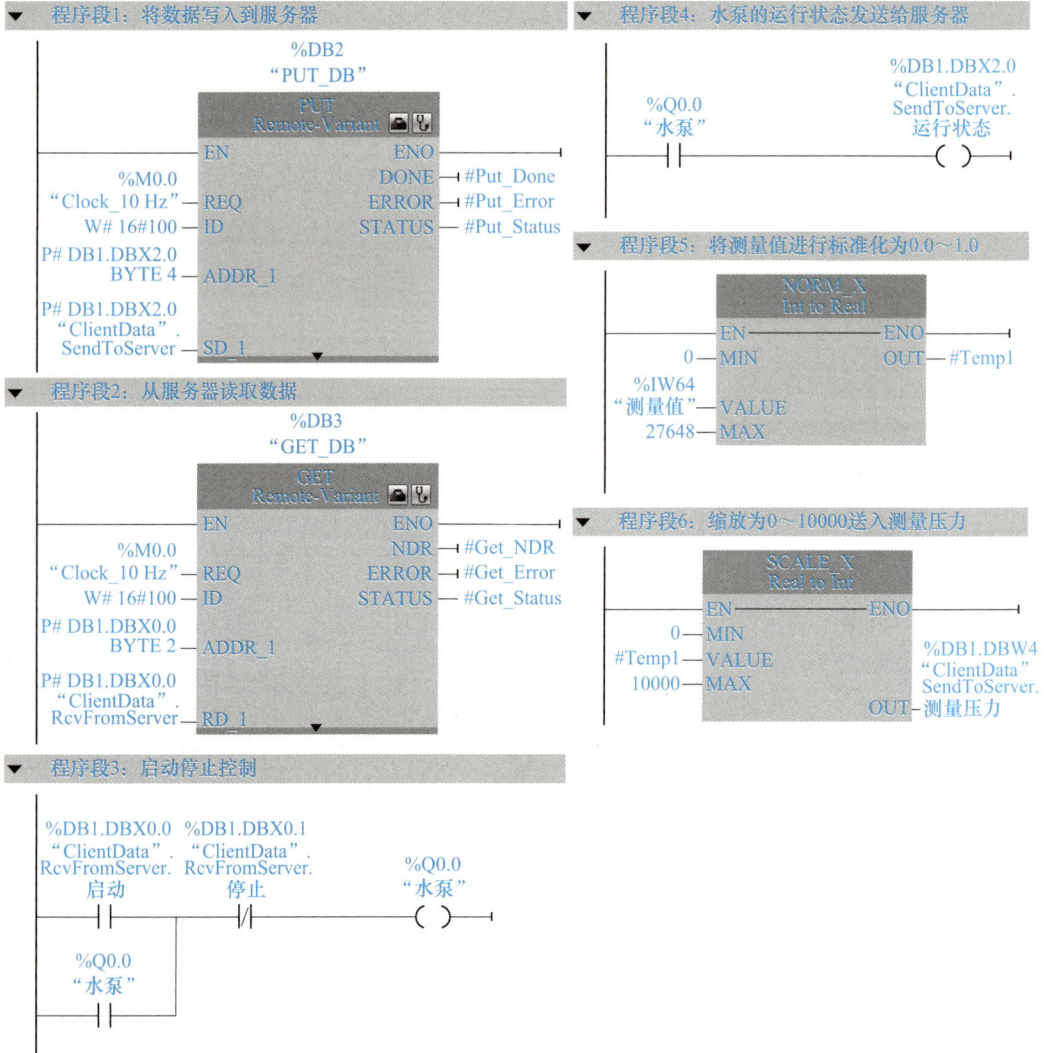

图 6-16　客服端（Client）程序

程序段1：启动

%I0.0　　　　　　　　　　　%DB1.DBX0.0
"启动"　　　　　　　　　　　"ServerData".
　　　　　　　　　　　　　　SendToClient.
　┤├　　　　　　　　　　　　启动
　　　　　　　　　　　　　　( )

程序段2：停止

%I0.1　　　　　　　　　　　%DB1.DBX0.1
"停止"　　　　　　　　　　　"ServerData".
　　　　　　　　　　　　　　SendToClient.
　┤├　　　　　　　　　　　　停止
　　　　　　　　　　　　　　( )

图 6-17　服务器（Server）程序

Server 表格中的变量"运行状态"也为"TRUE"，表示 Client 将水泵的运行状态发送到 Server。

（3）在 Client 仿真表格中，单击"测量值"，拖动下面的滑块，则 Client 的测量压力

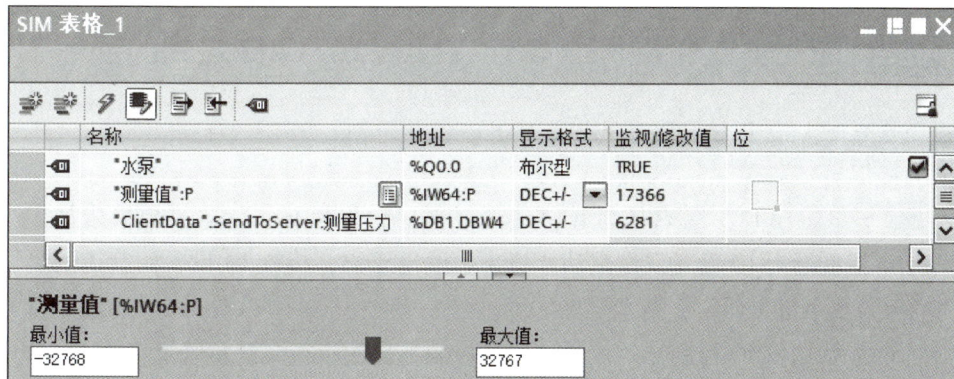

(a)

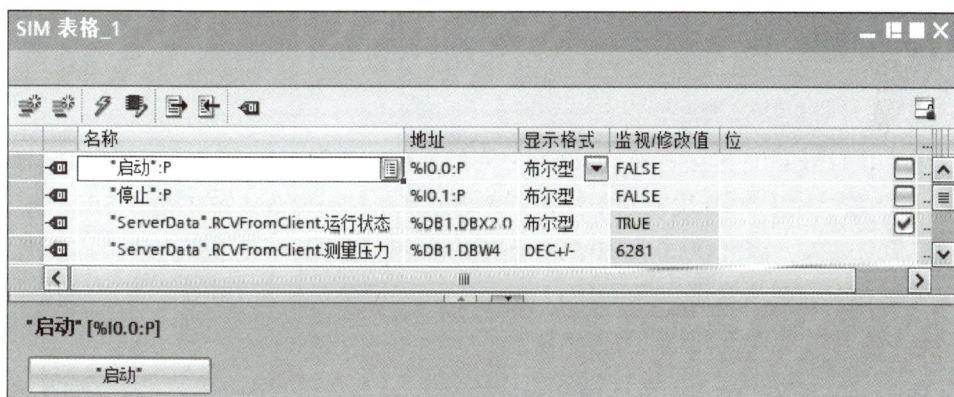

(b)

图 6-18　S7 通信仿真变量表

（a）Client 的仿真；（b）Server 的仿真

与 Server 的测量压力相同，表示 Client 将测量压力发送到 Server。

（4）在 Server 仿真表格中，单击"停止"按钮，则 Client 表格中的"水泵"和 Server 表格中的"运行状态"均为"FALSE"，水泵停止。

任务 6.3   应用 PROFINET IO 连接实现 S7-1200 之间的通信

6.3.1   任务引入

有两台 S7-1200 PLC，一台作为 IO 控制器，另一台作为 IO 设备，控制要求如下。

（1）IO 控制器向 IO 设备发送启动、停止和设定压力，接收 IO 设备的管道测量压力；如果测量压力高于设定压力，指示灯亮。

（2）IO 设备接收 IO 控制器的控制信息来控制风机的运行，测量管道压力（压力传感器的测量范围 0~1 kPa，输出 0~10 V），将风机运行状态和测量压力发送到 IO 控制器。

6.3.2   知识背景

6.3.2.1   电气接线图

应用 PROFINET IO 连接实现 S7-1200 之间的通信，如图 6-19 所示。以一台 CPU1212C 作为 IO 控制器，输入 I0.0 接入 SB1 按钮负责启动风机信号输入，I0.1 接入 SB2 按钮负责停止风机信号输入；输出 Q0.0 接 HL1 指示灯显示管道压力高于设定压力状态，输出 Q0.1 接 HL2 指示灯显示风机状态。另一台 1214C 作为 IO 设备，输出 Q0.0 负责启停风机，模拟量输入 0 通道负责采集管道压力传感器。

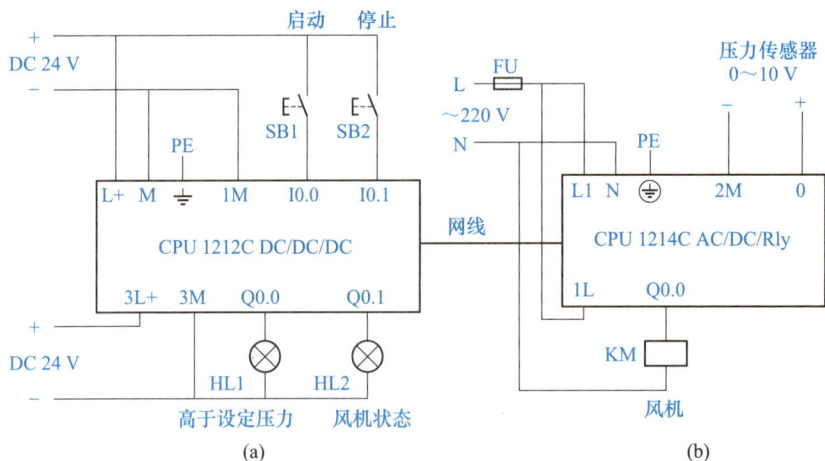

图 6-19   PROFINET 通信电路图

（a）IO 控制器；（b）IO 设备

6.3.2.2   PROFINET IO 通信

PROFINET IO 是 PROFIBUS/PROFINET 国际组织基于以太网自动化技术标准定义的一种跨供应商的通信、自动化系统和工程组态的模型。它是基于工业以太网的开放的现场总线，可以将分布式 IO 设备直接连接到工业以太网，实现从公司管理层到现场层的直接的、透明的访问。PROFINET IO 主要用于模块化、分布式控制，S7-1200 CPU 可使用

PROFINET IO 通信连接现场分布式站点（如 ET200SP、ET200 MP 等）。

在 PROFINET IO 通信系统中，根据组件功能可划分为 IO 控制器和 IO 设备。IO 控制器用于对连接 IO 设备进行寻址，需要与现场设备交换输入和输出信号。IO 设备是分配给其中一个 IO 控制器的分布式现场设备，ET200、变频器、调节阀等都可作为 IO 设备。S7-1200 集成的以太网接口作为 PROFINET 接口，可以用作 IO 控制器和 IO 设备。作为 IO 控制器时最多连接 16 个 IO 设备，最多 256 个子模块。S7-1200 CPU 从固件 V4.0 开始支持 IO 智能设备（I-Device）功能，从固件 V4.1 开始支持共享设备（Shared-Device）功能，可以与最多两个 PROFINET IO 控制器连接。

A PROFINET 网络的组态

S7-1200 最多可以带 16 个 IO 设备，最多 256 个子模块。在项目"1200 做 IO 控制器"中，打开网络视图，将 ET 200S PN 的接口模块 IM151-3 PN 拖拽到网络视图，生成 IO 设备 ET 200S PN，将电源模块、DI、2 DQ 和 2 AQ 模块插入 1~4 号槽。采用默认的 IP 地址，设备编号为 1。

IO 控制器通过设备名称对 IO 设备寻址。选中 IM151-3 PN 的以太网接口，再选中巡视窗口中的"以太网地址"，设置 IO 设备的名称为"et 200s pn 1"，如图 6-20 所示。右键单击网络视图中 CPU 的 PN 接口，执行菜单命令"添加 IO 系统"。单击 ET 200S PN 上蓝色的"未分配"，将它分配给该 IO 控制器。在 ET 200S PN 的设备视图中，打开它的设备概览，可以看到分配给它的信号模块的 I、Q 地址，可以用这些地址直接读、写 ET 200S 的模块。

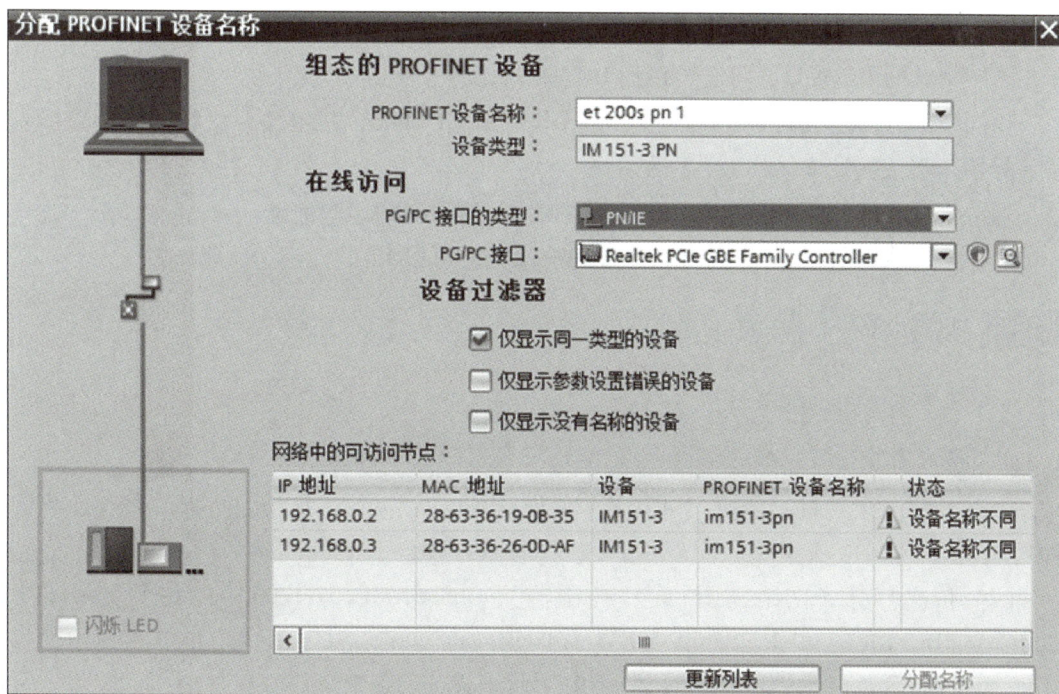

图 6-20 PROFINET 网络组态

用同样的方法生成第二台 IO 设备 ET 200S PN,将它分配给 IO 控制器 CPU 1215C。插入电源模块和信号模块,采用默认的 IP 地址,设备编号为 2,将它的设备名称改为 "et 200s pn 2"。

B　分配设备名称

如果 IO 设备中的设备名称与组态的设备名称不一致,连接 IO 控制器和 IO 设备后,它们的故障 LED 亮。右键单击网络视图中的 1 号设备,执行快捷菜单命令 "分配设备名称"。单击 "更新列表" 按钮,"网络中的可访问节点" 列表中出现网络上的两台 ET 200S PN 原有的设备名称。用 "PROFINET 设备名称" 选择框选中组态的 1 号设备的名称。选中 IP 地址为 192.168.0.2 的可访问节点,单击 "分配名称" 按钮,组态的设备名称被分配和下载给 1 号设备。分配好后,IO 设备和 IO 控制器上的 ERROR LED 熄灭。

为了验证通信是否正常,在 OB1 中编写简单的程序,观察是否能用 IO 设备的输入点控制它的输出点。

C　S7-1200 作 DP 主站

S7-1200 CPU 从固件版本 V2.0 开始,支持 PROFIBUS-DP 通信。S7-1200 的 DP 主站模块为 CM 1243-5,传输速率 9600~12 Mbit/s。

新建项目 "1200 作 DP 主站"。PLC_1 为 "CPU 1215C",打开它的设备视图,将右边的硬件目录窗口的 CM 1243-5 主站模块拖拽到 CPU 左侧的 101 号槽。

打开网络视图,将右边的硬件目录窗口中 ET200S 的 IM151-1 标准型接口模块拖拽到网络视图。打开 ET 200S 的设备视图,将电源模块和信号模块插入 1~6 号槽。右键单击 DP 主站模块的 DP 接口,执行快捷菜单命令 "添加主站系统",生成 DP 主站系统。右键单击 ET 200S 的 DP 接口,将它连接到 DP 主站系统。

用同样的方法生成名为 "Slave_2" 的 DP 从站 ET 200S,将电源模块和信号模块插入 1~5 号槽,将该从站连接到 DP 主站系统。

选中主站和从站的 DP 接口,可用巡视窗口设置 PROFIBUS 地址。

打开 ET 200S 的设备视图,弹出 "设备概览",可以看到它的 I、Q 地址。

6.3.3　任务实施

6.3.3.1　硬件组态与编程

A　硬件组态

(1) 新建一个项目,添加 "CPU 1212C DC/DC/DC",版本号 V4.4,站点名称修改为 "IO_Ctrl"。

(2) 依次打开 "网络视图" → "控制器" → "SIMATIC S7-1200" → "CPU" → "CPU 1214C AC/DC/Rly",单击订货号 "6ES7 214-1BG40-0XB0",从下面 "信息" 窗口中选择版本 "4.2",将该订货号拖放到网络视图中,将生成的站点名称修改为 "IO_Dev"。

(3) 单击 "IO_Dev" 的 PN 接口(绿色),再单击巡视窗口中的 "操作模式",勾选

"IO 设备"。将"IO_Ctrl"的 PN 接口（绿色）拖拽到"IO_Dev"的 PN 接口，如图 6-21 所示。

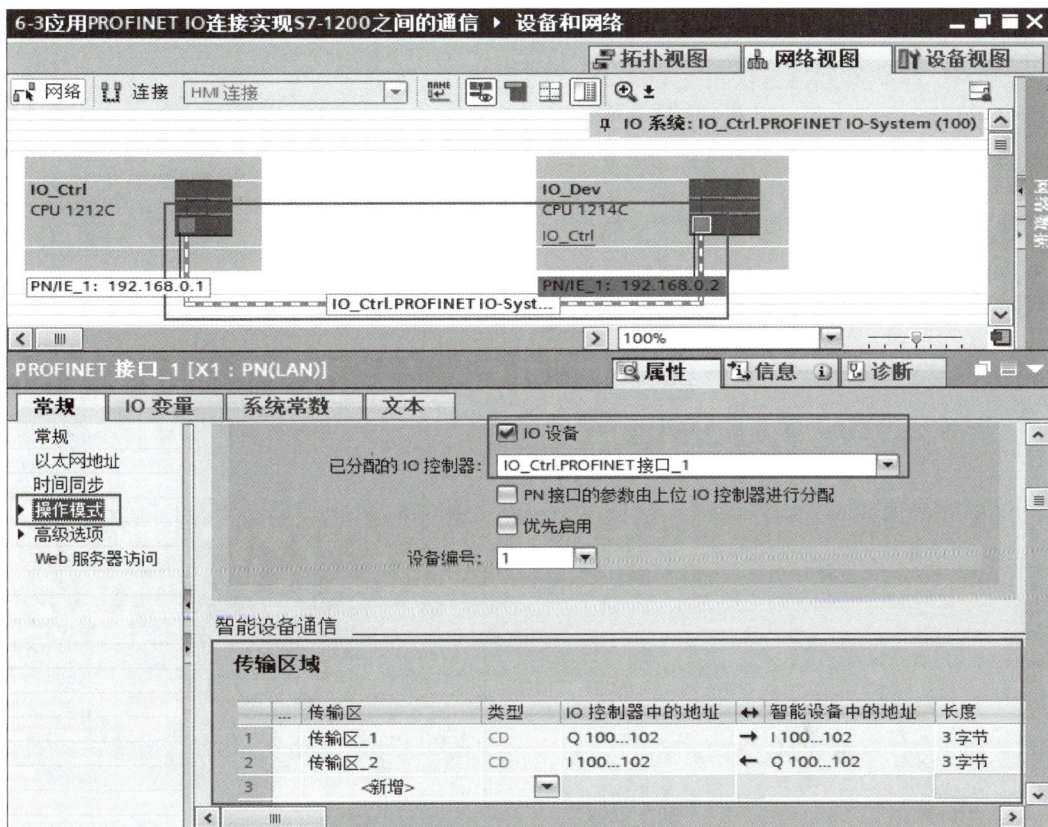

图 6-21　硬件组态过程

（4）在"IO_Dev"的"传输区域"中，双击"新增"，添加一个"传输区_1"。将"IO 控制器中的地址"和"智能设备中的地址"下的通信地址区域分别修改为"Q100"和"I100"，在"长度"下输入"3"，则会自动修改传输区地址长度。

（5）双击"新增"，再添加一个"传输区_2"，单击传输区域中的下箭头改变传输方向，按照"传输区_1"的方法修改地址和长度。

B　编写程序

（1）IO 控制器程序的编写，如图 6-22 所示。

（2）IO 设备程序的编写，如图 6-23 所示。

6.3.3.2　仿真运行

（1）将"IO_Ctrl"和"IO_Dev"分别下载到作为对应的 PLC 中并使其处于运行状态。

（2）在站点 IO_Ctrl 下，新建一个监控表，添加变量如图 6-24 所示。单击工具栏中的监视，输入"设定压力"的修改值"500"，单击进行修改。

程序段1：发送IO设备启动

```
  %I0.0                                    "发送IO设备控制".
  "启动"                                        %X0
 ──┤ ├─────────────────────────────────────( )──
```

程序段2：发送IO设备停止

```
  %I0.1                                    "发送IO设备控制".
  "停止"                                        %X1
 ──┤ ├─────────────────────────────────────( )──
```

程序段3：发送IO设备设定压力

```
                        ┌──── MOVE ────┐
                        │ EN      ENO  │──
                        │              │
     %MW100             │              │      %QW101
    "设定压力"──────────│ IN    * OUT1 │──"发送IO设备设定压力"
                        └──────────────┘
```

程序段4：根据IO设备比较结果决定高于设定压力指示灯是否点亮

```
 "来自IO设备状态".                              %Q0.0
     %X0                                   "高于设定压力指示灯"
 ──┤ ├─────────────────────────────────────( )──
```

程序段5：监视IO设备风机运行状态

```
 "来自IO设备状态".                              %Q0.1
     %X1                                   "风机状态指示灯"
 ──┤ ├─────────────────────────────────────( )──
```

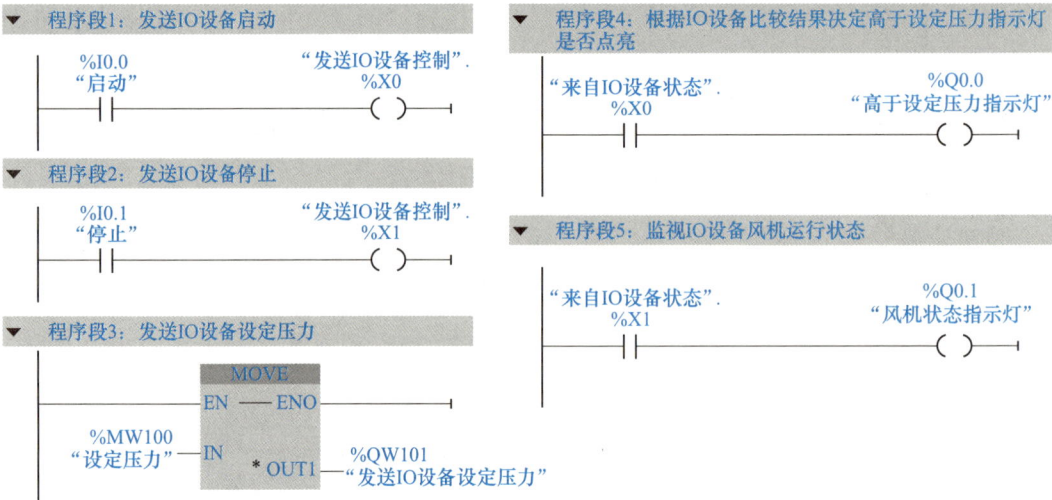

图 6-22 IO 控制器程序

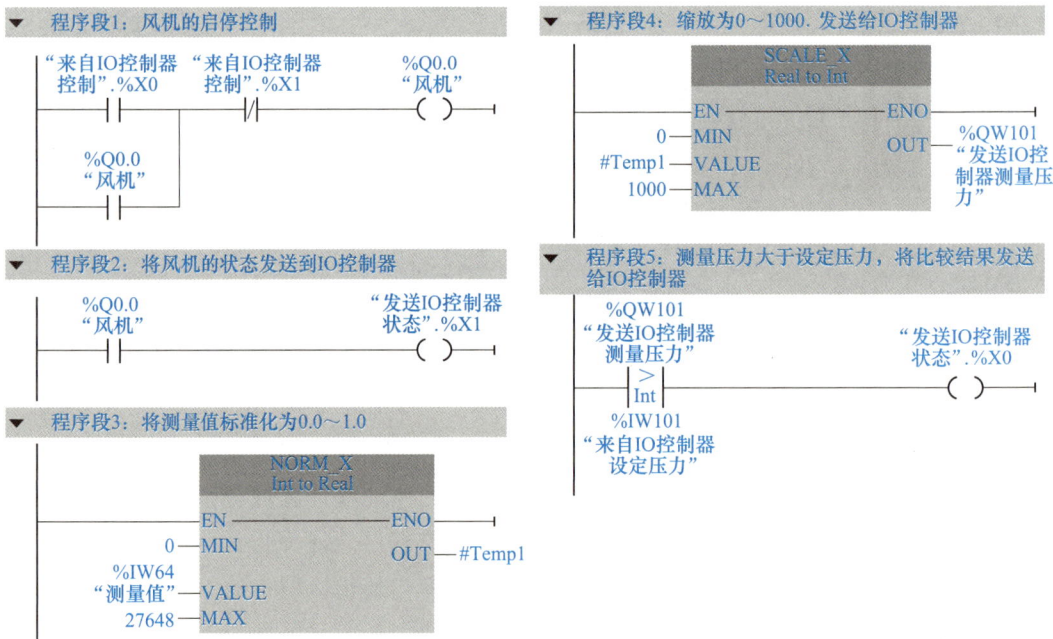

程序段1：风机的启停控制

```
 "来自IO控制器    "来自IO控制器          %Q0.0
  控制".%X0       控制".%X1             "风机"
 ──┤ ├──────────┤/├─────────────────────( )──
    │
  %Q0.0
  "风机"
 ──┤ ├──
```

程序段2：将风机的状态发送到IO控制器

```
  %Q0.0                                  "发送IO控制器
  "风机"                                  状态".%X1
 ──┤ ├─────────────────────────────────────( )──
```

程序段3：将测量值标准化为0.0～1.0

```
                 ┌──── NORM_X ────┐
                 │   Int to Real  │
                 │ EN        ENO  │──
                 │                │
          0──────│ MIN           │
     %IW64       │          OUT  │──#Temp1
   "测量值"──────│ VALUE         │
      27648──────│ MAX           │
                 └───────────────┘
```

程序段4：缩放为0～1000，发送给IO控制器

```
              ┌──── SCALE_X ────┐
              │   Real to Int   │
              │ EN         ENO  │──
              │                 │      %QW101
          0───│ MIN        OUT  │──"发送IO控
     #Temp1───│ VALUE          │    制器测量压
       1000───│ MAX            │    力"
              └────────────────┘
```

程序段5：测量压力大于设定压力，将比较结果发送给IO控制器

```
     %QW101
  "发送IO控制器                            "发送IO控制器
   测量压力"                               状态".%X0
 ──────┤  >  ├──────────────────────────────( )──
        Int
     %IW101
  "来自IO控制器
   设定压力"
```

图 6-23 IO 设备程序

	i	名称	地址	显示格式	监视值	修改值	🗲
1		"来自IO设备测量压力"	%IW101	带符号十进制	723		☐
2		"设定压力"	%MW100	带符号... ▼	500	500	☑ ⚠
3		"高于设定压力指示灯"	%Q0.0	布尔型	☐ TRUE		☐
4		"风机状态指示灯"	%Q0.1	布尔型	☐ TRUE		☐

图 6-24 仿真变量表

（3）按下 IO 控制器的启动按钮 SB1，则 IO 设备的风机启动；IO 控制器监控表中的"风机状态指示灯"为"TRUE"，同时"来自 IO 设备测量压力"的监视值显示测量压力。

（4）当"来自 IO 设备测量压力"的监视值大于"设定压力"的值时，则"高于设定压力指示灯"为"TRUE"。

（5）按下 IO 控制器的停止按钮 SB2，则 IO 设备的风机停止。同时，IO 控制器监控表中"风机状态指示灯"为"FALSE"。

任务 6.4　应用点到点连接实现 S7-1200 之间的通信

6.4.1　任务引入

使用通信板 CB1241 RS485 通过点到点通信实现如下控制要求：

（1）主站向从站发送 10 个整数，接收来自从站的 6 个整数；

（2）从站向主站发送 6 个整数，接收来自主站的 10 个整数。

6.4.2　知识背景

6.4.2.1　电气接线图

应用点到点连接实现 S7-1200 之间的通信，如图 6-25 所示。将一台 CPU1212C 作为主站，另一台 1214C 作为从站，主从站之间通过 CB1241 RS485 模块实现点对点通信。

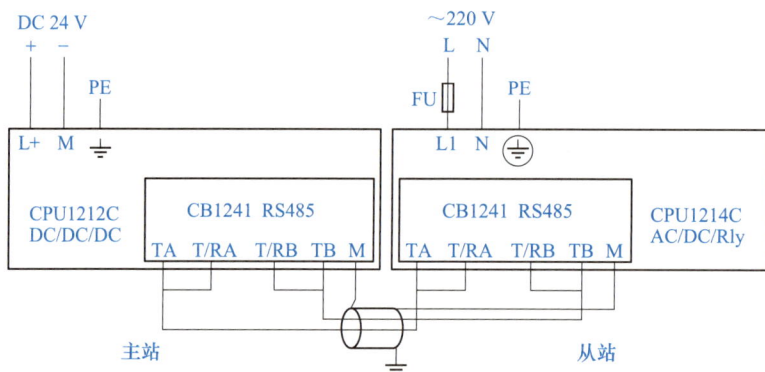

图 6-25　点对点通信电路图

6.4.2.2　串行通信的基本概念

A　并行通信与串行通信

并行数据通信在工业通信中很少使用。串行数据通信是以二进制的位为单位的数据传输方式，每次只传送一位。串行通信最少需要两根线就可以连接多台设备，组成控制网络，可用于距离较远的场合。

B　异步通信

接收方和发送方的传输速率的微小差异产生的积累误差，可能使发送和接收的数据错位。异步通信采用字符同步方式，通信双方需要对采用的信息格式和数据的传输速率作相同的约定。接收方将停止位和起始位之间的下降沿作为接收的起始点，在每一位的中点接收信息。

奇偶校验用硬件保证发送方发送的每一个字符的数据位和奇偶校验位中"1"的个数为偶数或奇数。接收方用硬件对接收到的每一个字符的奇偶性进行校验，可以检验出传送过程中的错误，可以设置为无奇偶校验，如图 6-26 所示。传输速率单位为 bit/s 或 bps，即每秒传送的二进制位数。

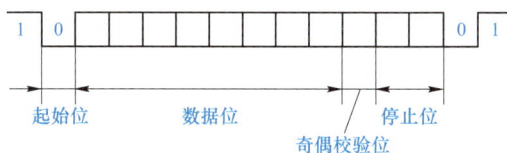

图 6-26　异步通信奇偶校验

C　单工通信与双工通信

单工通信只能沿单一方向传输数据；双工通信的每一个站既可以发送数据，也可以接收数据。

全双工方式通信的双方都能在同一时刻接收和发送数据，如图 6-27（a）所示。

半双工方式通信的双方在同一时刻只能发送数据或只能接收数据，通信方向的切换过程需要一定的延迟时间，如图 6-27（b）所示。

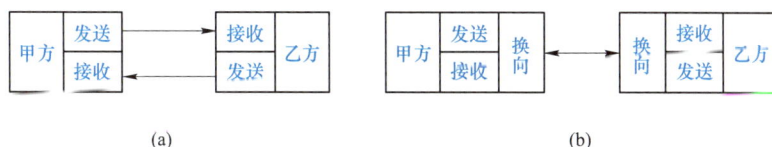

（a）　　　　　　　　　　　　　　　　（b）

图 6-27　双工通信

（a）全双工方式；（b）半双工方式

D　串行通信的接口标准

串行通信的接口标准如图 6-28 所示。

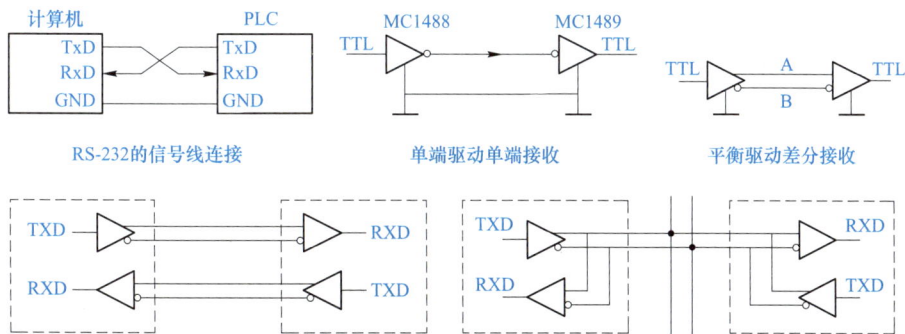

图 6-28　串行通信接口标准

（1）RS-232C。RS232 采用负逻辑，在发送 TxD 和接收 RxD 数据传送线上，逻辑"1"电压为 -3~-15 V、逻辑"0"电压为 +3~+15 V，最大通信距离为 15 m，最高传输速率为 20 kbit/s。RS-232C 使用单端驱动、单端接收电路，只能进行一对一的通信，且容易受公共地线上的电位差和外部引入的干扰信号的影响。

（2）RS-422A。RS-422A 采用平衡驱动、差分接收电路，因为接收器是差分输入，两根线上的共模干扰信号互相抵削，在最大传输速率 10 Mbit/s 时，最大通信距离为 12 m。传输速率为 100 kbit/s 时，最大通信距离为 1200 m，一台驱动器可以连接 10 台接收器。

（3）RS-485。RS-422A 是全双工方式通信，用 4 根导线传送数据。RS-485 是 RS-422A 的变形，为半双工方式通信，使用双绞线可以组成串行通信网络，构成分布式系统。

RS422/485 数据信号采用差分传输方式。利用 A 线和 B 线之间的电位差传输信号，当 B 线的电压比 A 线高时，一般认为传输的是逻辑"1"；反之，认为传输的是逻辑"0"。逻辑"1"的电压为+2~+6 V，逻辑"0"的电压为−2~−6 V。

6.4.2.3　通信指令

（1）Send_P2P 指令，如图 6-29 所示。该指令用于启动数据传输，并向通信模块传输分配缓冲区中的内容。

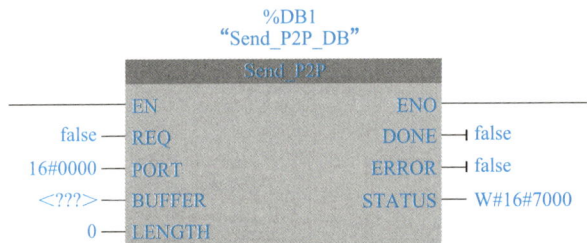

图 6-29　Send_P2P 指令

（2）Receive_P2P 指令，如图 6-30 所示。该指令用于接收的消息。

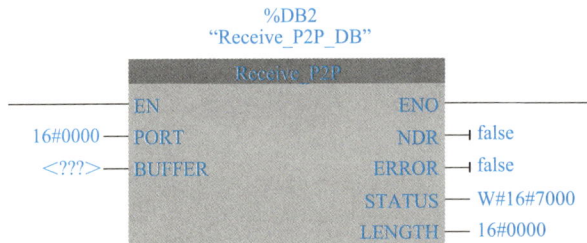

图 6-30　Receive_P2P 指令

（3）Send_P2P/Receive_P2P 指令参数，见表 6-2。

表 6-2　Send_P2P/Receive_P2P 指令参数表

Send_P2P 指令				Receive_P2P 指令			
参数	声明	数据类型	说　明	参数	声明	数据类型	说　明
REQ	Input	Bool	上升沿时开始发送数据	PORT	Input	UInt	通信端口的硬件标识符
PORT	Input	UInt	通信端口的硬件标识符	BUFFER	Input	Variant	指向接收缓冲区的存储区的指针
BUFFER	Input	Variant	指向发送缓冲区的存储区的指针	NDR	Output	Bool	成功接收到一个新的消息，置位为 TRUE 并保持一个周期

Send_P2P 指令				Receive_P2P 指令			
参数	声明	数据类型	说　明	参数	声明	数据类型	说　明
LENGTH	Input	UInt	要传输的数据字节长度	ERROR	Output	Bool	接收有错误，置位为 TRUE 并保持一个周期
DONE	Output	Bool	发送完成无错误，置位为 TRUE 并保持一个周期	STATUS	Output	Word	错误代码
ERROR	Output	Bool	有错误，置位为 TRUE 并保持一个周期	LENGTH	Output	UInt	接收到的消息中包含的字节数
STATUS	Output	Word	错误代码				

6.4.3 任务实施

6.4.3.1 硬件组态与编程

A 硬件组态

（1）新建一个项目，添加"CPU1212C DC/DC/DC"，版本号 V4.4，站点名称修改为"主站"。

（2）依次打开"网络视图"→"控制器"→"SIMATIC S7-1200"→"CPU"→"CPU 1214C AC/DC/Rly"，单击订货号"6ES7 214-1BG40-0XB0"，从下面"信息"窗口中选择版本"4.2"，将该订货号拖放到网络视图中，将生成的站点名称修改为"从站"。

（3）打开"主站"设备视图，展开"通信板"→"点到点"→"CB1241（RS485）"，将订货号"6ES7 241-1CH30-1XB0"拖放到 CPU 中的方框中。选中该通信板，单击"属性"→"常规"→"IO-Link"，设置图 6-31 所示的通信接口参数。单击该 CPU，再单击"系统与时钟存储器"，勾选"启用系统存储器字节"，使用默认的 MB1。

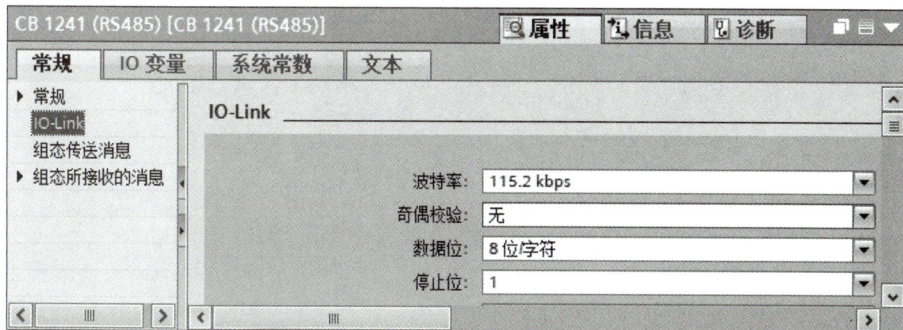

图 6-31 通信板接口参数

（4）打开"从站"的设备视图，添加与"主站"相同的信号板 CB1241 并设置相同的接口参数。

B 编写程序

（1）点对点主站程序，如图 6-32 所示。

▼　程序段1：将DB1的从DBW0开始的10个整数发送到从站

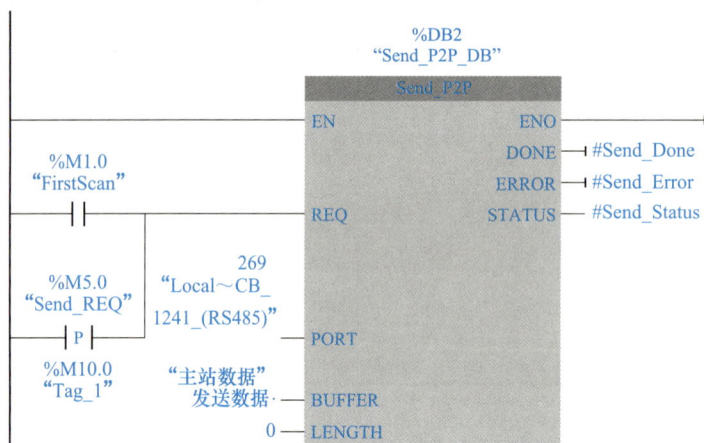

%DB2
"Send_P2P_DB"

```
                              Send_P2P
                    EN                   ENO
                                        DONE ── #Send_Done
%M1.0                                  ERROR ── #Send_Error
"FirstScan"                           STATUS ── #Send_Status
   ──┤├──────────┐   REQ

%M5.0           │
"Send_REQ"      │        269
   ──┤P├────────┤     "Local~CB_
%M10.0          │     1241_(RS485)"
"Tag_1"         │              PORT
                │
             "主站数据"
              发送数据· ── BUFFER
                      0 ── LENGTH
```

▼　程序段2：发送完成，置位M5.1进行接收

%M5.1
"Rcv_EN"

```
#Send_Done
   ──┤P├──────────┐                      ──(S)──
%M10.1            │
"Tag_2"           │              %M5.0
                  │              "Send_REQ"
                  └──────────────────(R)──
```

▼　程序段3：接收从站数据保存到DB1的DBW20开始的6个整型单元

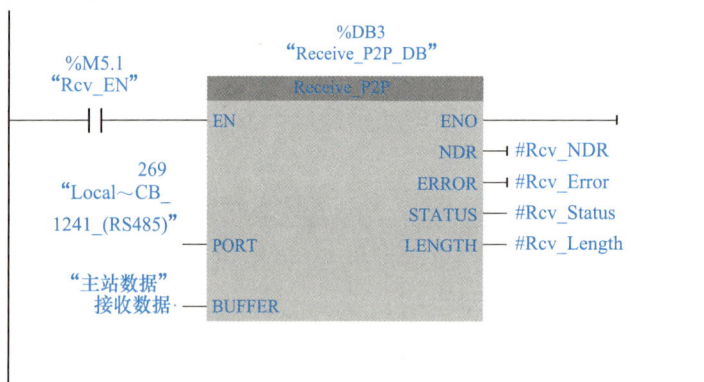

%DB3
"Receive_P2P_DB"

```
%M5.1                      Receive_P2P
"Rcv_EN"          EN                   ENO
   ──┤├───────────                      NDR ── #Rcv_NDR
                                       ERROR ── #Rcv_Error
        269                           STATUS ── #Rcv_Status
     "Local~CB_                       LENGTH ── #Rcv_Length
     1241_(RS485)"
              ── PORT
     "主站数据"
      接收数据· ── BUFFER
```

▼　程序段4：接收完成，置位M5.0. 开始发送

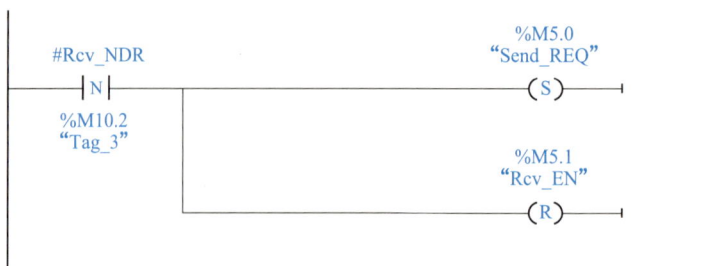

%M5.0
"Send_REQ"

```
#Rcv_NDR                                 ──(S)──
   ──┤N├──────────┐
%M10.2            │              %M5.1
"Tag_3"           │              "Rcv_EN"
                  └──────────────────(R)──
```

图 6-32　点对点主站程序

（2）点对点从站程序，如图 6-33 所示。

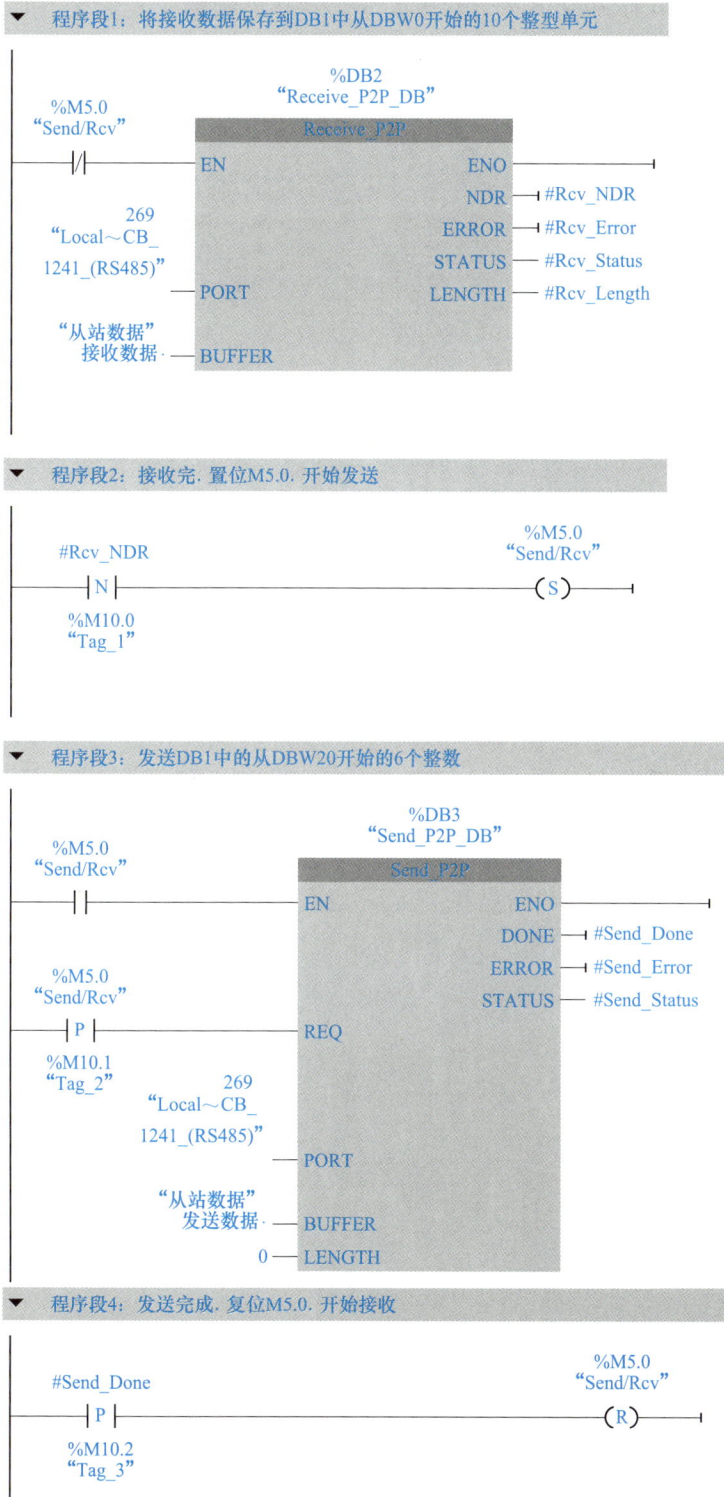

▼   程序段1：将接收数据保存到DB1中从DBW0开始的10个整型单元

```
                                  %DB2
                              "Receive_P2P_DB"
   %M5.0                       Receive_P2P
   "Send/Rcv"          ┌─────────────────────────┐
      │/│              │                         │
   ──┤  ├──────────────┤ EN                  ENO ├──────────
                       │                     NDR ├── #Rcv_NDR
      269              │                   ERROR ├── #Rcv_Error
   "Local~CB_          │                  STATUS ├── #Rcv_Status
   1241_(RS485)"       │                  LENGTH ├── #Rcv_Length
      ───────────────┤ PORT                     │
                       │                         │
   "从站数据"           │                         │
   接收数据·──────────┤ BUFFER                   │
                       └─────────────────────────┘
```

▼   程序段2：接收完. 置位M5.0. 开始发送

```
                                              %M5.0
   #Rcv_NDR                                   "Send/Rcv"
   ──┤N├─────────────────────────────────────────(S)──────
   %M10.0
   "Tag_1"
```

▼   程序段3：发送DB1中的从DBW20开始的6个整数

```
                                  %DB3
                              "Send_P2P_DB"
   %M5.0                        Send_P2P
   "Send/Rcv"          ┌─────────────────────────┐
      │ │              │                         │
   ──┤  ├──────────────┤ EN                  ENO ├──────────
                       │                    DONE ├── #Send_Done
                       │                   ERROR ├── #Send_Error
   %M5.0               │                  STATUS ├── #Send_Status
   "Send/Rcv"          │                         │
      │P│              │                         │
   ──┤  ├──────────────┤ REQ                     │
   %M10.1              │                         │
   "Tag_2"     269     │                         │
        "Local~CB_     │                         │
        1241_(RS485)"  │                         │
      ───────────────┤ PORT                     │
   "从站数据"          │                         │
   发送数据·─────────┤ BUFFER                   │
           0 ────────┤ LENGTH                   │
                       └─────────────────────────┘
```

▼   程序段4：发送完成. 复位M5.0. 开始接收

```
                                              %M5.0
   #Send_Done                                 "Send/Rcv"
   ──┤P├─────────────────────────────────────────(R)──────
   %M10.2
   "Tag_3"
```

图 6-33   点对点从站程序

6.4.3.2　仿真运行

（1）按照图 6-34 所示设置"主站数据"和"从站数据"数据块中的数组"发送数据"的起始值。

主站数据

		名称	数据类型	起始值	监视值
1		▼ Static			
2		▼ 发送数据	Array[0..9] of Int		
3		发送数据[0]	Int	11	11
4		发送数据[1]	Int	12	12
5		发送数据[2]	Int	13	13
6		发送数据[3]	Int	14	14
7		发送数据[4]	Int	15	15
8		发送数据[5]	Int	16	16
9		发送数据[6]	Int	17	17
10		发送数据[7]	Int	18	18
11		发送数据[8]	Int	19	19
12		发送数据[9]	Int	20	20
13		▼ 接收数据	Array[0..5] of Int		
14		接收数据[0]	Int	0	21
15		接收数据[1]	Int	0	22
16		接收数据[2]	Int	0	23
17		接收数据[3]	Int	0	24
18		接收数据[4]	Int	0	25
19		接收数据[5]	Int	0	26

(a)

从站数据

		名称	数据类型	起始值	监视值
1		▼ Static			
2		▼ 接收数据	Array[0..9] of Int		
3		接收数据[0]	Int	0	11
4		接收数据[1]	Int	0	12
5		接收数据[2]	Int	0	13
6		接收数据[3]	Int	0	14
7		接收数据[4]	Int	0	15
8		接收数据[5]	Int	0	16
9		接收数据[6]	Int	0	17
10		接收数据[7]	Int	0	18
11		接收数据[8]	Int	0	19
12		接收数据[9]	Int	0	20
13		▼ 发送数据	Array[0..5] of Int		
14		发送数据[0]	Int	21	21
15		发送数据[1]	Int	22	22
16		发送数据[2]	Int	23	23
17		发送数据[3]	Int	24	24
18		发送数据[4]	Int	25	25
19		发送数据[5]	Int	26	26

(b)

图 6-34　主站数据及从站数据变量

（a）主站数据监视；（b）从站数据监视

（2）将"主站"和"从站"分别下载到对应的 PLC 中并使其处于运行状态。

（3）单击"主站数据"数据块和"从站数据"数据块的工具栏中的"监视"按钮，从监视值中可以看到，主站发送的 10 个整数由从站接收成功，从站发送的 6 个整数由主站接收成功。

习　题

6-1　开放系统互联参考模型分为几层，每层的作用是什么？

6-2　西门子常见的工业通信网络有几种类型，各自的特点是什么？

6-3　比较工业以太网通信和 Profinet 通信的异同。

6-4　西门子 S7-1200 CPU Profinet 通信口支持与哪些设备进行通信，支持的最大通信连接数是多少？

6-5　比较 TCP 和 ISO on TCP 协议的异同。

6-6　简述 TSEND_C、TRCV_C、TCON、TDISCON、TSEND、TRCV 指令的作用。

6-7　简述 PUT 和 GET 指令的作用。

6-8　简述开放式用户通信的组态和编程的过程。

6-9　怎样建立 S7 连接？

6-10　客户机和服务器在 S7 通信中各有什么作用？

6-11　S7-1200 作 S7 通信的服务器时，在安全属性方面需要做什么设置？

6-12　简述 S7-1200 作 PROFINET 的 IO 控制器的组态过程。

6-13　怎样分配 IO 设备的设备名称？

参 考 文 献

［1］廖常初. S7-1200 PLC 编程及应用［M］. 3 版. 北京：机械工业出版社，2017.

［2］赵春生. PLC 应用技术（西门子 S7-1200）［M］. 北京：人民邮电出版社，2022.

［3］Siemens AG S7-1200 系统手册［Z］. 2016.

［4］Siemens AG S7-1200 产品样本［Z］. 2016.

［5］Siemens AG S7-1500/ET 200MP 自动化系统手册集［Z］. 2016.

［6］廖常初. S7-1200 PLC 应用教程［M］. 北京：机械工业出版社，2017.